土壤生态学

主　　编　张　震（安徽农业大学）
　　　　　马　超（安徽农业大学）
副 主 编　刘亚龙（沈阳农业大学）
　　　　　孙瑞波（安徽农业大学）
　　　　　吴红淼（安徽农业大学）
　　　　　张娇阳（安徽农业大学）
　　　　　陈俊辉（浙江农林大学）
　　　　　赵　威（河南科技大学）
参　　编（按姓氏汉语拼音排序）
　　　　　柴如山（安徽农业大学）
　　　　　胡宏祥（安徽农业大学）
　　　　　胡振宏（西北农林科技大学）
　　　　　齐永波（安徽农业大学）
　　　　　宋蒙亚（河南大学）
　　　　　王洪涛（河南大学）
　　　　　吴　迪（南京农业大学）

科 学 出 版 社
北　京

内 容 简 介

本书结合当前土壤生态学的最新研究成果，重点阐述了土壤生态系统的组成、相互作用、功能及退化和恢复。全书共分为七章，第一章主要介绍土壤生态学的发展历程、研究方法和研究前沿；第二章侧重解析土壤生态系统的非生物环境；第三至六章分别从种群、群落和生态系统的角度分析土壤生物及其作用；第七章重点阐述土壤生态系统退化、恢复与重建的理论和案例。

本书可作为高等院校农林类、资源环境类和生态学等专业本科生和研究生的教学用书，也可供园林、城市规划、环境建设、植物保护、设施农业等相关专业研究人员参考。

图书在版编目（CIP）数据

土壤生态学/张震，马超主编．—北京：科学出版社，2023.11

ISBN 978-7-03-074558-3

Ⅰ．①土…　Ⅱ．①张…　②马…　Ⅲ．①土壤生态学－高等学校－教材
Ⅳ．①S154.1

中国版本图书馆 CIP 数据核字（2022）第 253897 号

责任编辑：王玉时　马程迪／责任校对：严　娜
责任印制：张　伟／封面设计：无极书装

科学出版社 出版
北京东黄城根北街 16 号
邮政编码：100717
http://www.sciencep.com

北京建宏印刷有限公司 印刷

科学出版社发行　各地新华书店经销

*

2023 年 11 月第　一　版　开本：787×1092　1/16
2023 年 12 月第 二 次印刷　印张：12 1/4
字数：330 000

定价：49.80 元

（如有印装质量问题，我社负责调换）

前　言

土壤生态学是土壤学、生态学、生物学、地理学及环境科学等多学科交叉、渗透的研究领域，是以土壤生物为中心，研究土壤生物之间、土壤生物与土壤非生物环境之间的相互作用，土壤生物群落与土壤内部环境及外界环境间的能量流、物质流和信息流，以揭示土壤生物群落的结构，认识复杂的土壤生态系统功能及其过程；应用整体与局部结合的方法，重视人类活动对土壤生态系统的影响，以保持和恢复土壤生态系统的结构和功能，为持续利用土地生产力服务。因此，“土壤生态学”是高等院校农林类、资源环境类和生态学专业的一门专业基础课程，对于提高农林类、资源环境类和生态类专业人才的培养质量具有重要意义。

近年来为了适应学科研究和人才培养的需要，一些科研院所和高等院校相继为本科生、研究生开设了“土壤生态学”课程，并结合项目研究等出版了相关的指导参考书。但是由于土壤生态学研究的快速发展，尤其是土壤植被系统的结构、功能及演化规律的研究已引起广泛的关注，加上本科教学、研究生教育的特殊性，适宜的教材较为缺乏，各院校“土壤生态学”课程的教学内容相差悬殊。

为了满足高等农林院校土壤生态学教学的需要，2022 年科学出版社组织部分院校土壤生态学教学一线的教师着手编写教材，并将教材定位在农林院校的本科、研究生教学上，尤其面向农林类、资源环境类和生态类等专业本科生与研究生。教材以土壤生态学基础知识为主，结合当前土壤生态学的最新研究成果，构建教材内容体系和知识结构，既重视传统知识的传承，也重视现代新技术、新知识的补充。全书共分为七章，按 32 学时编写：第一章绪论，介绍土壤生态学的发展历程、研究方法和研究前沿，编写人为宋蒙亚、王洪涛和张震；第二章土壤生物的生存环境，介绍土壤的形成和分类、土壤的物质组成及土壤的基本性质，编写人为马超和胡宏祥；第三章土壤生物，介绍土壤中主要生命体的种类、特征及功能，编写人为吴迪和马超；第四章土壤生物与环境间的关系，介绍土壤生物之间、土壤生物与植物间及土壤生物与非生物间的相互作用，编写人为赵威、陈俊辉和张震；第五章土壤生物群落，介绍土壤生物群落构建、土壤生物多样性和土壤生物群落空间分布与演替，编写人为孙瑞波；第六章土壤生态系统，介绍土壤生态系统的功能、特征、物质循环和能量流动，编写人为吴红淼、刘亚龙和胡振宏；第七章土壤生态系统的退化、恢复与重建，介绍土壤生态系统的退化、土壤生态系统的恢复与重建及相关案例，编写人为张娇阳、柴如山和齐永波。

本书的编写得到了安徽农业大学资源与环境学院和安徽农业大学教务处，以及各编委所在单位的大力支持，科学出版社编辑对本书的审定与出版也付出了大量辛苦的劳动，编者对此表示深深的谢意。本书参考了同行的教材、专著和论文的研究成果，在此一并表示衷心感谢。由于土壤生态学发展迅速、内容广泛，其理论和方法尚在发展和完善之中，内容体系也在不断调整和发展之中。限于编者水平，本书难免存在欠妥之处，诚请读者批评赐教。

编　者

2023 年 7 月

目　　录

第一章 绪 论

本章彩图

本章提要

本章节重点围绕土壤生态学的概念、形成和发展，土壤生态学研究方法，土壤生态学前沿三个部分展开。着重介绍了土壤生态学的基本概念、土壤生态学的形成过程、土壤生态学的发展历程、土壤生态学研究前沿等内容，为了解和认识土壤生态学奠定基础。土壤生态学以土壤生态系统为研究对象，主要探讨土壤生物多样性及其生态功能，以及土壤生物与环境之间的相互作用。土壤生态学研究有着悠久的历史，随着研究方法和技术的不断发展，土壤生态学迎来了新的发展机遇，研究的深度和广度不断拓展，逐步成为现代土壤学、生态学和环境科学研究领域的热点。

第一节 土壤生态学的概念、形成和发展

一、土壤生态学的概念

土壤是“地球的皮肤”，处在大气圈、岩石圈、水圈和生物圈的交界面上。土壤中发生的过程不仅影响土壤本身的结构和功能，还强烈地影响着动植物群落结构、大气温室气体组成和水体生态系统的组成。土壤学是以地球陆地表面能够生长绿色植物的疏松层为对象，研究其中物质运动规律及其与环境之间关系的科学。同时，土壤中的生物类群复杂多样，数量庞大，不同的土壤生物类群相互作用形成复杂的营养级和食物网关系，同时土壤生物也和土壤环境相互作用，从而构成自然界中最为复杂的生态系统——土壤生态系统。

土壤生态学是土壤学、生态学及环境科学相互交叉的一门具有广泛研究领域的新兴学科。在广义上，土壤生态学的研究范围非常广，包括土壤理化性质、土壤各种养分的循环周转、土壤与植物的关系等方面。但土壤生态学的核心是土壤生态系统及生活在该系统中的各种生物。土壤生态学研究有着悠久的历史，早在1881年，查尔斯·达尔文（Charles Darwin）就开创性地研究了蚯蚓活动对土壤的发生、风化和有机质形成过程的影响，并发现了蚯蚓活动对土壤肥力和植物生长具有重要作用。最近国际上的土壤生态学研究主要关注土壤生物多样性和复杂的土壤食物网在生态系统功能方面所起的重要作用。由于土壤中蕴藏着难以估量的生物多样性和生物数量，同时土壤生物之间及土壤生物和环境之间存在着复杂的相互作用，在相当长的历史时期，土壤生态学发展非常缓慢。近年来，随着研究方法和技术的不断发展，土壤生态学迎来了新的发展机遇，研究的深度和广度不断拓展，逐步成为现代土壤学、生态学和环境科学研究领域的热点。

目前，国际上有限的几本土壤生态学著作都没有明确地给出土壤生态学的定义（Lavelle and Spain，2001；Wall et al.，2012）。但是这些著作一致强调土壤生物及其驱动的生态过程。土壤生物之间由于营养关系而形成的复杂食物网更是研究的热点，这些研究尤其考虑土壤食物网在能量流动和养分矿化方面的贡献、土壤食物网结构与土壤生态系统稳定性之间的关系。目前，土壤生态学的另一个研究热点问题集中在人类引起全球变化现象（如气候变化、土地利用变化和大气氮沉降）对土壤生物及其驱动过程的影响。土壤生态学正是以土壤生态系统为研究

对象，探讨土壤生物多样性及其生态功能，以及土壤生物与环境相互作用的科学。结合以上几点，我们给出了土壤生态学的定义：土壤生态学是研究土壤生物在不同时空尺度上的分布格局和多度，影响土壤生物分布和多度的自然及人为因素，土壤生物之间的相互作用，以及土壤生物之间的相互作用如何驱动土壤生态过程的学科。

二、土壤生态学的形成和发展

土壤生态学是一门多元起源的交叉学科。在它的形成和发展过程中，既有先驱者的贡献，也与生物学、土壤学和生态学及其分支学科的推动有密切关系，还得益于环境运动的兴起和全球性重大生态环境研究计划的实施。

基于土壤生物研究的土壤生态学起源于19世纪中叶前后，经历早期缓慢的发展阶段，至20世纪60年代由于国际生物学计划（international biological program，IBP）的开展及其对土壤生物学研究的重视，土壤生态学在20世纪后半期快速发展。尤其在20世纪80年代，土壤生物之间的相互关系成为土壤生态学研究的核心问题，土壤食物网的构建及其在有机质分解和养分循环贡献方面的定量研究也在20世纪80年代中期出现，并且成为之后土壤生态学研究的核心课题，大大促进了科学界对土壤生态系统的认识，使土壤生态学受到广泛关注。如今，各种新技术（如分子生物学技术、同位素示踪技术等）和新观念（如整体论、土壤健康、植物-土壤反馈等）的广泛应用，使土壤生态学成为国际生态学界空前繁荣的主流研究领域。土壤生态学本身也形成了一个多学科交叉的综合性学科，并且呈现百家争鸣的新景象。纵观过去100多年，土壤生态学的发展可以分为以下4个阶段。

（一）定性研究时期

土壤是人类赖以生存的重要物质基础和生产资料。在长期的生产实践中，人类很早就认识到土壤的重要性；不但注意到土壤生物的存在及其分布环境，而且在土壤培肥管理中已不自觉地利用了某些土壤生态学相关知识。19世纪40年代至20世纪50年代是土壤生态学研究的定性时期（图1-1）。这一时期，通过对土壤动物和土壤微生物及其功能的初步描述及研究，逐渐建立了土壤动物生态学和土壤微生物生态学的基本方法及概念，为之后的更深入研究奠定了基础。

1．土壤动物学的建立和发展　关于土壤动物研究已有180年的历史，最早可追溯到1840年达尔文发表有关蚯蚓与腐殖土形成的论文。后来经过40多年的实验观察，1881年达尔文撰写了一本内容更为详尽的蚯蚓著作《腐殖土的产生与蚯蚓的作用》（*The Formation of Vegetable Mould Through the Action of Worms*）。19世纪后期，欧美科学家也开展了许多蚯蚓与土壤肥力相关的研究工作。这些关于蚯蚓的早期研究，为蚯蚓生态学研究奠定了坚实基础，使20世纪后半叶至今，蚯蚓生态学研究成为土壤生态学的活跃领域，为推动土壤生态学的发展做出了重要的贡献。同一时期，研究人员对其他土壤动物也进行了研究。例如，1854年，Ehrenberg编写了有关土壤原生动物的图册。美国线虫学家Cobb对土壤线虫种群的研究，奠定了人们对土壤线虫研究的坚实基础。此外，Lubbock编写了土壤跳虫方面的专著。而Michael对土壤螨类的研究也奠定了人们对这一类土壤动物研究的基础。

19世纪后期至20世纪前半叶，研究人员对土壤动物群落也做了许多重要的研究工作。Müller在达尔文时代就指出除了蚯蚓之外，其他土壤动物类群在土壤肥力方面的重要作用。之

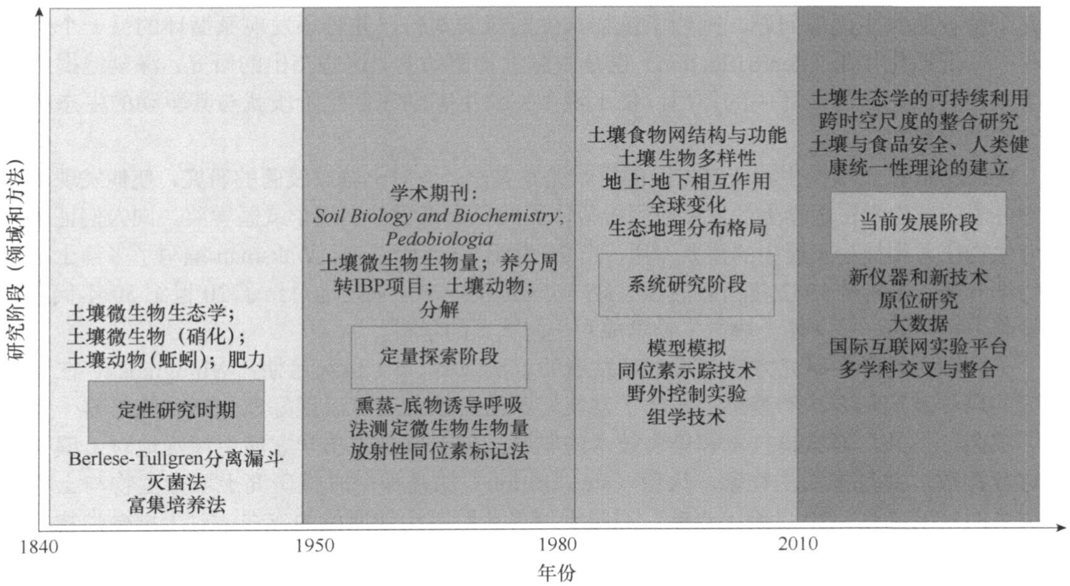

图 1-1　土壤生态学发展历程：主要阶段及其研究成果和方法（引自傅声雷等，2019）

后，Diem（1903）在其博士论文中详细地研究了土壤和凋落物中的土壤动物群落，包括线虫、跳虫、线蚓、甲虫和蝇的幼虫、蚯蚓、多足动物、腹足动物等，并且首次给出土壤动物（bodenfauna）的定义：土壤动物是永久或部分时期在土壤和凋落物层居住及活动的各个动物类群，该定义一直沿用至今。这个时期，在土壤动物群落方面最杰出的研究者是丹麦的 Bornebusch 和美国的 Jacot。前者研究了丹麦森林土壤动物的群落结构；后者从土壤生物学的角度，详细地研究了森林土壤和凋落物群落结构及其在凋落物分解方面的作用。在此背景下，1955 年 4 月 1～7 日，第一次国际土壤动物学会议在英国诺丁汉大学举行，并且会后科学家编写了一本内容系统、全面的土壤动物学论文集，并在次年的第六次国际土壤学大会上成立了国际土壤动物学委员会。这两个事件标志着土壤动物学学科的成立（傅声雷等，2019）。

20 世纪前半叶，土壤动物学研究方法与设备的改进对研究工作尤为重要。1905 年，Berlese 发明了漏斗型土壤动物提取装置来有效地提取土壤和凋落物中的节肢动物。这个装置后来经过改进，成为到目前为止土壤动物群落学研究的重要设备。1917 年，Baermann 发明了专用于提取线虫的湿漏斗装置，有效地促进了对土壤线虫群落结构的研究。方法的改进大大提高了土壤动物的提取效率，研究人员可以更高效和更精确地研究土壤动物群落，对土壤动物学的发展贡献很大。后来土壤生态学的发展也证明，新方法的建立和应用是促进土壤生态学理论发展的重要驱动力。

2．土壤微生物学的建立和发展　在土壤动物学发展的同时，土壤微生物学在巴斯德发酵理论和科赫研究的培养基配制方法的基础上开始出现，并且在 19 世纪末和 20 世纪前半叶，土壤微生物生态学迎来其发展史上的第一个黄金时代。俄罗斯的 Sergei Winogradsky、荷兰的 Martinus Willem Beijerinck 和美国的 Selman A. Waksman 是土壤微生物生态学创建者，也是杰出的土壤生态学家，他们的研究确定了土壤微生物在自然界氮循环、腐殖质形成、土壤有机质周转方面的重要作用。19 世纪八九十年代，Winogradsky 发现了微生物代谢的新途径和化能合成作用，而他在土壤微生物生态学领域最大的贡献就是阐明了氮循环中硝化作用（nitrification）是由微生物驱动的（Dworkin and Gutnick，2012）。与此同时，荷兰的 Beijerinck

研究了植物的共生固氮问题，阐明了植物共生固氮的本质，并且还发现氮循环的另一个重要过程——反硝化作用（denitrification）也是由微生物驱动的。这些杰出的研究，深刻地揭示了微生物在生命元素氮循环中的作用，使土壤微生物生态学在创建阶段就与其驱动的生态功能密切地结合起来。

Waksman 在土壤微生物研究方面的贡献尤其突出，他对土壤放线菌的研究，使他发现了微生物分泌的抗生素在医学上的重要应用价值，因此获得诺贝尔生理学或医学奖，向人们证明了土壤生物在人类社会发展中的重要作用。自 20 世纪 20 年代以来，Waksman 编写了多部土壤微生物学专著，尤其是 1952 年出版的 *Soil Microbiology* 一书，系统地总结了 20 世纪 50 年代之前土壤微生物学的进展，使土壤微生物学成为一门真正的学科。

土壤微生物学的研究方法是限制其发展的重要障碍。19 世纪后期，Winogradsky 在科赫研究的培养基配制方法的基础上发明了富集培养法，该方法可以很好地分离和纯培养一些重要的细菌。另外，显微镜技术和染色技术的发展，使土壤微生物学家能更精确地对土壤微生物进行计数，并且推测生物量。灭菌（sterilization）法是那个时代研究土壤微生物与土壤肥力关系的重要方法。20 世纪上半叶，局限于培养计数等比较原始的方法，对土壤微生物的研究还存在许多缺陷，如对土壤微生物的多样性及其生物量和群落结构的研究并没有实质性的进展。

（二）定量探索阶段

自 20 世纪 50 年代以来，以生态系统为核心理念的生态学快速发展，研究人员开始注重研究生态系统的生产力和能量流动。在生态系统能量流动和物质循环研究的大背景下，定量研究土壤动物在生态系统能量流动和凋落物分解中的作用是 20 世纪六七十年代的重要领域。英国土壤动物学家 MacFadyen 在 20 世纪 60 年代初系统地分析了草地系统土壤动物在能量流动和土壤代谢中的重要作用。20 世纪 70 年代，关于土壤动物生物量及其在凋落物分解方面的研究成果大量发表。这些资料的积累使 Petersen 和 Luxton 第一次在全球尺度上展现了各类动物生物量的分布格局，同时他们也定量分析了土壤动物对输入土壤的凋落物的消耗量。同时 20 世纪六七十年代，对土壤微生物活性的研究主要集中在土壤酶活性方面，许多定量测定土壤酶活性的底物诱导法被提出并广泛应用在土壤生态学的研究中，提高了人们对土壤生物过程的认识，使土壤生物化学成为土壤生态学和土壤微生物学的核心研究领域。

这个时期土壤生态学最重要的进展就是英国洛桑实验站的 Jenkinson 研究组提出的定量测定土壤微生物生物量的熏蒸法（Jenkinson and Powlson，1976）。该方法经过后期改进，成为研究土壤微生物生物量中 C、N、P 含量的重要常规方法，在全世界各个土壤生物学实验室得到普及，大大提高了我们对土壤微生物在土壤 C、N 和 P 循环周转方面作用的认识。20 世纪 70 年代末，德国的 Anderson 和 Domsch 又提出了定量测定土壤微生物活性和生物量的底物诱导呼吸法。底物诱导呼吸法和熏蒸法配合使用，相得益彰，使土壤微生物生态学的研究向前迈进了一大步。美国的 White 把磷脂脂肪酸（PLFA）分析法引入土壤微生物生态学领域，使得定量研究土壤微生物群落结构成为可能。PLFA 分析法是研究土壤微生物生物群落结构的重要方法，极大地促进了我们对土壤微生物群落结构中真菌与细菌比例的认识。

土壤生物之间相互作用和简单土壤食物网研究也在这个时期被提上日程，并且研究者开展了许多重要的工作。1963 年出版的一本土壤生物学著作中就专门论述了土壤动物和土壤微生物之间的关系，主要涉及蚯蚓活动对土壤微生物数量的影响，土壤原生动物与土壤真菌之间的营养关系。在这个时期，研究土壤生物之间关系的主要有 3 个团队，美国科罗拉多州立大学 Coleman 研究组、美国橡树岭国家实验室的 Witkamp 研究组和英国埃克塞特大学 Anderson 研究组，他们的工作为 20 世纪八九十年代的土壤食物网研究打下了坚实的基础。20 世纪 70 年代，Coleman 在美国科罗拉多州立大学建立研究组，并通过微宇宙培养实验等方法开展了关于土壤生物之间营养关系的系列工作，他们的研究尤其注重土壤动物对微生物的捕食作用及其在土壤能量流动和养分动态方面的意义（Coleman et al.，1977）。美国橡树岭国家实验室的研究主要集中在凋落物分解过程中节肢动物与微生物之间的相互作用，采用放射性同位素标记法来研究物质和能量在土壤食物链中的传递过程（McBrayer et al.，1974）。英国埃克塞特大学 Anderson 研究组的研究也集中在凋落物分解过程中节肢动物的捕食行为对微生物活性的影响方面，该研究组最有特色的研究是关注大型土壤动物的肠道微生物群落（Anderson and Bignell，1980）。

20 世纪六七十年代的土壤生物学研究是土壤生态学承前启后的重要转折点，土壤及土壤生物也明确成为陆地生态系统研究不可或缺的部分。1976 年，在瑞典乌普萨拉举行的第六次国际土壤动物学会议上，旗帜鲜明地提出了“Soil Organisms as Components of Ecosystems”（土壤生物是生态系统中的组成部分）观点（傅声雷等，2019）。同时有关土壤生物学的期刊也相继创办，如 1961 年在奥地利创办 *Pedobiologia* 期刊；1964 年在法国创办 *European Journal of Soil Biology*；1969 年，土壤生态学旗舰版 *Soil Biology and Biochemistry* 期刊在英国创办，以上这些标志着土壤生态学已经成为生态学研究的重要领域。

（三）系统研究阶段

1．土壤生物相互作用和土壤食物网研究　20 世纪 80 年代开始，土壤生态学的研究开始注重土壤生物之间的复杂关系及其在生态功能方面的重要作用。这些研究体现在这个时代出版的重要著作上，如英国生态学会于 1985 年出版论文集 *Ecological Interactions in Soil：Plants，Microbes and Animals*（土壤系统中植物、微生物和动物之间的生态相互作用）；1988 年出版会议论文集 *Interactions Between Soil-Inhabiting Invertebrates and Microorganisms in Relation to Plant Growth*（土壤中无脊椎动物与微生物的相互作用与植物生长之间的关系）。同时期，以科罗拉多州立大学和佐治亚大学为代表的美国学者，开始建立结构复杂的土壤食物网，并且与免耕农业措施紧密结合。例如，1987 年，科罗拉多州立大学 Hunt 等土壤生态学家基于对科罗拉多一个矮草草原生态系统土壤生物类群的系统研究，第一次建立了一个结构比较完整的土壤食物网。他们计算了土壤微生物和土壤动物在氮矿化方面的贡献，指出细菌和土壤动物是氮矿化的重要驱动者。这个土壤食物网的建立意义非常重大，它为之后不同生态系统下土壤食物网的框架建立和模型模拟提供了范式，并且提供了一套基于土壤食物网而计算各个土壤生物类群对生态系统养分矿化相对贡献的研究方法。

在美国土壤食物网研究的影响下，20 世纪 80 年代在欧洲也开展了两个基于农业生态系统的土壤生态学项目，建立了比较完善的土壤食物网。一个是 Andrén 等领导的瑞典“耕地生态学”项目。另一个是 Brussaard 领导的“荷兰农业生态系统土壤生态学”项目。他们均强调了功能食物网的意义及食物网动态变化研究的重要性。

2．土壤生物多样性研究　20 世纪 90 年代至今，土壤生态学的研究进入百家争鸣的黄金时代。在这个时期，土壤生态学实验室和研究团队遍布全球各个大学和研究所。2004 年，当今最有影响力的科学杂志之一——《科学》（*Science*）把土壤作为最后的科学前沿之一，呼吁科学界加大对土壤生物及其生态功能的研究。土壤生态学呈现多个研究主题齐驱并进且相互整合的趋势。其中最重要的 3 个研究主题是土壤生物多样性、地上-地下相互作用、全球变化背景下土壤生态系统的结构和功能。

土壤生物多样性的研究始于分子生物学技术在土壤微生物学领域的应用。1990 年，挪威土壤微生物学家 Torsvik 从土壤中提取 DNA，并用分子杂交的方法发现仅 1g 森林土壤中就有将近 10 000 种细菌的存在，极大地震撼了学术界。加之 1992 年《生物多样性公约》的签订，使土壤生物多样性成为土壤生态学研究的核心领域。从 20 世纪 90 年代开始，关于土壤生物多样性的学术研讨会和跨区域、多团队合作的土壤生物多样性项目层出不穷。例如，1997～2002 年，在国际环境问题科学委员会的资助下，Wall 组织领导了土壤和水体沉积物生物多样性与生态系统功能委员会，主持了 4 次大型的国际学术研讨会，从各个方面讨论土壤生物多样性的研究。2014 年底，在法国第戎（Dijon）举行了第一届全球土壤生物多样性会议，会议的主题是评估土壤生物多样性在生态系统服务方面的重要作用，紧接着于 2017 年在中国南京举行了内容更为广泛的第二届大会。1997～2002 年，英国自然环境研究理事会资助的大型土壤生物多样性与生态系统功能项目对土壤生态学的发展尤为重要，该项目吸引了英国 27 个研究小组参与，综合利用分子生物学、同位素示踪技术和野外控制实验，精确追踪碳在食物网中的传递，发现光合作用固定的碳在数小时内就可以传递到土壤生物体内。该项目确定了现代土壤生物学研究的合作模式。这些研究使土壤生物多样性研究取得了多方面的进展，使人们认识到土壤生物多样性在生态系统服务方面起着非常重要的作用。

（四）当前发展阶段

21 世纪初，土壤生态学进入了一个新的发展时期，在研究广度和深度上都有较大的拓展。生态系统及土壤生态的概念被广泛接受；生态系统的理论和方法在土壤生态学研究中得到应用和发展；而且土壤生态系统结构与功能相结合的整体性研究及土壤系统与其他系统相互作用方面的工作也呈明显增多的趋势。当前，大尺度的土壤微生物多样性地理分布格局研究备受重视，全球尺度上土壤细菌和真菌、线虫、蚯蚓和原生动物的生物地理学研究陆续在高水平期刊上发表。这些开创性的研究在宏观层面揭示了土壤生物多样性的全球分布格局，探讨了土壤生物群落构建的机制及其潜在的功能特征。同时，关于土壤生物相互作用及其土壤食物网的结构和功能，土壤生物组与土壤健康、人体健康之间的关系，抗生素抗性基因及病原病毒等新兴土壤污染等的研究，均为当今土壤生态学的研究前沿和热点。近几年，中国学者在土壤生态学研究方面的工作也不断前进，以朱永官为代表的一批中国科学家于 2019 年创办了土壤生态学国际期刊《土壤生态学快报》（*Soil Ecology Letters*），同年，傅声雷等主编的《土壤生态学——土壤食物网及其生态功能》正式出版发行，这大大促进了土壤生态学的跨越式发展。

过去 20 年间，得益于基因组学技术的进步，土壤生态学研究快速发展，很大程度上更新了我们对土壤生态系统的认识。然而，由于土壤生态系统的复杂性，目前对土壤生态过程机理的认知仍有限，且现有的理论多借鉴于宏观生态学研究，因此亟待发展土壤生态学的自有理论体系，提升研究水平和深度。未来应加强土壤生态学和地理学、生物学的结合，推动土壤生态地理学新领域的发展；充分利用国家野外科学观测研究网络，加强土壤生态学的网络研究；应用食物网等生态学原理，构建生物互作实验平台；更多地拥抱新技术、新方法，并从宏基因组学（metagenomics）向宏表型组学（meta-phenomics）发展，并和同位素技术结合起来综合运用；构建完善的物种 DNA 序列的标准数据库及其物种信息库共享平台。最后，在全球变化的大背景下，土壤生态学与其他生态环境与资源学科一样，面临着应对全球变化与环境污染，维持资源可持续利用等一系列重大挑战，利用土壤生态学理论和研究成果发展土壤生态调控技术，发掘和利用土壤生物资源，修复退化土壤，维持土壤健康，支撑生态文明建设和可持续发展国家战略，已成为当前土壤生态学研究的重要任务。

第二节　土壤生态学研究方法

自开展对土壤生态学的研究以来，科学家便不断建立土壤动物生态学和土壤微生物生态学的基本方法，并在实践和发展中不断改进方法，为更深入的科学研究奠定了基础。应该说，土壤生态学的研究方法和学科是一起成立和不断发展壮大的，两者互相补充，不断完善。

一、土壤生物分析方法

（一）土壤植物根系分析方法

土壤植物根系分析方法包括对植物根系形态特征与根系分泌物的分析。植物根系是连接地上部和地下部能量流动和物质循环的关键纽带，在土壤生态学研究中具有重要地位。其中，植物根系形态特征和根系分泌物的研究分析是研究的重要方向。根系分泌物既包含健康植物组织的释放，也有衰老组织或根系残体的分解。根系分泌物一般可分为：①渗出物，由根细胞扩散出来的低分子有机物；②分泌物，根细胞的代谢产物；③根细胞脱落物，高分子黏胶物质；④分解物，根系残体的分解产物。由于植物根系生活在植物-土壤-微生物等环境的微生态系统中，植物代谢过程中部分物质以分泌物形式释放到根际，其释放强度与根的生长能力有关，也和细胞膜的选择渗透性有关，根系分泌物深受土壤环境制约。当根系处于逆境胁迫下（如土壤酸化、营养缺乏等），将导致植物生理代谢障碍或植物组织损伤。

（二）土壤动物分析方法

土壤动物的分类范围很广，从体型上分为大型、中型、小型和微小型。土壤动物的采集包括两个方面：一是提取动物标本的方法，即如何把动物从它的生活基质（土壤和枯枝落叶）中提取出来；二是取样的方法，即如何确定被用作提取标本的基质样品在生境上的分布和数量。由于研究目的（分类学和生态学的、定性的和定量的）不同，所采用的方法都有所不同。

土壤动物组成的调查主要是定量调查，一般用每平方米面积含多少个体或生物量，即用个/m^2或 g/m^2来表达。取样常采用陷阱法。土壤动物的标本采集，最常用设备有干漏斗（Tullgren 装置）和湿漏斗（Baermann 装置）及其各种改良型，是根据土壤动物怕光、怕热、怕干燥等行为而设计的。由于调查的环境条件、工作条件和调查者的要求各有不同，人们把这两类漏斗装置改制成各种形式，但原理是一样的。

大型土壤动物收集采用手捡法，主要是采集蚯蚓、蜈蚣、马陆、鼠妇、蜘蛛及某些昆虫。中小型土壤动物收集采用干漏斗法，主要采集螨类、跳虫、原尾虫、双尾虫、昆虫幼虫、小型蜘蛛、小型多足类等。小型湿生土壤动物收集采用湿漏斗法，主要采集线虫、线蚓、涡虫、蛭类和桡足类等。土壤原生动物收集主要采用培养分析法。

（三）土壤微生物分析方法

土壤微生物生物量是指土壤中体积小于 10μm^3活的微生物总量，是土壤有机质中最活跃的和最易变化的部分。耕地表层土壤中，微生物生物量碳一般占土壤有机碳总量的 3%左右。土壤微生物生物量的测定方法包括：氯仿熏蒸培养法（FI）、氯仿熏蒸浸提法（FE）、基质诱导呼吸法（SIR）、精氨酸诱导氨化法和腺苷三磷酸（ATP）法。每种方法有其优点、缺点和适用范围及条件，一般根据实验室的仪器设备和条件及研究目的，选择测定土壤微生物生物量的方法。

土壤呼吸一般是指土壤中活的、有代谢作用的实体，在代谢过程中吸收 O_2 和释放 CO_2 的强度。土壤呼吸来源于生物和非生物两个方面。生物来源包括土壤微生物的呼吸、植物根系的呼吸和原生动物的呼吸。非生物来源主要是化学的氧化过程。在这些来源中，土壤微生物的呼吸是主要的。土壤中的细菌、真菌、藻类和原生动物的细胞，对 O_2 的吸收或 CO_2 的释放，也包括由好气和嫌气代谢所产生的气体交换，因此又称为微生物呼吸作用。测定土壤呼吸作用的方法主要有滴定法、容量法、比色法、重量法、比浊法、电导法、仪器分析法、红外吸收光谱、气相色谱、质谱分析、测压法和气体分析法等。在测定土壤呼吸时，可依据研究目的和条件选用或在实践中加以必要的修改和完善，不断提高测定的准确性及稳定性。

土壤生物化学过程是由酶的催化作用完成的。这种由酶参与的生物化学反应可以发生在植物根系和土壤生物的细胞内，是生命代谢活动的一部分。而发生在细胞外土壤介质中的生物化学反应，则是由土壤酶来完成的。土壤酶来源于植物、动物和微生物，在土壤中主要参与各种有机物质的分解、合成与转化，以及无机物质的氧化与还原等过程。土壤酶活性一般用单位重量的土壤在单位时间内反应物的生成量或底物的减少量来表征。土壤酶的种类很多，如脲酶（NH_4^+释放量法、尿素残留法）、磷酸单酯酶（对硝基苯磷酸盐法）、磷酸二酯酶（双对硝基苯磷酸盐法）及芳基硫酸酯酶（对硝基苯磺酸法）、氧化还原酶类、转移酶类、水解酶类、裂解酶类等的测定。

随着 DNA 测序技术的快速发展，20 世纪 90 年代后期生物三域分类理论逐渐得到学术界广泛认可，这一理论常被认为是生物分类历史上最具代表性的成果，将地球生物从动物、植物和微生物的形态描述分类，扩展到基于核糖体 rRNA 分子的细菌、古菌和真核生物的定量刻画。分子生物技术在土壤学研究中的应用，奠定了地球系统科学宏观-微观耦合研究的理论和技术基础。

高通量组学技术得到了快速发展和广泛应用。其中，以测序和基因芯片为基础的宏基因组学技术是目前研究环境微生物的成熟技术和关键手段，同时宏基因组学也为其他组学提供了生物信息基础。目前关于转录组学、宏蛋白质组学和群落代谢组学的研究仍处于起步阶段，其研究成果也较为有限，但却显示出巨大的发展前景。由于各组学技术都是以生物信息学为基础的，因此生物信息学也就成为各组学技术在应用上的瓶颈，并在一定程度上限制了组学技术的发展。高通量组学技术的出现掀起了一场环境微生物领域的革命，它能够帮助科学界更好地了解微生物群落的遗传潜力和功能活动规律。同时，从复杂环境中分离、培养和鉴定活体微生物是生物学研究永恒的主题，然而，如前所述，分类理论发现绝大多数微生物在实验室内仍无法单独培养，在现有技术条件下，设计和开发特异的培养基，模拟自然土壤环境并分离那些似乎难以计数的土壤生物，仍然存在巨大的技术障碍。

二、研究平台

实验平台是指进行实验的地方，有提供小型实验的、具有一定规格标准的基准平面，也有提供大型实验的仪器设备等。利用大型野外控制实验平台可以帮助人们详细测量土壤生态系统各个维度的变化，这将大大提高土壤生态研究者的工作效率。总的来说，新平台的建立和应用是促进土壤生态学理论联系实际的重要驱动力，具有重大意义。

凋落物和根系分泌物是土壤生态学的基本研究对象，也是土壤食物网的能源基础，在很大程度上调控土壤食物网的结构和功能。同时，国际上野外控制实验平台多分布在欧美等发达国家。例如，美国凋落物添加、移除和转换野外长期资源控制实验平台（detritus input, removal and transfer，DIRT）是研究土壤食物网结构和功能机制的一个重要野外科学观测站（Nielsen and Hole，1963），该站于 1956 年设立在威斯康星大学的校园内，实验方案包括对照、凋落物去除、凋落物添加、阻断根系、凋落物去除＋阻断根系、减少地被物 6 个实验处理，为北美学者研究土壤食物网功能提供了有力保障。英国 Sourhope 土壤生物多样性野外实验平台，主要深入研究土壤各关键生物类群及其驱动的生态过程，该项目利用分子生物学技术、稳定同位素标记技术等，对未来土壤生物学平台的建设具有重要的参考价值。

近年来，在中华人民共和国科学技术部和中国科学院的资助下，国内陆续建立了很多野外控制实验平台，对中国土壤生态学及其相关学科发展提供了积极的推动作用。例如，国家生态系统观测研究网络，该建设项目是跨部门、跨行业、跨地域的科技基础条件平台建设任务，需要在国家层次上，统一规划和设计，将各主管部门的野外观测研究基地资源、观测设备资源、数据资源及观测人力资源进行整合和规范化，有效地组织国家生态系统网络的联网观测与试验，构建国家的生态系统观测与研究的野外基地平台、数据资源共享平台、生态学研究的科学家合作与人才培养基地。

随着工业快速发展，化肥生产和化石燃料消耗及温室气体排放增加，近年来全球范围内大气氮沉降逐年递增。大气氮沉降改变了土壤中微生物的结构和土壤中物质的循环，也影响着生态系统的平衡与功能，对生态系统产生了巨大影响。中国科学院在鼎湖山、武夷山、长白山、尖峰岭等地建立长期野外氮沉降模拟平台，分析了施氮对土壤微生物碳氮利用效率的影响。但以往的研究普遍采用林下模拟施氮的方法，忽略了林冠对氮素的吸收、吸附、转化等一系列截留过程。河南大学以大别山常绿落叶阔叶混交林生态系统为对象，设立河南大别山森林生态系统野外科学观测研究站，采取林上施氮模式，充分考虑森林冠层对氮素的吸收、吸附等截留过程，能够更加真实地模拟大气氮沉降过程。

第三节　土壤生态学前沿

土壤生态学的研究有着悠久的历史，其研究对象包括土壤与生物的关系、土壤与环境的关系、土壤与人类的关系。土壤生态系统是陆地生态系统的一个亚系统，以土壤为研究核心。土壤生态系统是由土壤、生物及环境要素三个部分组成的具有其结构和功能的一个开放系统和能量转换器。在垂直方向上土壤生态系统可分为近地面大气带、地表与地下生物带和岩石风化带三个层次；在水平方向上根据研究尺度而定。随着人们对土壤生态系统重要性的重视，土壤生态学研究快速延伸到陆地生态系统研究的各个领域，成为陆地生态系统研究的热点之一。如今，土壤生态学的研究主要关注土壤生物多样性与生态系统多功能性、土壤食物网、土壤生物地理学、全球变化土壤生物学和土壤健康等重大前沿科学问题。

一、研究内容前沿

（一）土壤生物多样性与生态系统多功能性

土壤生物多样性是地下生物的多样性，既包括基因、物种及其组成的群落，也包括它们所贡献和所属的生态复合体，以及土壤微生境与景观。土壤群落具体包括微生物（microorganism）、微型动物（microfauna）、中型动物（mesofauna）、大型生物（macrofauna）和巨型动物（megafauna）。每个类群在土壤生态系统中的作用各不相同。土壤微生物（细菌、古菌和真菌）和微型动物（原生动物和线虫）负责通过有机物分解和营养物质循环等过程，将有机和无机化合物转化为植物和其他生物可以获得的形式。中型动物（如螨虫、跳虫和小幼虫）提高了能量和营养的可用性，特别是氮。大型动物（如蚯蚓、蚂蚁、甲虫和白蚁）和巨型动物（如一些哺乳动物和爬行动物）被称为生态系统工程师。它们改变了土壤的孔隙度、水和气体的输送，并将土壤颗粒结合在一起，从而减少土壤侵蚀。

土壤生物负责若干生态系统服务，具有环境、经济和健康方面的影响。它们在农业、人类健康和气候调节等方面发挥巨大作用。土壤生物通过其在碳循环中的作用，增加了土壤的碳含量，从而提高了土壤肥力，改善了土壤结构，从而使土壤更好地渗透和保持水分，使土壤更不容易被侵蚀。除了养分有效性外，土壤生物多样性还能提高作物的适应力。土壤生物多样性可用于生物防治，提高生态系统功能，自然减少害虫，如有害昆虫、螨虫、杂草和植物病原体，从而最大限度地减少对合成化肥和农药的依赖。土壤生物多样性有助于提高植物的营养价值，并使植物能够产生有益的植物营养素，如抗氧化剂。食用富含抗氧化剂和其他营养物质的植物可以改善人的免疫系统、激素调节和整体健康。因此，土壤生物多样性有利于更健康的饮食和人类的身体健康。土壤生物在气候调节中发挥着关键作用，既有助于减少温室气体（GHG）的排放，又有助于碳的捕获和储存。

土壤生物多样性与生态系统的作物生产、养分循环、气候调节和水的净化等多重生态系统功能和服务密切相关，是目前土壤生态学领域最为重要的热点研究问题（图 1-2A）。同时，未来可持续集约化的目标是指在维持作物生产功能的同时，还要保证和强化其他土壤功能，从而守护土壤健康与农业可持续发展（图 1-2B）。在概念上，生态系统多功能性可以定义为生态系统同时提供多重生态系统功能和服务的能力。在过去 20 年里，研究人员围绕生物多样性的丧失如何影响生态系统多功能性开展了大量研究，但是多从动植物多样性出发，很大程度上忽视了土壤生物多样性的作用。近年来，随着土壤生态学研究的不断深入，关于土壤生物多样性的研究主要涉及 4 个核心问题，包括土壤生物多样性的维持机制、土壤生物多样性与生态系统功能之间的关系、土壤生物多样性的分布格局及土壤生物多样性与植物多样性之间的关系。尽管宏观层面生物多样性和生态系统多功能性之间存在显著正相关关系，但这并不意味着不同物种具有同等的功能属性；土壤生物多样性的研究方法、土壤生物多样性的大尺度地理分布格局及其

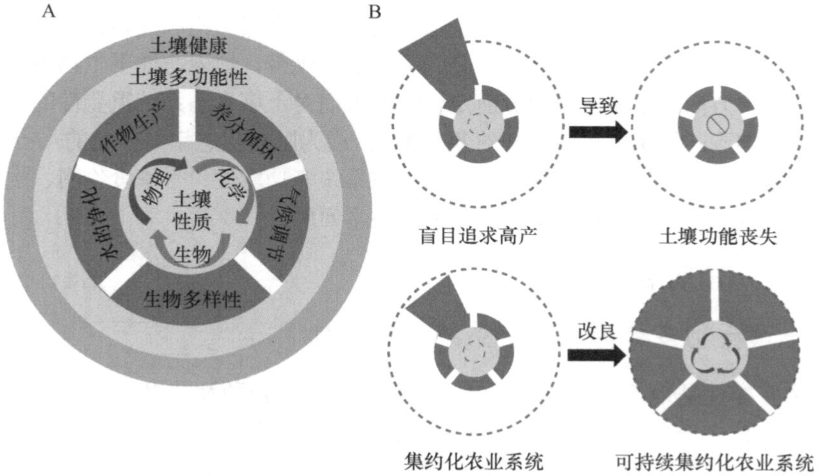

图 1-2　土壤性质、土壤功能及土壤健康关系示意图（引自李奕赞等，2022）

机制、人类活动和全球变化对土壤生物多样性的影响及土壤生物多样性在污染治理和生态恢复中的应用等方面研究仍面临着巨大的挑战。

（二）土壤食物网

土壤生物并不是孤立存在的，而是通过物种间的共生、竞争和捕食等营养关系作用构成复杂的土壤食物网，共同参与土壤生态过程（图1-3）。1880年，意大利动物学家Lorenzo Camerano第一次以生物之间的取食关系为基础绘制了一幅食物网的结构图，揭开了食物网研究的序幕。土壤食物网以土壤生态系统和居住在土壤中的土壤生物为研究对象，研究各种土壤生物功能群之间的直接捕食关系与间接调控关系，以及这种复杂关系在凋落物分解、有机质和养分循环、土壤生物群落结构稳定性方面的作用（Coleman et al.，2004；Moore and de Ruiter，2012）。此外，土壤食物网是动态变化的，许多调控机制被提出用于解释土壤食物网的结构动态，如上行效应（bottom-up effect）、下行效应（top-down effect）（Power，1992；Jaffee and Strong，2005）和营养级联（trophic cascade）效应等（Pace et al.，1999）。

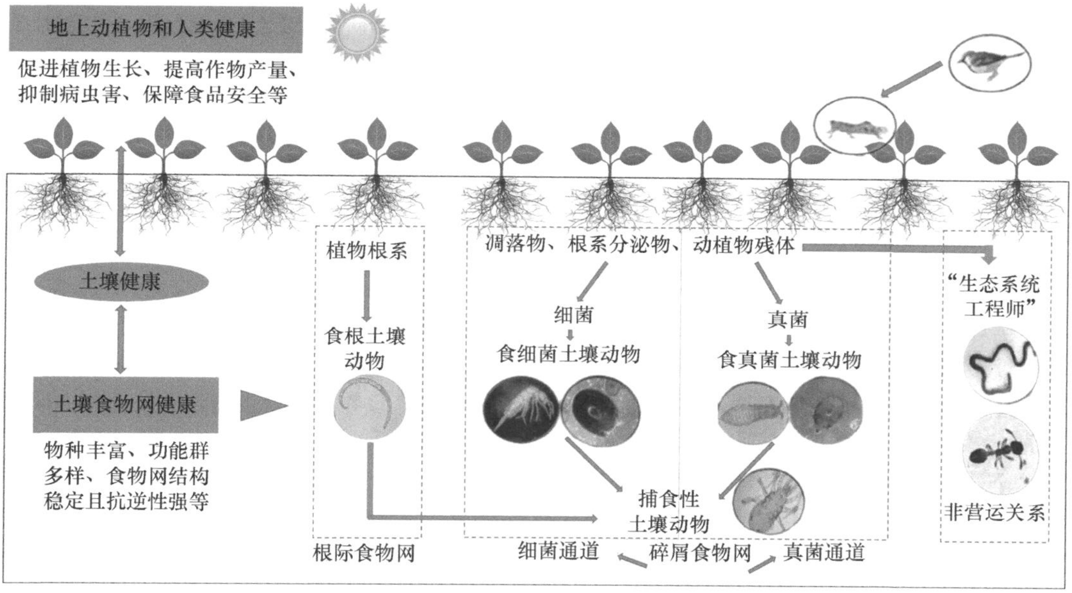

图1-3 土壤食物网与土壤健康（引自孙新等，2021）

土壤食物网的研究从20世纪80年代开始，在北美主要集中在美国科罗拉多州立大学和佐治亚大学（Hendrix et al.，1986），在欧洲主要集中在荷兰瓦格宁根大学与研究中心的土肥研究所和瑞典农业大学。这些研究都是基于大型研究项目，进行团队协作，从多方面入手，综合考察土壤食物网在养分循环方面的重要作用。土壤食物网核心是基于土壤食物网的结构来计算各类土壤生物对碳、氮养分循环的贡献，把土壤生物群落的结构及其驱动生态功能密切联系起来。这些研究对比了不同干扰条件下土壤食物网结构的改变如何在生态系统水平上影响碳、氮的循环速率，这对目前全球变化如何影响土壤生物类群及其生态功能的研究具有重要参考价值。

（三）土壤生物地理学

土壤生物地理学研究是土壤生态学研究的核心内容之一，主要关注土壤生物多样性的时空分布格局和维持机制。土壤生物包括土壤细菌、真菌、病毒、原生动物、节肢动物、蚯蚓和线虫等，构成了地球上最多样化和最丰富的生物集群，发挥着重要的生态功能。开展土壤生物地理学研究，有助于我们深刻理解土壤生物多样性的形成和维持机制，并可据此预测土壤生物群落对环境和气候变化的响应和反馈规律及其相关功能的演变方向。土壤生物地理学研究主要回答土壤生物的群落构建是否具有地理分布格局。同时，如果土壤生物群落的构建存在地理分布格局，那么这种空间变异是由当今环境因素（如降水、温度和土壤环境等）引起，还是历史进化因素（地理距离、扩散限制、偶然事件等）引起，或者两者兼而有之？越来越多的证据表明土壤生物的丰度和多样性在空间尺度上并不是随机分布的，而是具有明显的地理分布格局。例如，一项全球尺度的研究发现表层土壤细菌的多样性在中纬度的温带地区最高，而真菌的多样性则随着纬度的升高而降低。进一步的研究发现，土壤细菌和真菌多样性的全球分布分别与土壤 pH 和降水量高度相关，且细菌群落与真菌群落总体表现出拮抗关系，表明环境过滤作用和生态位分化共同决定了全球表层土壤微生物的群落组成。土壤生物群落的地理分布通常不同于地上动植物群落的分布模式，如在全球尺度上土壤蚯蚓的多样性分布受到气候因素的强烈影响，表现出在中纬度地区多样性和丰度最高，在热带地区生物量最高的分布特征。然而，当前对于土壤生物群落分布格局的形成机制还未能形成统一认识，具体研究结果因研究尺度、生态系统类型和土壤生物类群的不同而存在较大差异。

目前，我们对土壤生物多样性及其地理分布格局的认识仍然相对粗浅，现有的理论和模型多来源于对动植物的研究，往往无法克服理论外推的“水土不服”，难以整合生态系统地上与地下部分的偶联过程，无法建立土壤生物物种分布与其功能属性之间的连接，使得我们对土壤生物地理分布的认识尚缺乏系统性和整体性。

（四）全球变化土壤生物学

全球变化已经对自然生态系统和社会经济产生了显著影响，并在未来数十年乃至几个世纪将继续产生更严重的影响。全球变化和环境污染等导致生物多样性锐减，正严重威胁着人类的生存环境和社会的可持续发展，不仅学术界对此特别关注，政界和公众也非常关注此方面研究进展。

全球变化引起的生物和非生物环境的改变正深刻影响着生态系统的结构和功能，而人类活动引起的全球变化（包括大气 CO_2 浓度升高、变暖、降水变化、干湿循环、干旱和大气氮沉降增加）是从局部到全球范围内生物多样性丧失的主要驱动因素（图 1-4）。土壤生态系统对全球变化的响应一直是全球变化生态学研究的重点。一方面土壤作为重要的生态系统结构和功能的承载者，在生态系统响应和适应全球变化过程中发挥着重要作用；另一方面土壤生物群落作为地球物质循环的中心环节，控制着土壤碳、氮和磷等元素的生物地球化学循环，参与土壤有机碳的分解和固持、温室气体（如 CO_2、CH_4、N_2O 等）的产生和排放，以及地上植物的生长等，深度参与了全球变化进程。土壤生物对环境变化非常敏感，大量的研究表明全球变化因子，如大气 CO_2 浓度的升高、氮沉降、气候变暖、外来物种入侵、极端气候和土地利用方式等的改变已成为土壤生物群落改变和多样性丧失的主要驱动因子。例如，在区域尺度上，研究人员发现土壤节肢动物的多样性和生物量的降低与景观水平的土地利用方式有关；而在全球尺度上，土壤真菌群落中病原菌的比例可能因为气候变暖而显著增加，从而有可能影响到全球的农业生产。

全球变化背景下，未来土壤生物学研究仍将面临诸多科学问题的挑战：①地上与地下生态系统的相互作用机制及演变；②不同生态系统温室气体产生和转化的关键微生物种类、时空变

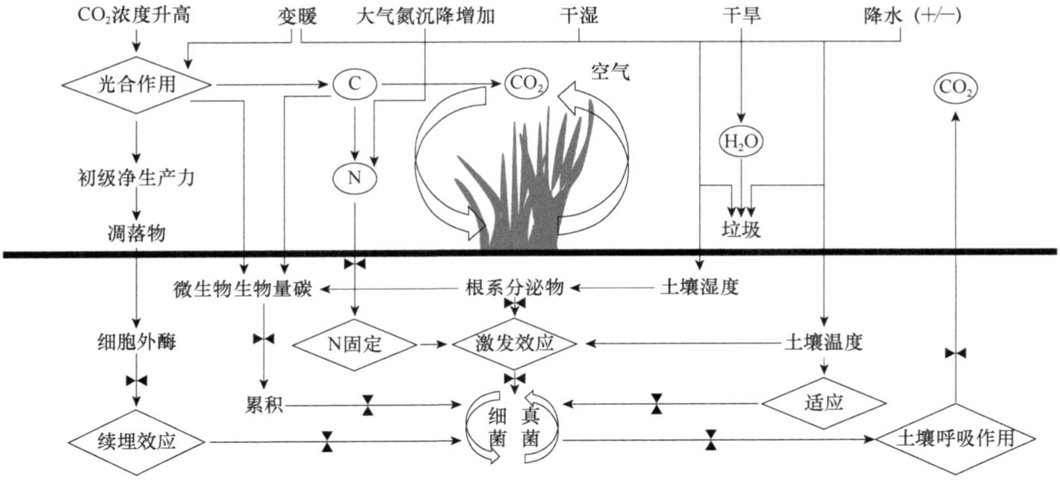

图 1-4 土壤生态系统对全球变化的响应（引自 Yang et al.，2021）

异及其对全球变化的调节作用；③维持生态系统功能稳定性的关键生物种类及其对全球变化的响应和敏感性；④气候变化敏感区域的土壤生物多样性及生态功能。

（五）土壤健康

土壤是自然界最复杂的生态系统之一，健康的土壤是维持土壤生态系统服务功能可持续性及保证粮食安全的关键。土壤质量是健康土壤的核心，自 20 世纪 90 年代初以来，土壤质量得到研究者和相关从业人员的广泛关注，土壤质量是土壤保持动植物生产力、水和空气质量，保护人类与动植物健康及栖息地的能力。Doran 和 Zeiss 在 2000 年首次提出土壤健康的概念，土壤健康是指土壤维持植物、动物和人类的重要生命系统的持续能力。土壤健康强调土壤在社会、生态系统和农业中的作用或功能。当前针对土壤健康的评价一般包含土壤的物理、化学和生物学等指标，但物理和化学指标无法反映土壤的动态生命系统的变化，因而生物学指标逐渐引起研究者的重视（图 1-5）。土壤生物直接参与土壤过程，深刻影响土壤生态系统服务，因此生物

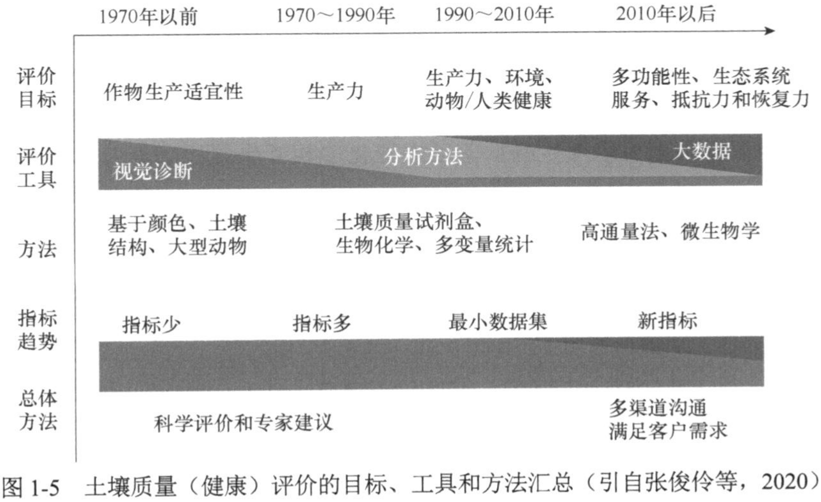

图 1-5 土壤质量（健康）评价的目标、工具和方法汇总（引自张俊伶等，2020）

学指标被认为是对管理更为敏感的指标，除常用的微生物碳和氮、可矿化氮等外，土壤生物多样性、功能基因表达、酶学方法、代谢组和转录组及一些指示生物（如菌根真菌、线虫、蚯蚓等）检测也得到快速发展。土壤生物是否消失，土壤生物的数量、活性、生理或行为的变化均可能反映土壤健康情况。

然而，由于土壤类型和管理方式的多样性，并且各个测定指标的度量也不同，因此需要从生态学视角展开研究，还需深入理解土壤生物驱动的代谢过程，建立大数据平台，并借助一些新技术和手段建立一个综合评价体系，将各种指标进行系统整合，计算出土壤健康的综合指数。

二、研究方法前沿

（一）宏基因组学技术

随着 DNA 测序技术的快速发展，在探索土壤微生物群落中微生物的种类和特征的研究中，高通量组学技术得到了快速发展和广泛应用。其中，以测序和基因芯片为基础的宏基因组学（metagenomics）技术是目前研究环境微生物的成熟技术和关键手段，同时宏基因组学也为其他组学提供了生物信息基础。

宏基因组（metagenome）概念由 Handelsman 等于 1998 年首次提出，其定义为某特定环境中所有微生物基因组的总和。作为环境微生物学的重要研究手段，宏基因组学研究不需要对环境微生物进行分离培养，而是直接分析环境中微生物的 DNA 来获知微生物群落的遗传、功能与生态特性。目前的宏基因组研究紧密依赖高通量测序技术，包括扩增子测序（amplicon sequencing）与宏基因组测序。扩增子测序主要针对核糖体 RNA 基因（ribosomal RNA gene，rDNA）和功能基因，前者对细菌或古菌 16S rDNA 及真菌 18S rDNA 与内部转录间隔区（internal transcribed spacer，ITS）序列等分子标记进行扩增，后者对微生物某些特定功能基因（如参与碳、氮循环的功能基因）进行扩增。

（二）宏转录组学技术

宏转录组学（metatranscriptomics）通过分离提取微生物群落中的 RNA 或者富集 mRNA，合成 cDNA 进行高通量测序分析。这种方法可针对微生物群落研究其在某一特定环境、特定时期和特定状态下进行转录的所有 RNA 的类型及数量，来确定活跃微生物的代谢功能。相对于宏基因组学研究微生物群落的组成和功能（包括死亡和休眠微生物），宏转录组学的优势是可以揭示微生物群落中活跃物种的组成及其基因的表达。以宏转录组学为代表的多组学研究方法为解析不同生境微生物群落动态变化、相互作用和功能响应提供了前所未有的机遇。

（三）宏蛋白质组学技术

随着土壤宏基因组学的日益成熟和发展，作为后基因组时代重要技术平台的土壤宏蛋白质组学越来越受到关注。宏蛋白质组学（metaproteomics）是研究整个生态系统内所有微生物来源的蛋白质种类和丰度变化的技术手段。自 2004 年宏蛋白质组学的概念提出以来，宏蛋白质组学研究呈现指数级增长。一部分原因是相关技术和方法发生了质的飞跃，其中包括出现了能够分离高度复杂肽混合物的液相色谱、能够获得大量精确质谱信息的高分辨率质谱仪，以及能够处理和分析复杂数据的计算机工具。

宏蛋白质组学研究可以对土壤微生物群落中的蛋白质进行大规模定性和定量，将从一个新的水平上提供微生物演替和特定种群分布活动的信息，并且这些信息都能从表达的蛋白质上得到解析，是解析土壤宏基因功能的重要手段之一，对于碳、氮和磷的生物地球化学循环及土壤有机质积累的研究具有重大价值，可将蛋白质信息与相关的生态系统过程联系起来。例如，预测未来微生物群落的演替规律，哪种微生物在分解作用中的贡献最大，以及哪个因素影响了整个分解过程。土壤微生物生物量巨大、种类繁多、不易分离培养，宏基因组学与蛋白质组学结合为解决这一难题提供了契机，特别是宏蛋白质组学可以深入地研究种群的多样性，可以直接观察蛋白质在环境样本中的变化，能够提供细胞的功能信息，可以细致地分析群落的结构与功能。

（四）代谢组学技术

代谢组学（metabonomics）是以生物体内相对分子质量小于 1500 的小分子代谢物为研究对象，运用多种分析手段，如质谱（mass spectrum，MS）、核磁共振（nuclear magnetic resonance，NMR）、色谱-质谱联用等，从整体水平上研究胞内代谢物组成及其与生理、病理相关的变化规律。与其他组学相比，代谢组学更接近于表型，能更准确、直接地反映外界环境对生命系统的影响。代谢组学可用于揭示土壤中有机质、土壤微生物代谢含量变化及相互作用。土壤代谢物主要来源于土壤微生物对于环境中物质如有机质的代谢分解、土壤中的植物根系分泌物、土壤微生物本身的内源性代谢物和外来污染物等。采用代谢组学方法对土壤中的小分子代谢谱进行分析，具有高通量、高灵敏度的特点，同时也可结合土壤微生物组高通量测序等多组学手段，有助于研究从微生物群落结构和功能到代谢途径的变化。

（五）单细胞测序技术

单细胞测序（single-cell sequencing）是指获取单个细胞遗传信息的测序技术，即在单个细胞水平上，对基因组或转录组进行提取扩增和高通量测序分析。该技术能够揭示单个细胞独有的基因结构和基因表达状态，包括结构变异、拷贝数变异、RNA 表达水平等数据，使不同细胞类型得以精确区分，并有助于科学家在单细胞水平进行分子机制的研究。

知识拓展 1-1

土壤中大量物质的化学结构迄今仍不清楚，或者无法合成，极大地限制了人们通过纯培养技术获得土壤微生物并了解其对土壤环境的影响。然而，单细胞测序技术则有可能是土壤生物学研究的另一个重大技术突破，几乎能完全规避土壤微生物难培养的技术缺陷，是传统土壤生物分离手段的革命性突破，有可能在将来为全面刻画复杂土壤中微小生物物种组成和代谢功能提供技术支持，为系统评价土壤微生物资源、定向挖掘土壤微生物功能提供关键支撑。

（六）稳定性同位素探针技术

稳定性同位素探针（stable isotope probing）技术是目前条件下研究土壤生物功能最重要的技术手段之一。事实上，同位素示踪技术几乎贯穿整个现代生物学发展的过程，以同位素示踪技术为基础的经典实验则催生了一系列的基本理论如 DNA 半保留复制经典学说。土壤生物是土壤圈的重要组成部分，也是重要的地球生物资源库。土壤微生物和动物在生态系统中扮演着各种重要的角色，包括生产者、消费者和分解者，使其推动土壤内部各种元素的流动，并在地球化学循环中发挥重要的作用。然而，传统的纯培养技术仅能研究极少量的土壤微生物资源，忽视了绝大部分的土壤微生物，严重制约了人们对土壤资源的认识、开发和利用。以稳定性同位素探针技术为代表的分子生态学技术能够克服纯培养技术的内在缺陷，在原位或微宇宙培养条件下研究土壤重要生态过程的微生物作用者，揭示土壤食物网中营养与物质流动的生物调控机制，将复杂土壤环境中生物多样性与功能直接偶联，极大地推动了土壤生物学和相关学科的发展。

三、展望

土壤生态学的未来发展需要与土壤可持续利用和社会可持续发展密切联系。尽管经过一个多世纪的发展，人类对土壤生态系统（尤其是土壤食物网结构的复杂性和功能）的认识依旧非常有限。如何利用土壤食物网的原理，通过调控更多土壤生物类群来有效提升土壤质量，解决土壤面临的污染、退化等威胁，以维持土壤的可持续利用和国家粮食安全，依旧是土壤生态学面临的重要挑战。以土壤食物网结构和功能为核心，开展跨时空尺度的整合研究，建立土壤生态学统一的理论框架，是未来土壤生态学发展的重要趋势。

近年来，土壤抗性基因及土传病原微生物已经被广泛认为是一种土壤新污染物，其在土壤生态系统中的迁移传播受到研究者的广泛重视。例如，抗生素广泛应用于人类医疗和动物养殖中，为人类和动物感染性疾病的预防和治疗做出了巨大贡献。然而由于抗生素长期过度使用和滥用，抗生素抗性问题日趋加剧，严重威胁人类和动物健康。土壤不仅是抗性基因的天然储库，也是环境中抗性基因的源与汇。抗生素大量使用于医疗和畜禽养殖以预防和治疗人体和动物疾病，使得人体及动物肠道富集大量抗性细菌和抗性基因，同时大量代谢的抗生素残留经粪便排出体外，导致施用有机粪肥或中水回用的土壤产生抗生素和抗性基因污染，进而可通过渗漏和地表径流等途径扩散到周边环境中。最终，土壤及其周边环境的抗性基因可通过食物链传递、气溶胶吸入及饮用水摄入等途径进入人体，进而威胁人类健康。因此，土壤抗生素抗性污染是影响人类健康的重要环境问题，保护土壤健康也是全球可持续发展和卫生一体化的重要战略目标。厘清土壤环境中抗性基因的发生、分布特征、进化、传播扩散等特征有助于阐明土壤生态系统中抗性基因的环境传播机制和健康风险，为遏制抗生素抗性的环境传播提供科学依据。

知识拓展 1-2

病毒是地球上数量最多的生物实体，可以感染任何细胞生物。据估算，地球上存在 4.80×10^{31} 个病毒样颗粒（virus-like particle，VLP），约为原核细胞数量的 10 倍。其中土壤中约含有 4.88×10^{30} 个病毒样颗粒，不同类型土壤中病毒样颗粒的含量在 10^3～10^9 个/g 干土。它们可调控微生物的死亡率和群落结构、推动宿主进化及影响土壤元素的生物地球化学循环，在构建健康土壤环境、调控根际微生态、促进植物生长，乃至影响全球气候变化等方面发挥重要作用。环境病毒学的研究起源于海洋。1946 年，Zobell 第一次发现海洋病毒。2002 年，Breitbart 等首次使用宏基因组测序方法分析了未培养的病毒群落组成，揭示海洋是一个巨大的未开发的病毒库。这项研究也极大地推动了土壤病毒学研究的发展，如近年来科学家陆续对沙漠土壤、红树林土壤、冻土、农田土壤等多种土壤生态系统的病毒组展开研究和探索，已有研究表明病毒具备调控宿主群落组成、影响宿主进化、参与土壤元素的生物地球化学循环等生态功能。病毒作为地球上数量最多、物种最丰富的生命体，在多种生态系统和食物链中扮演着不可或缺的角色。但由于研究方法的限制，我们对土壤病毒的认识仍是冰山一角，未来的研究任重道远。

在土壤生态学备受关注的今天，越来越多的学者加入土壤生物学的研究行列，充分体现了多学科的融合和交叉，与此同时各种新仪器和新技术正在被广泛地引入土壤生态学研究领域，许多大型的国际联网实验平台正在或已经建立，这些理念和技术的革新必然使未来土壤生态学的发展日新月异。

课后习题

1．名词解释

土壤生态学；土壤食物网；土壤生物多样性；土壤健康。

2．简答题

（1）土壤食物网的基本概念及其生态功能特征是什么？

（2）简述土壤生态学的形成过程及其主要研究内容。

（3）土壤生态学的主要研究方法及技术手段有哪些？

3．论述题

（1）简述土壤生态学的应用前景及与其他学科之间的联系。

（2）简述研究平台对于土壤生态学发展的重要性。

本章主要参考文献

傅声雷，张卫信，邵元虎，等．2019．土壤生态学-土壤食物网及其生态功能．北京：科学出版社

李奕赞，张江周，贾吉玉，等．2022．农田土壤生态系统多功能性研究进展．土壤学报，59（5）：1177-1189

孙新，李琪，姚海凤，等．2021．土壤动物与土壤健康．土壤学报，58（5）：1073-1083

张俊伶，张江周，申建波，等．2020．土壤健康与农业绿色发展：机遇与对策．土壤学报，57（4）：783-796

Anderson J M, Bignell D E. 1980. Bacteria in the food, gut contents and faeces of the litter-feeding millipede *Glomeris marginata* (Villers). Soil Biology and Biochemistry, 12(3): 251-254

Coleman D C, Anderson R V, Cole C V, et al. 1977. Trophic interactions in soils as they affect energy and nutrient dynamics. Ⅳ. Flows of metabolic and biomass carbon. Microbial Ecology, 4: 373-380

Coleman D C, Crossley D A, Hendrix P F. 2004. Fundamentals of Soil Ecology. 2nd ed. Cambridge: Academic Press

Dworkin M, Gutnick D. 2012. Sergei Winogradsky: a founder of modern microbiology and the first microbial ecologist. FEMS Microbiology Reviews, 36(2): 364-379

Hendrix P F, Parmelee R W, Crossley D A, et al. 1986. Detritus food webs in conventional and no-tillage agroecosystems. BioScience, 36: 374-380

Jaffee B A, Strong D R. 2005. Strong bottom-up and weak top-down effects in soil: nematode-parasitized insects and nematode-trapping fungi. Soil Biology and Biochemistry, 37(6): 1011-1021

Jenkinson D S, Powlson D S. 1976. The effects of biocidal treatments on metabolism in soil. V. A method for measuring soil biomass. Soil Biology and Biochemistry, 8(3): 209-213

Lavelle P, Spain A V. 2001. Soil Ecology. Berlin: Springer Science and Business Media

McBrayer J F, Reichle D E, Witkamp M. 1974. Energy flow and nutrient cycling in a cryptozoan food-web. Oak Ridhe: Environmental Sciences Division, Oak Ridge National Laboratory

Moore J C, de Ruiter P C. 2012. Energetic food webs: an analysis of real and model ecosystems. Oxford: Oxford University Press

Nielsen G A, Hole F D. 1963. A study of the natural processes of incorporation of organic matter into soil in the University of Wisconsin Arboretum. Transaction of the Wisconsin Academy of Sciences, Arts and Letters, 52: 213-227

Pace M L, Cole J J, Carpenter S R, 1999. Trophic cascades revealed in diverse ecosystems. Trends in Ecology & Evolution, 14(12): 483-488

Power M E. 1992. Top-down and bottom-up forces in food webs: do plants have primacy. Ecology, 73(3): 733-746

Wall D H, Bardgett R D, Behan-Pelletier V, et al. 2012. Soil Ecology and Ecosystem Services. Oxford: Oxford University Press

Yang Y, Li T, Wang Y, et al. 2021. Negative effects of multiple global change factors on soil microbial diversity. Soil Biology and Biochemistry, 156: 108229

本章思维导图

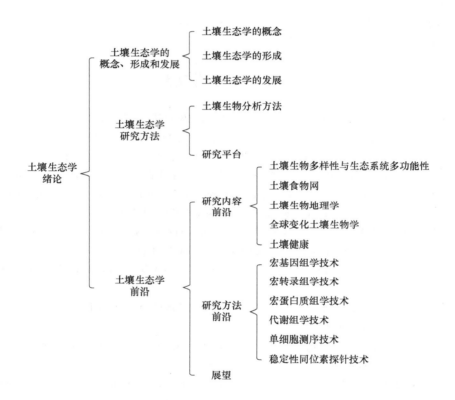

- 土壤生态学绪论
  - 土壤生态学的概念、形成和发展
    - 土壤生态学的概念
    - 土壤生态学的形成
    - 土壤生态学的发展
  - 土壤生态学研究方法
    - 土壤生物分析方法
    - 研究平台
  - 土壤生态学前沿
    - 研究内容前沿
      - 土壤生物多样性与生态系统多功能性
      - 土壤食物网
      - 土壤生物地理学
      - 全球变化土壤生物学
      - 土壤健康
    - 研究方法前沿
      - 宏基因组学技术
      - 宏转录组学技术
      - 宏蛋白质组学技术
      - 代谢组学技术
      - 单细胞测序技术
      - 稳定性同位素探针技术
    - 展望

第二章　土壤生物的生存环境

本章提要

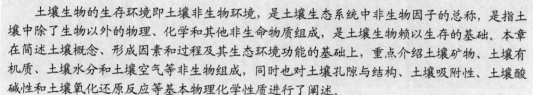

土壤生物的生存环境即土壤非生物环境，是土壤生态系统中非生物因子的总称，是指土壤中除了生物以外的物理、化学和其他非生命物质组成，是土壤生物赖以生存的基础。本章在简述土壤概念、形成因素和过程及其生态环境功能的基础上，重点介绍土壤矿物、土壤有机质、土壤水分和土壤空气等非生物组成，同时也对土壤孔隙与结构、土壤吸附性、土壤酸碱性和土壤氧化还原反应等基本物理化学性质进行了阐述。

本章彩图

第一节　概　　述

一、土壤的定义

土壤并非生来就具有肥力特征、能够生长绿色植物，跟生物发育一样，土壤发育也有一系列的过程。其中，母质、气候、生物、地形、时间是土壤形成的五大关键成土因素。土壤的发生起始于母岩的风化过程，坚硬的裸露母岩在日积月累的风化作用下形成成土母质。接下来，这些成土母质在微生物和低等植物的作用下逐渐演变为原始的土壤，然后再经过草本植物和木本植物的熟化最终产生肥力，形成成熟土壤，这个过程称为成土过程。成土过程必须在生物因素参与下才能发生，因此它只能发生在地球上出现生命特别是绿色植物之后，而且成土过程一经发生，便一定与风化过程同时进行，两个过程是无法分离的。所以土壤的形成和发育过程，可以看作以母质为基础，与各个自然要素不断进行物质和能量交换的过程（图 2-1）。

知识拓展 2-1

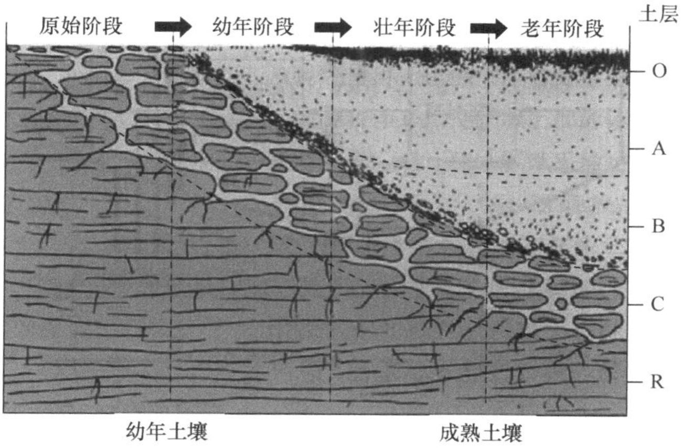

图 2-1　土壤发育过程示意图

O. 有机层；A. 腐殖质层；B. 淀积层；C. 母质层；R. 基岩

知识拓展 2-2

此外，不同地理区域内成土因素的强弱程度及其组成形式差异、成土过程的种类和顺序差异，导致自然界存在的土壤形形色色、类型多样（图 2-2）。

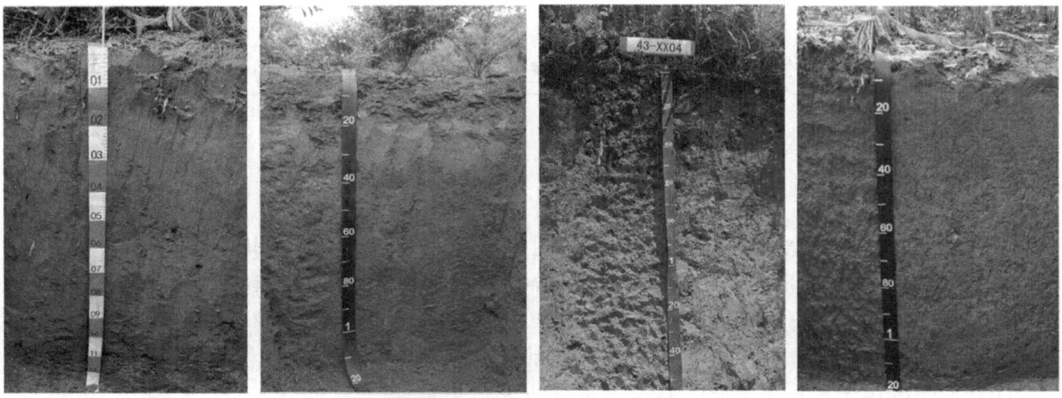

砖红壤（海南临高）李德成摄　　红壤（江西吉安）李德成摄　　黄棕壤（湖南龙山）张杨珠摄　　棕壤（辽宁昌图）隋跃宇摄

暗棕壤（吉林东辽）隋跃宇摄　　栗钙土（青海贵德）杨飞摄　　黑钙土（内蒙古额尔古纳）李德成摄　　黑土（黑龙江嫩江）隋跃宇摄

图 2-2　不同土壤及其剖面特征

土壤是孕育万物的摇篮，人类文明的基石。我们生活在地球上，每时每刻都与土壤发生着密切的关系。“土壤”一词在世界上任何民族的语言中均可以找到，但不同学科的科学家对什么是土壤却有着各自的观点和认识。经典土壤学家和农业科学家则强调土壤是植物生长的介质，含有植物生长所必需的营养元素、水分等适宜条件，将土壤定义为“地球陆地表面能生长绿色植物的疏松层，能够不断地为植物生长提供营养条件和环境条件，同时协调两者之间的关系”；环境学家认为，土壤是重要的环境要素，是具有吸附、分散、中和、降解环境污染物功能的缓冲带和过滤器。国际标准化组织（2005）从土壤的组成和发生考虑，认为土壤是“由矿质颗粒、有机质、水分、空气和活的有机体以发生层的形式组成，是经风化和物理、化学以及生物过程共同作用形成的地壳表层”。然而到目前为止，如何给出一个更为科学而全面的有关土壤的定义，一直是科学家关注的问题；而这一问题的解决，需要依赖于对土壤组成、功能与特性有着较为全面的理解，主要包括如下几点。

（1）*土壤是历史自然体*　土壤是由母质经过长时间的成土作用而形成的三维自然体，是考古学和古生态学信息库、自然史（博物学）文库、基因库的载体。因此，土壤对人们理解人类和地球的历史至关重要。

（2）*土壤具有生产力*　土壤含有植物生长所必需的营养元素、水分等适宜条件，是农业、园艺和林业等生产的基础，建筑物与道路的基础和工程材料。

（3）土壤具有生命力 土壤是生物多样性最丰富、能量交换和物质循环最活跃的地球表层，是植物、动物和人类的生命基础。

（4）土壤具有环境净化力 土壤是具有吸附、分散、中和与降解环境污染物功能的环境仓；只要土壤具有足够的净化能力，地下水、食物链和生物多样性就不会受到威胁。

（5）土壤是中心环境要素 土壤是由矿物颗粒、有机质、水、气体和生物组成的地球表面疏松而不均匀的聚积层，它是一个开放系统，是自然环境要素的中心环节。同时，土壤作为生态系统的组成部分，还可调控物质和能量循环。

基于上述认识，考虑到土壤抽象的历史定位（历史自然体）、具体的物质描述（疏松而不均匀的聚积层）及代表性的功能表征（生产力、生命力、环境净化力），可将土壤做如下定义："土壤是历史自然体，是位于地球陆地表面和浅水域底部具有生命力、生产力的疏松而不均匀的聚积层，是地球系统的组成部分和调控环境质量的中心要素"。

二、形成因素

土壤形成因素又称成土因素，是影响土壤形成和发育的基本因素，它是一种物质、力、条件或关系或这些因素的组合，这些因素已经对土壤形成产生影响或将继续影响土壤的形成。

自然成土因素包括母质、气候、生物、地形和时间，而人类活动也是土壤形成的重要因素，可对土壤性质和发展方向产生深刻的影响，有时甚至起着主导作用（图 2-3）。

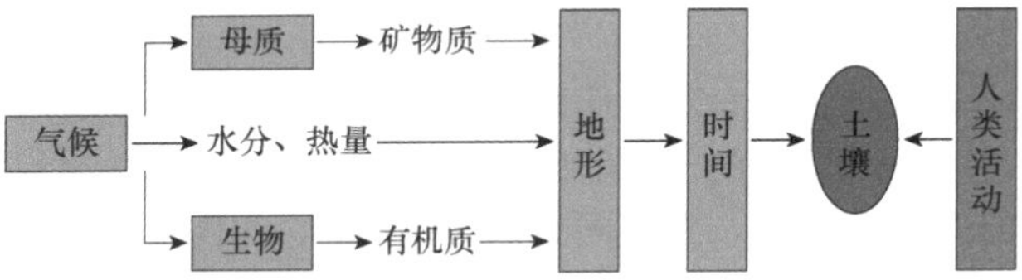

图 2-3 土壤形成因素

1. 母质 通常把与土壤形成有关的块状固结的岩体称为母岩，而把与土壤发生直接联系的母岩风化物及其再积物称为母质。它是形成土壤的物质基础，是土壤的前身。其在土壤形成中的作用可大体概括为：①母质矿物、化学特性对成土过程的速度、性质和方向的影响。②母质的粗细及层理变化对土壤发育的影响。③母质层次的不均一性也会影响土壤的发育和形态特征。例如，冲积母质的砂黏间层所发育的土壤易在砂层之下、黏层之上形成滞水层。

2. 生物 生物因素是促进土壤形成最活跃的因素。生物除参与岩石风化外，还在土壤形成中进行着有机质的合成和分解。只有当母质中出现了微生物和植物时，土壤的形成才真正开始。土壤微生物对成土的作用是多方面的，且非常复杂，其中最主要的是作为分解者推动土壤生物小循环不断发展。植物通过合成有机质向土壤中提供有机物质和能量，促使母质肥力因素的改变，它的根部还可分泌二氧化碳和某些有机酸类，影响土壤中一系列的生物化学和物理化学作用。土壤动物对土壤形成的影响也是不可忽视的，自微小的原生动物至高等脊椎动物所构成的动物区系，均以其特定的方式参加了土壤中有机残体的破碎与分解作用，并通过搬运、疏松土壤及母质影响土壤物理性质。

3. 气候 气候不仅直接影响土壤的水热状况和物质的转化与迁移，还可通过改变生物群落（包括植被类型、动植物生态过程等）影响土壤的形成。地球上不同地带由于热量、降水量及干湿度的差异，其天然植被互不相同，土壤类型也不相同。此外，气候条件还可影响土壤形成速率。

4．地形　在成土过程中，地形是影响土壤和环境之间进行物质、能量交换的一个重要条件，它与母质、生物和气候等因素的作用不同，主要通过影响其他成土因素对土壤形成起作用。由于地形影响着水热条件的再分配，从而影响母质和植被类型，所以不同地形条件下形成的土壤类型可有较大的差异。在山区，这种差异可使水热条件、植被和土壤类型均表现出明显的垂直变化特点。地形还通过地表物质的再分配过程影响土壤形成。

5．时间　时间因素可体现土壤的不断发展。正像一切历史自然体一样，土壤也有一定的年龄。土壤年龄是指土壤发生发育时间的长短。通常把土壤年龄分为绝对年龄和相对年龄。绝对年龄是指该土壤在当地新鲜风化层或新母质上开始发育时算起迄今所经历的时间，通常用年表示；相对年龄则是指土壤的发育阶段或土壤的发育程度。土壤剖面发育明显，土壤厚度大，发育程度高，相对年龄大；反之相对年龄小。我们通常说的土壤年龄是指土壤的发育程度，而不是年数，亦即通常所谓的相对年龄。

6．人类活动　人类活动在土壤形成过程中具有独特的作用，有人将其作为第 6 个因素，但它与其他 5 个自然因素有本质的区别。因为人类活动对土壤的影响是有意识、有目的和定向的，具有社会性，它受到社会制度和社会生产力的影响。同时，人类对土壤的影响具有双重性，利用合理则有助于土壤质量的提高；但如利用不当，就会破坏土壤。例如，我国不同地区的土壤退化主要就是人类不合理利用造成的。

三、成土过程

土壤的形成过程是地壳表面的岩石风化体及其搬运的沉积体，受其所处环境因素的作用，形成具有一定剖面形态和肥力特征的土壤的历程。因此，土壤的形成过程可以看作成土因素的函数。由于各地区成土因素的差异，在不同的自然因素综合作用下，大小循环所表现的形式不同，必然产生各式各样的成土过程。土壤形成过程中，主导的成土过程不同，由此产生土壤类型的分化。根据成土过程中物质交换和能量转化的特点和差异，土壤基本表现出原始成土、有机质积聚、富铝化、钙化、盐化、碱化、灰化、潴育化、黏化和熟化等主要成土过程。

1．原始成土过程　从岩石露出地表着生型微生物和低等植物开始到高等植物定居之前形成的土壤过程，称为原始成土过程。包括三个阶段：首先是岩石表面着生蓝藻、绿藻和硅藻等岩生微生物的“岩漆”阶段；其次为地衣对原生矿物产生强烈破坏性影响的“地衣”阶段；最后为苔藓阶段，生物风化与成土过程的速度大大增加，为高等绿色植物的生长准备了肥沃的基质。原始成土过程多发生在高山区，也可以与岩石风化同时同步进行。

2．有机质积聚过程　有机质积聚过程是在木本或草本植被下，土体上部有机质增加的过程，它是生物因素在土壤形成过程中的具体体现，普遍存在于各种土壤中。由于成土条件的差异，有机质及其分解与积累也可有较大的差异。据此可将有机质积聚过程进一步划分为腐殖化、粗腐殖化及泥炭化三种。具体体现为 6 种类型：①漠土有机质积聚过程；②草原土有机质积聚过程；③草甸土有机质积聚过程；④林下有机质积聚过程；⑤高寒草甸土有机质积聚过程；⑥泥炭积聚过程。

3．富铝化过程　富铝化过程又称为脱硅过程、脱硅富铝化过程。它是热带、亚热带地区土壤物质由于矿物的风化，形成弱碱性条件，促进可溶性盐基及硅酸的大量流失，而造成铁铝在土体内相对富集的过程。因此它包括两方面的作用，即脱硅作用和铁铝相对富集作用。

4．钙化过程　主要出现在干旱及半干旱地区。由于成土母质富含碳酸盐，在季节性的淋溶作用下，土体中碳酸钙可向下迁移至一定深度以不同形态（假菌丝、结核和层状等）累积为钙积层，其碳酸钙含量一般在10%～20%，因土类和地区不同而异。

5．盐化过程　盐化过程是指地表水、地下水及母质中含有的盐分，在强烈的蒸发作用下，通过土壤水的垂直和水平移动，逐渐向地表积聚（现代积盐作用），或是已脱离地下水或地表水的影响，而表现为残余积盐特点（残余积盐作用）的过程，多发生于干旱气候条件。参与作用的盐分主要是一些中性盐，如 NaCl、Na_2SO_4、$MgCl_2$ 和 $MgSO_4$ 等。在受海水影响的滨海地区，土壤也可发生盐化，盐分一般以 NaCl 占绝对优势。

6．碱化过程　碱化过程是土壤中交换性钠或交换性镁增加的过程，该过程又称为钠质化过程。碱化过程的结果可使土壤呈强碱性反应，能够使土壤的 pH 超过 9.0，土壤黏粒被高度分散，物理性质极差。土壤碱化的原因比较复杂，主要涉及脱盐交换、生物积累和硫酸盐还原三种学说。

7．灰化过程　灰化过程是指在冷湿的针叶林生物气候条件下土壤中发生的铁铝通过配位反应而迁移的过程。在寒带和寒温带湿润气候条件下，由于针叶林的残落物被真菌分解，产生强酸性的富啡酸，对土壤矿物起着较强的分解作用。在酸性介质中，矿物分解使硅、铝和铁分离，铁、铝与有机配位体作用而向下迁移，在一定的深度形成灰化淀积层；而二氧化硅残留在土层上部，形成灰白色的土层。

8．潴育化过程　潴育化过程实质上是一个氧化还原交替过程，是指土壤渍水带经常上下移动，土体中干湿交替比较明显，促使土壤中氧化还原反复交替，结果在土体内出现锈纹、锈斑、铁锰结核和红色胶膜等物质。

9．黏化过程　黏化过程是指土体中黏土矿物的生成和聚集过程，常发生在温带和暖温带的生物气候条件下，一般在土体内部（20～50cm）发生强烈的原生矿物分解和次生黏土矿物的形成，或表层黏粒向下机械地淋洗。因此，一般在土体心部黏粒有明显的聚积，形成一个相对较黏重的层次——黏化层。由黏化过程形成的黏化层，是一些土类（棕壤、褐土、黄棕壤）的重要诊断层，在土壤发生分类中具有重要的意义。

10．熟化过程　土壤的熟化过程是指在人类的合理利用和定向培育下，土壤向着肥力提高方向发展的过程。通常分为旱耕熟化过程和水耕熟化过程，通过人工熟化作用，肥力不断发展，由生土变成熟土，由熟土变成肥土。所以随着熟化时间的延长，土壤理化性状和熟化度是不断得到提高的。

四、生态环境功能

生态学是研究生物系统与环境之间相互关系的科学。地球上有无数生命物质，这些生命物质及其环境共同组成了生态圈。生态圈由很多生态系统所构成，每个生态系统都有其独特的生物组合，并包括其无机环境和能不断提供能量和养料的资源。在每个地区的自然环境中，植物-动物-土壤作为一个生态系统，就是地区生态系统中一个极为重要的组成因素中的一个重要组成部分，它接收太阳的光和热、大气中的水和气，通过不断互相交流，最后形成了土壤养分的条件。

土壤具备植物着生条件和供应水分和养分的能力，它是生物同环境间进行物质和能量交换的活跃场所。土壤同生物与环境间的相互关系，就构成土壤生态系统。土壤生态系统由土壤、生物及环境因素（如光、热、水等）多个层次构成。从宏观来看，整个陆地表面，除了水体、裸露而坚硬的岩体与某些极端干旱与寒冷地区外，都属于土壤生态系统。土壤生态系统具有三个明显的特点：①土壤是一个可解剖的样块或实体；②土壤是一个开放系统；③土壤是一个能量转换器或者是一个具有机能的自然体。

土壤这个以生物为中心的系统，有活跃的物质与能量流相贯穿，形成一个特殊的循环模式。

土壤的循环模式分为三层：①来自宇宙的能流（光、热）与物流（空气中的CO_2、O_2、N_2、水分、尘埃），部分为生物固定，形成生物物质，部分经过生物呼吸、蒸腾、蒸发与吹扬又进入大气。②生物与土壤间及同大气间的物质与能量的交换，这种交换十分复杂，涉及生物过程、物理过程与化学过程。绿色植物利用光能与来自土壤的水分与养分制造有机物质（光合作用），这些物质经过利用，以废弃物形式归还土壤，再经过腐解，部分归还大气，部分进入岩层，部分残留在土壤中参与再循环。残留在土壤中的有机物质经过复杂的物理化学作用，物质与能量进行再分配，在营养元素富集的同时，可使部分有害物质流失或降解。③土壤与岩石间进行物质与能量交换，物质与能量进入岩石圈，促使岩石风化，既为该系统提供固体物质，也补充了矿物质营养元素。所以土壤生态系统不仅是陆地生态系统的基础条件，也是生物圈物质流与能量流的枢纽。

土壤在陆地生态系统中起着极其重要的作用。主要包括：①保持生物活性、多样性和生产性；②对水体和溶质流动起调节作用；③对有机、无机污染物具有过滤、缓冲、降解、固定和解毒作用；④具有贮存并循环生物圈及地表的养分和其他元素的功能。在地球陆地表面，人类或生物生存的环境称为自然环境。通常把地球表层系统中的大气圈、生物圈、岩石圈、水圈和土壤圈作为构成自然地理环境的五大要素。

随着生态环境问题的日渐凸显，出于对自身安全和健康的关注，人们对土壤的生态环境功能越来越重视。首先，土壤是地球的皮肤，是连接大气圈、生物圈、水圈、岩石圈的中心纽带，不断地与其他圈层进行物质和能量的交换，是陆地生态系统中最为活跃的组成部分，在生态环境安全和全球变化方面扮演着重要角色（图2-4）。例如，土壤可通过CO_2、CH_4、N_2O等温室气体的排放影响全球气候变化，可通过调节水分的去向及氮磷养分的运移影响河流湖泊的富营养化，也可通过调控植物的生长、演替及微生物的繁育影响全球生物多样性。其次，作为地球上环境污染物最大的“汇”，土壤可通过吸附、沉淀、降解等方式，对各种重金属及有机污染物产生缓冲、净化效应，从而降低它们的毒害。但需要注意的是，土壤容纳的环境污染物相当于一颗“化学定时炸弹”，一旦污染物超出土壤的环境容量和自净能力，将暴发出极大的危害。

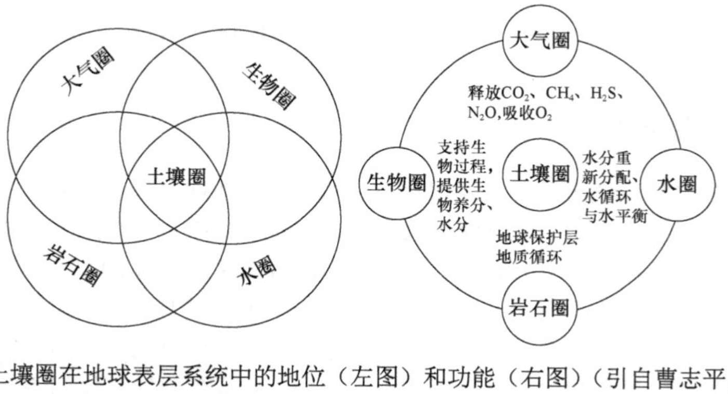

图2-4　土壤圈在地球表层系统中的地位（左图）和功能（右图）（引自曹志平，2007）

第二节　土壤主要非生物组成

一、土壤矿物

土壤矿物是土壤的主要组成物质，构成了土壤的“骨骼”。一般占土壤固相部分重量的95%～

98%。土壤矿物质的组成、结构和性质如何，对土壤物理性质（结构性、水分性质、通气性、热学性质、力学性质和耕性）、化学性质（吸附性能、表面活性、酸碱性、氧化还原电位、缓冲作用等）及生物与生物化学性质（土壤微生物、生物多样性、酶活性等）均有深刻的影响。

1．土壤矿物的元素组成　土壤中矿物质主要由岩石中矿物变化而来。因此讨论土壤矿物的化学组成，必须知道地壳的化学组成。土壤矿物部分的元素组成很复杂，元素周期表中的全部元素几乎都能从土壤中发现，但主要的有10余种，包括氧、硅、铁、铝、钙、镁、钛、钾、磷、硫，以及一些微量元素如锰、锌、铜、钼等：①氧（O）和硅（Si）是地壳中含量最多的两种元素，分别占了47.0%和29.0%，两者合计占地壳重量的76.0%；铁、铝次之，四者相加共占88.7%。也就是说，地壳中其余90多种元素合在一起，也不过占地壳重量的11.3%。所以，在组成地壳的化合物中，绝大多数是含氧化合物，其中以硅酸盐最多。②在地壳中，植物生长必需的营养元素含量很低，其中如磷、硫均不到0.1%，氮只有0.01%，而且分布很不平衡。由此可见，地壳所含的营养元素远远不能满足植物和土壤生物营养的需要。③土壤矿物的化学组成，一方面继承了地壳化学组成的遗传特点，另一方面有的化学元素在成土过程中是增加的，如氧、硅、碳、氮等；有的显著下降了，如钙、镁、钾、钠。

2．土壤矿物的主要类型　土壤矿物按来源，可分为原生矿物和次生矿物。原生矿物是直接来源于母岩的矿物，岩浆岩是其主要来源。土壤原生矿物主要包括硅酸盐和铝硅酸盐类、氧化物类、硫化物类、磷灰石类和某些特别稳定的原生矿物。硅酸盐及铝硅酸盐类矿物是土壤中最主要的原生矿物，它们一般为晶质矿物。常见的有长石类、云母类、辉石类、角闪石类和橄榄石类等。氧化物类如石英（SiO_2），在地壳中含量仅次于长石，占地壳重量的12%，是许多岩浆岩、沉积物和土壤中最为常见的矿物。在土壤中石英颗粒表面常被黄棕色的氧化铁、氧化锰胶膜所包裹，而呈现黄棕色。在土壤砂粒（0.01～2.00mm）中石英的含量在80%以上。石英在土壤中极为稳定，是土壤的基底物。土壤中常见的硫化物类矿物主要是黄铁矿和白铁矿，两者为同质异构体，分子式为FeS_2。黄铁矿是地壳中最为常见的硫化物，在各类岩石中都可出现。在土壤中黄铁矿易于被风化变成褐铁矿，并释放大量硫素供给植物生长发育之需要。磷灰石类矿物［$Ca_5(PO_4)_3(F, Cl, OH)$］常以微小晶粒散布于岩浆岩之中。在风化与成土过程中磷灰石的分解会逐渐释放磷化物，这是土壤中植物生长发育所需磷素的重要来源。

原生矿物在风化成土过程中形成的新矿物称为次生矿物，包括易溶盐类、次生氧化物类和次生铝硅酸盐类。次生矿物是土壤矿物中最细小部分（粒径小于0.002mm），与原生矿物不同，多数次生矿物具有活动的晶格，呈高度分散性，并具有强烈的吸附交换、吸水和膨胀性能，因而具有明显的胶体特性，又称为黏土矿物。黏土矿物影响土壤的许多理化性状，如土壤吸附性、膨胀性、黏着性及土壤结构等，在土壤发生学、土壤环境学及农业生产上均具有重要意义。次生矿物的类型有以下几种。

（1）*易溶盐类*　由原生矿物脱盐基或土壤溶液中易溶盐离子析出而形成，主要包括碳酸盐（CO_3^{2-}）、碳酸氢盐（HCO_3^-）、硫酸盐（SO_4^{2-}）、氯化物（Cl^-）。常见于干旱半干旱地区和大陆性季风气候区的土壤中，在许多滨海地区的土壤中也会大量出现。土壤中易溶盐类过多会引起植物根系的原生质核脱水收缩，危害植物正常生长发育。

（2）*次生氧化物类*　主要由原生矿物脱盐基、水解和脱硅而形成，主要包括二氧化硅、氧化铝、氧化铁及氧化锰等。

二氧化硅主要由土壤溶液中溶解的SiO_2在酸性介质中发生聚合凝胶而成，以氧化硅凝胶和蛋白石（$SiO_2 \cdot nH_2O$）为主。

氧化铝是铝硅酸盐在高湿高温条件下高度风化的产物，是土壤中极为稳定的矿物，主要包括三水铝石（$Al_2O_3 \cdot 3H_2O$）和一水铝石（$Al_2O_3 \cdot H_2O$），多见于热带地区的土壤中。

氧化铁是原生矿物在高湿、高温条件下高度风化或潴水条件下氧化还原过程的产物，是土壤中重要的染色矿物，主要包括褐红色的赤铁矿（Fe_2O_3）、黄棕色的针铁矿（$Fe_2O_3 \cdot H_2O$）、棕褐色的褐铁矿（$Fe_2O_3 \cdot nH_2O$）。土壤中的氧化铁不断水化形成黄色的水化氧化铁。

氧化锰是原生矿物在高湿高温条件下高度风化或潴水条件下氧化还原过程的产物，也是土壤中重要的染色矿物，包括 MnO 和 MnO_2，常以棕色、黑色胶膜或结核状存在于土壤颗粒表面。

（3）次生铝硅酸盐　次生铝硅酸盐是原生矿物风化过程中的重要产物，也是土壤中化学元素组成和结晶构造极为复杂的次生黏土矿物。

次生铝硅酸盐类矿物晶体的基本结构单元由若干硅氧四面体连接形成的硅氧片和若干铝氧八面体连接形成的水铝片构成（图 2-5）。

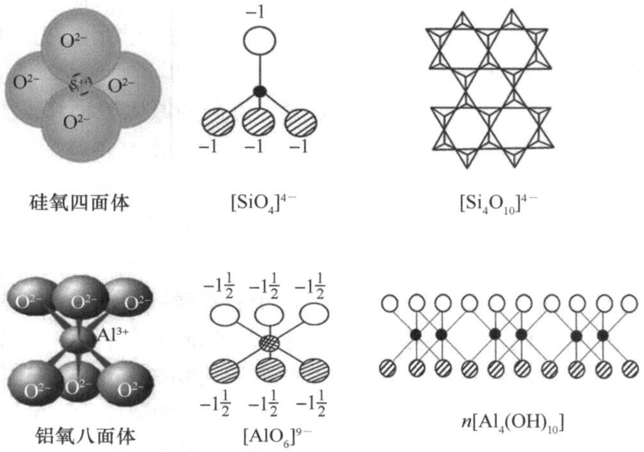

图 2-5　铝硅酸盐类矿物晶体的基本结构单元示意图（引自胡宏祥等，2021）

根据次生铝硅酸盐矿物晶体内所含硅氧四面体层（硅氧片）和铝氧八面体层（水铝片）的数目和排列方式，将其划分为 1∶1 型和 2∶1 型两大类，其中 1∶1 型矿物主要为高岭石类矿物，2∶1 型矿物主要为蒙脱石类、水云母类和蛭石类矿物。

3. 土壤矿物颗粒的大小　土壤矿物颗粒大小极度不均一，差异很大，并且形状多种多样，很难直接测出单个土粒的大小。一般将其视为球体，并且根据其直径的大小和性质上的差异，将大小、成分及性质相近的矿物质土粒划为一组，每组就是一个粒级。土壤一般分为石砾、砂粒、粉粒、黏粒 4 个基本粒级。

不同大小的土粒，不仅化学组成差异很大，而且物理性质上也表现出明显的差异，给土壤性状带来显著影响。各粒级土粒的主要特征如下：①石砾，多为岩石碎片，山区土壤及河滩较为常见。数量多时对耕作及作物生长极为不利，往往不能用作耕地，只能种植果树和树木，且易漏水漏肥、破坏农机具。②砂粒，常常单粒存在，主要是石英颗粒，通透性好，但保水、保肥能力差，养分含量低。③粉粒，颗粒较砂粒小，肉眼难以分辨，保水保肥能力增强，有显著的毛细管作用。养分含量较砂粒高，含粉粒过多的土壤在旱田耕后易起坷垃，水田耕后容易淀浆、板结。④黏粒，颗粒细小，具有巨大的比表面和表面能，具有很强的黏性，有强大的保水保肥能力，矿物质养分丰富，黏结性、黏着性及可塑性均强。毛细管孔隙度虽然高，但因孔隙过小，通透性不良，机械性较差，不宜耕作。

二、土壤有机质

土壤有机质是土壤的重要组成物质。土壤有机质含量比土壤矿物质含量低得多，一般在5%以下，多数土壤为1%～3%。广义上，土壤有机质是指以各种形态存在于土壤中的所有含碳的有机物质，包括土壤中的各种动、植物残体，微生物及其分解和合成的各种有机物质。狭义上，土壤有机质一般是指有机残体经微生物作用形成的一类特殊、复杂、性质比较稳定的高分子有机化合物（腐殖酸）。

土壤有机质是土壤固相部分的重要组成成分，是植物营养的主要来源之一，能促进植物的生长发育，改善土壤的物理性质；促进微生物和土壤生物的活动；促进土壤中营养元素的分解，提高土壤的保肥性和缓冲性。它与土壤的结构性、通气性、渗透性和吸附性、缓冲性有密切的关系，通常在其他条件相同或相近的情况下，在一定含量范围内，有机质的含量与土壤肥力水平呈正相关。有机质是土壤的重要组成部分。尽管土壤有机质只占土壤重量的很小一部分，但它在土壤肥力、环境保护、农业可持续发展等方面都有着很重要的作用和意义。一方面，它含有植物生长所需要的各种营养元素，是土壤生物生命活动的能源，对土壤物理、化学和生物学性质都有着深刻的影响。另一方面，土壤有机质对重金属、农药等各种有机、无机污染物的行为都有显著的影响，而且土壤有机质对全球碳平衡起着重要作用，被认为是影响全球"温室效应"的主要因素。

土壤中的各种细菌、放线菌、真菌等微生物群，对落到土表的枝叶及土壤中死亡的根系和各种生物尸体都会迅速加以分解。土壤微生物在这方面起主导作用，它不仅破坏植物残体，而且也在土壤动物消化道中活动，并最终分解所有的生物残体（尸体）。土壤中的各种小动物（如蚯蚓、线虫、原生动物、螨类、蚂蚁、蜗牛等）也参与对有机残体的撕碎、搅动和搬运，使这些粉碎的残体与土壤掺和，又进一步促进微生物的分解作用。而且把植物残体作为食料的一些小动物，在吞食过程中，也能使植物残体发生化学变化。此外，一些小动物在土壤中活动时，也使土壤产生裂隙，对土壤物理性质产生影响。在土壤生物中，以土壤微生物和蚯蚓最为重要，它们不仅数量大，其作用也是其他生物所无法比拟的，它们制约着土壤代谢活性。可见，土壤生物的种类、数量和活动，对土壤形成发育和土壤肥力都产生深远影响。

1. 土壤有机质来源物的组成 土壤有机质最主要的来源是植物残体。这里着重介绍植物残体的组成。植物残体中一般含水60%～90%，平均为75%，干物质约占25%。从元素组成来看，在植物残体干物质中碳占44%、氢占8%、氧占40%、灰分（包括各种矿质元素）和氮素占8%。从植物残体中所包含的化合物来看，包括有机化学中所提到的许多化合物。组成植物组织的主要化合物占干物质量的比例，糖类化合物为60%（其中糖为1%～5%，半纤维素为10%～30%，纤维素为20%～50%），木质素为10%～30%（平均为25%），脂肪、蜡和鞣酸为1%～8%（平均为5%），水溶性蛋白质和粗蛋白质为1%～15%（平均为10%）。以上仅指一般的范围，不同种类植物及同一植物的不同部位，化学组成也有所不同，所含的灰分（指植物体灼烧后残留下的灰的成分的总称）元素也不一样。此外，与高等植物相比，细菌、藻类等的蛋白质含量较高，纤维素与木质素含量较少；木本植物含的木质素比草本植物多，所含蛋白质、灰分要少些。相同的植被随植物种类和年龄的不同，它们的组成也有相当大的差异，因而它们在土壤中的转化情况及产物也不同。

2. 土壤有机质的类型和成分

（1）土壤有机质的类型　各种有机物质进入土壤后，在土壤生物（主要是微生物）的作用下进行转化，成为土壤的一个组分，这就是土壤有机质。但有必要指出，实际上土壤中任何

知识拓展 2-3

时候都存在处于不同分解转化阶段的有机残体和各种未分解的有机物质。按照科诺诺娃（1975）的意见，土壤中的有机物质可分为下述两大类。

1）未分解或部分分解的动植物残体组织。这些物质一般能用肉眼或放大镜检出分开，残体的组织碎屑可用静电吸力分离。这些残体严格地说并不是土壤有机质，而只是存在于土壤中的有机物质，尚未成为土壤的组成成分。

2）腐殖质，它是土壤中的有机物质。通过微生物的作用，在土壤中新形成的一类复杂的有机化合物，它不同于动植物残体组织和土壤生物的代谢产物中的一般有机化合物。

（2）土壤有机质的成分　从土壤有机质的成分看，它包括了种类多样的化合物，主要有糖类化合物、含氮化合物和腐殖物质三大类，此外还有数量极少的其他类别化合物，如脂蜡类等。

3．土壤有机质的转化　各种有机质进入土壤后，主要在微生物的作用下，进行各种分解和合成的变化过程。概括地讲是两个方向不同的过程，一个是把复杂的有机质分解为简单化合物的过程，称为有机质的矿化过程；另一个是把复杂的有机质分解后再合成为复杂稳定的腐殖质的过程，称为有机质的腐殖化过程。

（1）土壤有机质的矿化过程　有机质的矿化过程是在各类微生物作用下进行的，不同的有机成分，由不同的微生物类群起主要分解作用。成分简单的水溶性物质（如单糖、双糖、有机酸、氨基酸等）是各类微生物都能利用的养料。较复杂的成分（如半纤维素、果胶质、脂肪、蛋白质等）主要由杆状细菌、各种霉菌和放线菌分解。复杂的成分（如纤维素、木质素、蜡质、复合蛋白质类等）由芽孢杆菌、放线菌、真菌先分解成较简单的中间产物后，再由其他微生物继续参与分解。包括糖类的分解，脂肪、树脂、蜡质和鞣质等的分解，木质素的分解，含氮有机化合物的分解，以及含硫和含磷有机化合物的分解。

（2）土壤有机质的腐殖化过程　土壤有机质的腐殖化过程是一系列极端复杂的过程。一般认为主要是由微生物进行的生物化学过程，也不排除一些纯化学过程。一般认为腐殖质的形成有下述两个阶段。

1）多数人认为构成腐殖质主要成分的原始材料是多元酚和醌类化合物，由木质素降解所产生的芳核结构单位，以及由蛋白质降解和微生物的代谢产物所产生的各种肽、氨基酸等含氮化合物，都是构成腐殖质主要成分的原始材料。

2）合成为腐殖质第二阶段，是将上述原始材料通过缩合等多种酶促反应和纯化学反应，合成为腐殖质的单体分子。

4．土壤腐殖质　土壤腐殖质是土壤中一类性质稳定，成分、结构极其复杂的高分子化合物。研究人员认为，腐殖质不是结构、分子相同的单一化合物，而是由多种化合物集合而成的混合物。它的主体是不同分子质量和结构的腐殖酸和它的盐类，一般占 85%～90%，其余为一些简单的化合物（如多糖、氨基糖、多糖醛酸苷等）。由于这些简单化合物和腐殖酸紧密结合，难以完全分离，所以把这些简单化合物和腐殖酸合在一起，统称为腐殖质，而把各种腐殖酸称为腐殖物质。

（1）土壤腐殖质的组成与性质

1）腐殖质的元素组成。腐殖质的主要组成元素有碳、氢、氧、氮、硫、磷等，还有少量的钙、镁、铁、硅等。其中含碳量为 55%～60%，一般以 58%作为其平均数；含氮量为 3%～6%，平均为 5.6%；其 C/N 平均为 10～12，而 C∶N∶P∶S 在（100∶10∶1∶1）～（120∶10∶1∶1），含氧量为 32%～38%。

2）腐殖质的分子结构和分子质量、颜色。腐殖质的主要成分腐殖酸是结构复杂的高分子聚合物。其单体中有芳核结构，芳核上有许多取代基，其中也包括脂肪族侧链。整个分子含有多种官能团，重要的有羟基、酚羟基、醇羟基、醌基、甲氧基、氨基等基团。它们表现多种活性，其中以对金属离子的络合性和吸附性最为重要。

腐殖质的分子质量不但因土壤和组分的不同而异，而且同一组分也很不均匀，由于分离方法不一样，相差也很悬殊，一般为几千到几万。

腐殖酸制备液的分子粒径，最大的可超过 10nm。分子形状各研究报告不一致。过去有的认为呈网状多孔结构，后来通过电子显微镜观察或黏滞度特征的推断，认为其外形呈球状，而分子内部则为交联构造，结构不紧密，尤以表层更为疏松。整个分子表现为非均质特征。

腐殖质的整体呈黑色，由于不同组分腐殖酸分子质量的大小和成色基团组成比例的不同，呈色深浅不一，因而有呈黄色、褐色、黑色等。

3）腐殖质的电性。腐殖质具有胶体性质，带有电荷，它有使胶体带正电的基团（如—NH_2），但通常以带负电为主。其负电荷主要是由分子表面的羟基、酚羟基和醇羟基的解离造成。

4）腐殖质的吸水性。腐殖质是一种亲水胶体，吸水力强，与液态水接触，吸水量可达 600%以上，从饱和大气中吸水汽也可达本身质量的一倍以上。

5）腐殖质的稳定性。腐殖质对微生物的分解有很强的抵抗能力。在自然土壤中要使腐殖质彻底分解，少则需要近百年，多则几百年以至几千年。据同位素示踪，温带自然土壤腐殖质的寿命一般为 200～1500 年，矿化率（指土壤中每年因矿化而消耗掉的有机质占土壤有机质总量的比例）不到 1%。但一经农业垦殖，腐殖质的矿化率就大为增加，在我国一般为 1%～4%。

（2）*土壤腐殖物质的组分与特性*　土壤腐殖物质主要有胡敏酸和富里酸，它们尽管同为腐殖物质，但其组分、特性等方面均有差别。

1）元素组成。胡敏酸中的碳、氮含量高，富里酸中的硫、氧含量明显较低。

2）含氧官能团。尽管胡敏酸的酚羟基、酮基和甲氧基含量与富里酸没有明显差别，但羧基和醇羟基含量都比富里酸低。而且，羧基的酸性也不同，富里酸中羧基的酸性比胡敏酸强，一般前者的 pK_1 为 5.20～5.60，后者为 3.98～4.27。

3）化学稳定性和分子质量。同一土壤中，与富里酸比较，胡敏酸的化学稳定性较高。胡敏酸的分子质量大于富里酸，胡敏酸的相对分子质量为 890～2770，富里酸的相对分子质量为 670～1450。胡敏酸的芳化度也比富里酸大。有必要指出，胡敏酸与富里酸尽管有上述差别，但它们之间并没有截然不同的界线。

三、土壤水分

（一）水分的类型

土壤水分主要来自大气降水和灌溉水。这些水分进入土壤后，由于受到土壤中各种力的作用而形成不同的水分类型并具有不同的性质。

1. 结合水　由于固体土粒表面的分子引力和静电引力对空气中水汽分子的吸附力而被紧密保持的水分称为结合水，又称为紧束缚水。其厚度只有 2～3 个水分子层，受到土粒成千上万标准大气压的吸引力，分子排列紧密，相对密度为 1.2～2.4，平均达 1.5，无溶解力，不导电，冰点低达－7.8℃，不能自由移动，也不能为植物利用。土壤结合水的多少，一方面取决于土壤质地、腐殖质等影响土壤比表面积的特性，土壤质地越细，它的比表面积越大，结合水就越多；另一方面还取决于大气的湿度和温度，大气湿度越大，土壤结合水越多，在空气相对湿度达 95%～100%时，土壤结合水量可达最大值，这时的土壤含水量称为最大吸湿量。

2．吸持水 当吸湿状态土粒与液态水接触时，还可再吸附一层很薄的水膜，称为吸持水，又称为松束缚水。其厚度可达到几十个水分子，部分可以被植物吸收利用，但由于受到土粒表面分子引力的束缚，移动极为缓慢（不超过 0.4mm/h），远不能满足植物的需要。吸持水的含量取决于土壤的比表面积及土壤溶液浓度。膜状水含量达到最大时的土壤含水量称为最大分子持水量。

3．毛细管水 由土壤毛细管孔隙的毛细管引力所保持的水分称为毛细管水。毛细管水又可分为毛细管上升水和毛细管悬着水。

（1）*毛细管上升水* 地下水随毛细管上升而被保持在土壤中的水分称为毛细管上升水。土壤靠毛细管上升作用所能保持的最大水量称为土壤的毛细管持水量。毛细管上升水与地下水有水压上的联系，随着地下水位的变动而变化。当地下水位适当时，毛细管上升水可达根分布层，是作物所需水分的重要来源之一。当地下水位很深时，毛细管上升水不能达到根分布层，不能发挥补给作物水分的作用。如果地下水位过浅则会引起湿害。

（2）*毛细管悬着水* 在地下水位很深的地区，降雨或灌水之后，由于毛细管力保存在土壤上层中的水分称为毛细管悬着水。它与地下水无水压上的联系，不受地下水升降的影响，好像悬着在上层土中一样。当毛细管悬着水达到最大数量时的土壤含水量称为田间持水量。

毛细管水是土壤中可以移动的、对植物最有效的水分，而且毛细管水中还溶解有可供植物利用的易溶性养分。所以毛细管水的数量对植物生长发育有重要意义，并且毛细管水的数量因土壤质地、腐殖质含量及结构状况不同而有很大差异。

4．重力水 土壤含水量超过田间持水量时，多余水分受重力支配向下渗透，这种水分称为重力水。重力水流到不透水层后，就在那里聚积起来形成地下水。地下水的连续水面称为地下水位。地下水位以下不透水层之上这层土壤称为蓄水层，其中全部孔隙都充满水，这时的土壤含水量称为饱和持水量或全持水量。

5．土壤含水量 土壤水分含量是表征土壤水分状况的指标，又称为土壤含水量、土壤含水率、土壤湿度等。土壤含水量有多种表达方式，数学表达式也不同。最常用的为质量含水量，即土壤中水的质量与干土质量的比值，因在同一地区重力加速度相同，所以又称为重量含水量，无量纲，常用符号 θ_m 表示。土壤含水量可用小数形式表示，也可用百分数形式表示，若以百分数形式可由式（2-1）表示：

$$\text{土壤含水量}=\text{土壤中水的质量}/\text{干土质量}\times 100\% \quad (2\text{-}1)$$

用数学公式表示：

$$\theta_m=(W_1-W_2)/W_2\times 100\% \quad (2\text{-}2)$$

式中，θ_m 为土壤含水量；W_1 为湿土质量；W_2 为干土质量；W_1-W_2 为土壤中水的质量。

定义中的“干土”一般是指在 105℃条件下烘干的土壤。而另一种意义的干土是含有吸湿水的土，通常叫作风干土，即在当地大气中自然干燥的土壤，又称为气干土，其含水量当然比 105℃烘干的土壤高（一般高几个百分点）。由于大气湿度是变化的，所以风干土的含水量不恒定，故一般不以此值作为计算 θ_m 的基础。

（二）土壤水分运移过程

土壤水分运移过程包括入渗过程、再分布、土面蒸发、蒸腾过程等（图 2-6）。

土壤水分入渗是指地面供水（降水或灌溉）期间，水分自土表垂直向下渗入土壤的运动过程。土壤水分入渗情况决定着地表水进入土壤的数量。土壤水分再分布是指土壤水分入渗结束后，进入土壤内部的水分在水势梯度作用下不停地由湿土层向较干土层运动的过程。

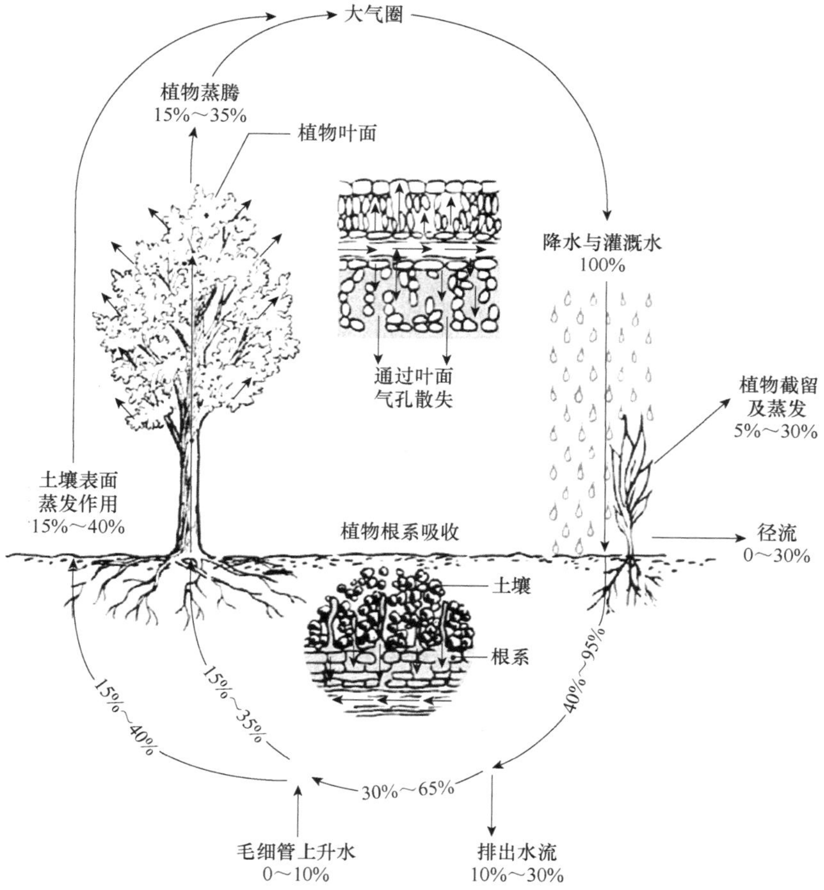

图 2-6　土壤-植物-大气连续体系统中水分运移过程模式（引自张金波等，2022）

土面蒸发是指土壤内部水分经过土表以水汽扩散的方式进入大气的过程。土面蒸发不仅关系到土壤水分的损失，而且在地下水较浅且盐分含量高的地区还能导致盐渍化。当入渗过程完毕后，土壤水的蒸发和水的再分布是同时进行的，土面蒸发造成水分损失，而水的再分布则有利于水的保持。

植物从土壤中吸水主要是被动吸水。由于植物叶片的蒸腾作用，在土壤-根系-茎-叶片-大气之间产生水势梯度，驱使土壤内的水分不断向植物根系运动，经根-茎向地上部输送，最终经叶-气孔进入大气。

四、土壤空气

（一）土壤空气的组成

在土壤固、液、气三相体系中，土壤空气存在于土体内未被水分占据的孔隙中，在一定容积的土体内如果孔隙度不变，土壤含水量多了，空气含量必然减少，反之亦然。所以土壤空气含量随土壤含水量而变化。对于通气良好的土壤，其空气组成接近于大气，若通气不良，则土壤空气组成与大气有明显的差异。一般越接近地表的土壤空气与大气组成越相近，土壤深度越大，土壤空气组成与大气差异也越大，近地表大气与土壤空气组成见表 2-1。

表 2-1　近地表大气与土壤空气组成的差异（引自曹志平，2007）

气体	O_2/%	CO_2/%	N_2/%	其他气体/%
近地表大气	20.94	0.03	78.05	0.98
土壤空气	18.00～20.03	0.15～0.65	78.80～80.24	0.98

土壤空气与近地表大气的组成，其差别主要有以下几点。

1）土壤空气中的 CO_2 含量高于近地表大气。由表 2-1 可以看出，近地表大气中的 CO_2 平均含量为 0.03%，而土壤空气中的 CO_2 比之可高出几倍甚至几十倍，其主要原因在于土壤中生物活动、有机质的分解和根的呼吸作用能释放出大量的 CO_2。

2）土壤空气中的 O_2 含量低于近地表大气中的 O_2 含量。近地表大气中的 O_2 含量为 20.94%，而土壤空气中的 O_2 含量为 18.0%～20.03%。其主要原因在于土壤生物和根系的呼吸作用必须消耗 O_2，土壤生物活动越旺盛则 O_2 被消耗得越多，O_2 含量越低，相应的 CO_2 含量越高。

3）土壤空气中水汽含量一般高于大气，除了表层干燥土壤外，土壤空气的湿度一般均在 99%以上，处于水汽饱和状态，而大气中只有下雨天才能达到如此高的值。

4）土壤空气中含有较多的还原性气体，当土壤通气不良时，土壤中 O_2 含量下降，微生物对有机质进行厌氧性分解，产生大量的还原性气体，如 CH_4、H_2 等，而大气中一般还原性气体极少。

土壤空气的组成不是固定不变的，影响土壤空气变化的因素很多，如土壤水分、土壤生物活动、土壤深度、土壤温度、pH、季节变化及栽培措施等。

一般来说，随着土壤深度增加，土壤空气中 CO_2 含量增加，O_2 含量减少，其含量是相互消长的，两者之和总维持在 19%～22%。随土壤温度升高，土壤空气中 CO_2 含量增加。从春到夏，土壤空气中 CO_2 逐渐增加，而冬季表土中 CO_2 含量最少。主要原因是土温升高，土壤生物和根系的呼吸作用加强而释放出更多 CO_2。覆膜田块的 CO_2 含量明显高于未覆盖的土壤，而 O_2 则反之。另外，还有少量的土壤空气溶解于土壤水中和吸附在胶体表面，溶于土壤水中的 O_2 对土壤的通气有较大的影响，是植物根系和土壤生物呼吸作用的直接的 O_2 源。

（二）土壤空气的存在状态

1．自由态空气　自由态空气存在于土壤孔隙中，其容量主要取决于土粒的排列状况及水分的含量。土粒排列得疏松或紧密决定着孔隙的容积。疏松排列的孔隙容积占 47.64%，而紧密排列的仅有 25.95%。这是一个理论计算值，而在土壤中则有很大的差异。通常是按土壤和水分所占孔隙之差来确定空气的容量。这部分空气一般具有最大的易动性和有效性，而且随着孔径的减小而逐渐减弱。

$$\text{总孔隙度 } P = (1 - \text{容量/比重}) \times 100\% \tag{2-3}$$

2．吸附态空气　吸附态空气主要是指土壤颗粒表面吸附的空气。早在 1556～1557 年，研究者就指出吸附在土壤颗粒表面的气体是难以和土粒分开的。

3．溶解态空气　溶解态空气是指溶于土壤溶液中（或水中）的气体。气体在水中的溶解度随着气体分压的增加和温度的降低而增高。土壤溶液中的气体会改变溶液的性质，如 CO_2 增加则促使土壤中碳酸盐、磷酸盐等盐类溶解度提高。O_2、H_2、N_2、H_2S 等气体对土壤溶液的氧化还原过程有着很大的影响。

（三）土壤通气性

1．土壤通气性的定义　土壤通气性是指土壤中的空气与大气中的空气相互交换的能力。

它能影响土壤中的生物（包括根系）活动，以及土壤中氧化还原状态、物质循环等土壤性质和功能。土壤空气的运动方式主要是对流与扩散。对流是指土壤与大气间由总压力梯度推动的气体整体流动，也称为质流。扩散是指土壤空气中由于气体的浓度差引起的分子扩散运动，它是土壤空气和大气交换的主要机制，可用菲克定律描述。

2．土壤通气性指标

（1）通气孔隙度　一般将通气孔隙度不低于土壤总容积的10%，或者通气孔隙占总孔隙的1/5～2/5，且分布比较均匀，作为土壤通气性良好的标志。

（2）氧扩散率　氧扩散率是指氧气被呼吸消耗或被水排出后重新恢复的速率，以单位时间内扩散通过单位面积土层的氧气量表示，是反映土壤通气性的直接指标，一般要求在30mg/（cm^2·min）以上。

（3）氧化还原电位　土壤氧化还原电位（Eh）很大程度上取决于通气状况。通气良好的土壤，Eh可达600～700mV；通气不良的土壤，可低至200mV，一些长期淹水的土壤甚至可降至－200mV。

3．土壤通气性的影响因素　土壤通气性主要取决于土壤的孔隙性质（简称孔性）和水分状况。土壤孔性主要取决于土壤结构，而土壤结构取决于土壤质地、有机质等。质地轻、富含有机质、团聚性能良好的土壤，通气性好，反之则差。因此，调节土壤空气的方法主要是改善土壤结构（特别是控制好土壤中大小孔隙的比例）及控制土壤水分含量，其中前者是基础。

第三节　土壤基本性质

知识拓展 2-4

一、土壤孔隙与结构

（一）土壤孔性与孔度

土壤孔性是指土壤孔隙总量及大孔隙和小孔隙的分布，它对土壤肥力有多方面的影响。土壤孔性的好坏，取决于土壤的质地、松紧度、有机质含量和结构等。可以说，土壤孔性是土壤结构性的反映，结构好则孔性好，反之亦然。土壤结构的肥力意义，实质上取决于土壤孔性。了解土壤孔性，就可进一步认识土壤结构性，认识到为什么说“团粒结构是农业上宝贵的结构”。

单位容积固体土粒（不包括粒间孔隙的容积）的质量（实际上多以重量代替，g/cm^3）称为土壤密度。过去曾称为土壤比重或土壤真比重。密度值的大小，是土壤中各种成分的含量和密度的综合反映。多数土壤的有机质含量低，密度值的大小主要取决于矿物组成。例如，氧化铁等重矿物的含量多，则土壤密度大，反之则密度小。多数土壤的密度为2.6～2.7kg/cm^3。

田间自然垒结状态下单位容积土体（包括土粒和孔隙）的质量或重量（g/cm^3或t/m^3）称为土壤容重，曾称土壤假比重。它的数值总小于土壤密度，两者的质量均以105～110℃下烘干土计。容重的数值大小，受密度和孔隙两方面的影响，而后者的影响更大，土壤疏松多孔的容重小，反之则大。土壤容重值多为1.0～1.5g/cm^3，自然沉实后的表土容重为1.25～1.35g/cm^3，刚翻耕的农地表层和泡水软糊的农田层的容重可降至1.0g/cm^3以下。水流下自然沉积紧实的底土容重增大至1.4～1.6g/cm^3。

土壤孔性可从两方面了解，一是土壤孔隙总量（总孔度）；二是大孔隙和小孔隙分配（分级孔度），包含其连通情况和稳定程度。与之有关的还有一个“土体构造”，即上下土层的孔隙分布问题。

1．土壤总孔隙度和孔隙比　土壤孔隙是土壤中固相部分所占容积以外的空间。这包括固相颗粒或结构体之间的间隙和生物穴道，由水、气所占据。土壤孔隙状况受质地、结构、有机质含量等的影响。黏质土壤中水占孔隙较多，而砂质土壤中气占孔隙较多；结构好的土壤中水占孔隙和气占孔隙的比例较为协调。有机质，特别是粗有机质较多的土壤中孔隙较多。耕作、施肥、灌溉、排水等人为措施对土壤孔隙的影响很大，因而它一直处于动态变化之中。

在固体土粒之间，构成大小和形状不同的孔隙。所有孔隙体积的总和占整个土壤体积的比例，称为土壤总孔隙度（简称总孔度或孔度），以百分数（%）或小数表示。这里的土壤体积，包括土壤土粒体积和孔隙体积两部分。

$$\text{土壤总孔度}=\frac{\text{孔隙体积}}{\text{土壤体积}}\times 100\% \tag{2-4}$$

或

$$\text{土壤总孔度}=\frac{\text{孔隙体积}}{\text{土壤土粒体积}+\text{孔隙体积}}\times 100\% \tag{2-5}$$

土粒的大小不同，而形成土壤孔隙度的差异很大。砂土的孔隙粗大，但孔隙数目少，故孔度小；黏土的孔隙细小而数目很多，故孔度大。一般来说，砂土的孔度为30%～45%，壤土的孔度为40%～50%，黏土的孔度为45%～60%。土粒团聚成团粒结构，可使孔度增加，结构良好的壤土和黏土的孔度高达55%～65%，甚至在70%以上。有机质特别多的泥炭土的孔度超过80%。

土壤孔度通常不是直接测定的，而是根据土壤的密度和体积质量（容重）来计算的，其计算公式为

$$\text{土壤孔度}=\left(1-\frac{\text{容重}}{\text{密度}}\right)\times 100\% \tag{2-6}$$

此式的推导过程为

$$\begin{aligned}\text{土壤孔度}&=\frac{\text{孔隙体积}}{\text{土壤体积}}=\frac{\text{土壤体积}-\text{土粒体积}}{\text{土壤体积}}=1-\frac{\text{土粒体积}}{\text{土壤体积}}=1-\left(\frac{\text{土壤质量}}{\text{土壤密度}}\Big/\frac{\text{土壤质量}}{\text{土壤容重}}\right)\\&=1-\frac{\text{容重}}{\text{密度}}\end{aligned} \tag{2-7}$$

土壤孔隙的数量，也可用孔隙比来表示，它是土壤中孔隙体积与土粒体积的比值。例如，孔度为55%，即土粒占45%，则孔隙比$g=1.22$。

2. 影响土壤孔性的因素　土壤孔隙度和大小孔隙的分配取决于土粒的粗细、土粒排列和团聚的形式，所以影响土壤孔性的因素主要有土壤质地、土粒排列和团聚方式、有机质含量等。

（1）土壤质地　黏土的孔隙度大，但孔径比较均一，以毛细管孔隙和非活性孔隙为主；砂土的孔隙度小，孔径也很均一，但以通气孔隙居多；壤土的孔隙度适中，孔径分配较为适当，既有一定数量的通气孔隙，也有较多的毛细管孔隙，水和气的关系比较协调。

（2）土粒排列方式　土壤孔隙实际上是土壤颗粒之间的缝隙，所以颗粒间排列方式必然影响土壤孔性。理想土壤颗粒为大小相同的球体，其排列有最松排列和最紧排列，其孔隙度差异非常明显。

（3）团聚方式　土壤颗粒的多级团聚可逐步提高土壤的孔隙度。所以，团粒结构的土壤孔性明显优于其他不良结构和无结构土壤。

（4）有机质含量　土壤有机质本身疏松多孔，同时还能促进土壤多级团聚，所以有机质含量较高的土壤孔性较好，且大小孔隙搭配比较合理。

（二）土壤结构性

1．土壤结构体

（1）土壤结构的概念　土壤结构是土粒（单粒和复粒）的排列、组合形式。这个定义包含两重含义：结构体和结构性。

土壤结构体又称为结构单位，它是土粒（单粒和复粒）互相排列和团聚成为一定形状和大小的土块或土团。它们具有不同程度的稳定性，以抵抗机械破坏（力稳性）或泡水时结构体不易分散（水稳性）。耕作土壤的结构体种类也可以反映土壤的培肥熟化程度、水文条件等。例如，丘陵地区紫色土耕层中豆瓣泥的结构体多，肥力水平低；耕作土表层如蚯蚓泥的结构体多，则肥力水平高。

在农学上，通常以直径为 0.25～10mm 水稳性团聚体的含量来判别土壤结构的优劣，多的优、少的劣。并据此鉴别某种改良措施的效果。土壤团聚体合适的直径和含量与土壤肥力关系，因所处生物气候条件不同而异。在多雨和易渍水的地区，为了易于排除土壤过多的渍水，水稳性团聚体的适宜直径可偏大些，数量可多些；而在少雨和易受干旱地区，为了增强土壤的保水性能，团聚体适宜的直径可偏小些，数量也可多些；在降水量较少和降雨强度不大的地区，非水稳性团聚体对提高土壤保水性也能起到重要作用。所以要讨论土壤结构性的肥力意义，是离不开结构体的。

农业上宝贵的土壤是团粒结构土壤，含有大量的团粒结构。团粒结构土壤具有良好的结构性和耕层构造，耕作管理省力而易获作物高产。但是非团粒结构土壤也可通过适当的耕作、施肥和土壤改良而得以改善。

（2）土壤结构体分类　土壤结构体分类的依据是它的形态、大小、特性等。最常见的是根据形态和大小等外部性状来分类，较为精细的是外部性状与内部特性（主要是稳定性、多孔性）的结合。在野外土壤调查中观察土壤剖面中的结构，应用最广的是形态分类。先按结构体的形态分为三大类：板状（片状）、柱状和棱柱状、块状和球状。然后再按结构体大小细分，最后根据其稳定性分为几等：块状和核状结构、棱柱状结构和柱状结构、片状结构（板状结构）、团粒结构（粒状和小团块）。

（3）几种结构体出现的部位　块状结构体和团粒主要是出现于表土层，片状结构体在表土层和亚表土层中都会出现，核状、柱状和棱柱状结构体则出现在心土和底土中。

通常所说的土壤结构体是指团粒结构。因为其他结构体（块状、片状、柱状）等基本上都是直接由土粒相互黏结而成的，泡水分散时又成为单独的土粒，缺少团粒结构那样的多级构造。

2．团粒结构的发生　团粒（粒状和小团块）结构土粒胶结成粒状和小团块状，大体为球形，自小米粒至蚕豆粒般大，称为团粒。这种结构体在表土中出现，具有良好的物理性能，是肥沃土壤的结构形态。团粒具有水稳性（泡水后结构体不易分散）、力稳性（不易被机械力破坏）和多孔性。在黑钙土等的耕作层（A 层）及肥沃的菜园土壤表层中，团粒结构数量多。此类土壤的有机质含量丰富而肥力高，团粒结构可占土壤质量的 70%以上，称为团粒结构土壤。

团粒的直径为 0.25～10mm，而<0.25mm 的则称为微团粒。按照团粒的形状和大小，也可分为团粒和小团块两种。在缺少有机质的砂质土中，砂粒单个存在，并不黏结成结构体，也可称为单粒结构。

关于团粒的形成过程，人们提出了许多机制和假设，但均可归纳为一种“多级团聚说”。与其他结构体的形成不同，团粒是在腐殖质（或其他有机胶体）参与下发生的多级团聚过程，这是形成团粒内部的多级结构并产生多级孔性的基础，与此同时发生或接着发生的还有一个切割造型的过程。

（1）黏结团聚过程　这是黏结过程和团聚过程的综合，后者是团粒形成所特有的。土壤团粒的多级团聚过程包括各种化学作用和物理化学作用，如胶体凝聚作用和黏结作用及有机矿质胶体的复合作用等，并有生物（植物根系、微生物和一些小动物）的参与。

（2）切割造型过程　所有结构体的形成均有一个切割造型的过程，对于经过多次团聚的土体来说，该过程就会产生大量团粒。

二、土壤吸附性

土壤中直径＜1000nm 的黏性颗粒都具有胶体的性质，土壤胶体是土壤中最细微的部分，表现出强烈的胶体特征。土壤胶体包括胶粒（分散相）和粒间溶液（分散介质）两大部分，构造上从内到外可分为胶核、决定电位离子层、非活性补偿离子层三部分（图 2-7）。

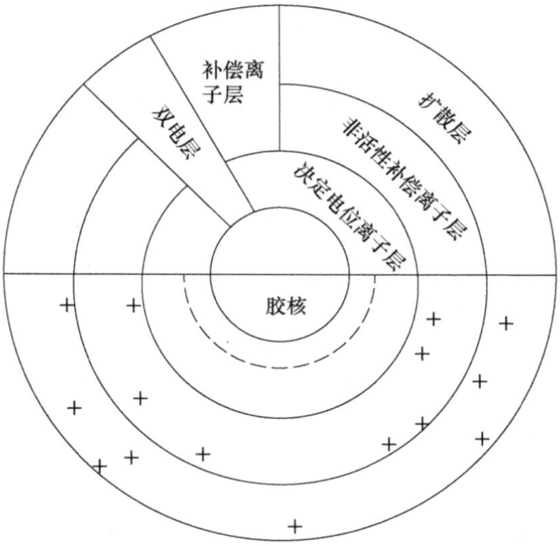

图 2-7　土壤胶体结构示意图
（引自胡宏祥等，2021）

根据微粒核的组成物质不同，可以将土壤胶体分为无机胶体、有机胶体、有机-无机复合胶体三大类。土壤胶体是土壤固相中最活跃的部分，对土壤理化性质和肥力状况有着巨大影响，这是因为土壤胶体具有以下 3 个主要特性：巨大的比表面和表面能，带有一定的电荷，具有一定的凝聚性和分散性。

（一）土壤阳离子交换吸收作用

1．土壤离子吸附的概念　土壤胶体表面层中的浓度与溶液内部浓度不同可以导致吸附作用。凡使液体表面层中溶质的浓度大于液体内部浓度的作用均称为正吸附，反之则称为负吸附。如果土壤胶体表面或表面附近某种离子的浓度高于或低于扩散层之外的自由溶液中该离子的浓度，则认为土壤胶体对该离子发生了吸附作用。一般所说的吸附现象是指包括整个扩散层在内的部分与自由溶液中的离子浓度的差异。

2．土壤阳离子吸附　阳离子吸附是土壤的物理化学吸收。通常情况下，土壤胶体带负电荷。因此土壤的表面负电荷与阳离子之间有静电作用力（或称为库仑力），胶体表面吸附多种带正电荷的阳离子。被吸附的阳离子处于胶体表面双电层扩散层的扩散离子层中。在胶体表面，被吸附阳离子是完全可离解的，在土壤溶液中，它们也可以自由移动。

由土壤胶体表面静电引力产生的阳离子吸附，其离子吸附的速度、数量和强度取决于胶体表面电位、离子价数、离子半径等因素。由库仑定律可知，土壤胶体表面所带的负电荷越多，吸附的阳离子数量就越多，土壤胶体表面的电荷密度越大，阳离子所带的电荷越多，则离子吸附得越牢固。

从离子间的库仑力可知，不同价的阳离子与土壤胶体表面亲和力从大到小的顺序一般为 M^{3+}、M^{2+}和 M^{+}。例如，对红壤、砖红壤和膨润土吸附阳离子的研究表明，3 种土壤对几种阳离子的吸附从大到小的顺序为 Al^{3+}、Mn^{2+}、Ca^{2+}和 K^{+}。对化合价相同的阳离子而言，吸附强度主要取决于离子的水化半径。一般情况下，离子的水化半径越小，离子的吸附强度越大。

3．土壤阳离子交换　土壤阳离子交换作用在土壤中，被胶体静电吸附的阳离子一般都可以被溶液中另一种阳离子交换而从胶体表面解吸。对这种能相互交换的阳离子称为交换性阳离子，而发生在土壤胶体表面的交换反应称为阳离子交换作用。

（1）土壤阳离子交换作用的 3 个主要特点

1）阳离子交换是一种可逆反应。阳离子交换不但是可逆反应，而且反应速度很快，可以迅速达到平衡，即溶液中的阳离子与胶体表面吸附的阳离子处于动态平衡中。一旦溶液中的离子组成或浓度发生改变，土壤胶体上的交换性离子就要和溶液中的离子产生逆向交换，被胶体表面静电吸附的离子重新归还溶液中直至建立新的平衡。这一原理，在农业化学上有重要的实践意义。例如，植物根系从土壤溶液中吸收了某阳离子养分后，降低了溶液中该阳离子的浓度，土壤胶体表面的离子就解吸、迁移到溶液中，被植物根系吸收利用。另外，可以通过施肥、施用土壤改良剂及其他土壤管理措施，恢复和提高土壤肥力。

2）阳离子交换遵循等价离子交换的原则。例如，用 1 个二价的 Ca^{2+}去交换 2 个 1 价的 K^{+}，则 1mol Ca^{2+}可交换 2mol K^{+}。同样，1mol Fe^{3+}需要 3mol H^{+}或 Na^{+}来交换。

3）阳离子交换符合质量作用定律。对于任一个阳离子交换反应，在一定温度下，当反应达到平衡时，根据质量作用定律有

$$K=\frac{[\text{产物1}][\text{产物2}]}{[\text{反应物1}][\text{反应物2}]} \tag{2-8}$$

式中，K 为平衡常数。根据这一原理，可以通过改变某反应物（或产物）的浓度达到改变产物（或反应物）浓度的目的。例如，通过改变土壤溶液中某种交换性阳离子的浓度使胶体表面吸附的其他交换性阳离子的浓度发生变化，这对施肥实践及土壤阳离子养分的保持等有重要意义。

（2）土壤阳离子交换能力

1）土壤阳离子交换能力是指一种阳离子将胶体上另一种阳离子交换出来的能力。

2）土壤阳离子交换能力的影响因素。各种阳离子交换能力的强弱不同，受下列因素影响。

a．电荷价的影响：离子的电荷价越高，受胶体电性吸持力越大，因而具有比低价离子较高的交换能力。也可以说，胶体上吸着的阳离子的价数越低，越容易被交换出来。

b．离子的半径及水化程度：同价离子的交换能力，依其离子的半径及水化程度而定。离子的水化是指在电场影响下水分定向排列在离子周围。离子半径大，单位面积上所负的电量较少，因此，对水分子的吸引力小，即水化程度弱，较容易接近胶粒，负电胶体对它的吸力较大而具有较强的交换能力，离子半径小的刚好相反。

c．离子浓度：阳离子交换作用受质量作用定律支配。交换力较弱的离子如果浓度较大，也可以把原来交换力强，但溶液中浓度较小的离子从胶体上置换出来。

（3）土壤阳离子交换量

1）土壤阳离子交换量的概念。土壤阳离子交换量（CEC）是指土壤所能吸附和交换的阳离子的总量，用每千克土壤的一价离子的厘摩数表示，即 cmol（+）/kg。

土壤阳离子交换量是通过用已知的阳离子代换土壤吸附的全部阳离子求得。

2）土壤阳离子交换量的影响因素。不同土壤阳离子交换量的差异，其影响因素主要有以下 3 个方面。

a．土壤质地：土壤中带电的颗粒主要是土壤矿物胶体即黏粒部分，因此土壤黏粒的含量越

高，即土壤质地越黏重、土壤负电荷量越多，土壤的阳离子交换量越高，吸收量越大，保肥力越强。

b. 胶体的类型：不同类型的土壤胶体，所带的负电荷差异很大，因此阳离子交换量也明显不同。由表 2-2 可知，含腐殖质和 2∶1 型黏土矿物较多的土壤，其阳离子交换量较大；而含高岭石较多的土壤，其阳离子交换量较小。

表 2-2　不同类型土壤胶体的阳离子交换量（引自谢德体等，2016）

土壤胶体	阳离子交换量/［cmol（+）/kg］
腐殖质	200～400
蒙脱石	70～95
伊利石	10～40
高岭石	3～15
紫色土	20～30

c. 土壤 pH：由于 pH 是影响可变电荷的重要因素，因此土壤 pH 的改变会导致土壤阳离子交换量的变化。一般情况下，随着土壤 pH 的升高，土壤可变负电荷增加，土壤阳离子交换量增大。可见，在测定土壤阳离子交换量时，控制 pH 是很重要的。

土壤阳离子交换量是土壤的一个很重要的化学性质，它直接反映土壤的保肥、供肥性能和缓冲能力。一般认为阳离子交换量在 20cmol（+）/kg 以上者为保肥力强的土壤，10～20cmol（+）/kg 者为保肥力中等土壤，不足 10cmol（+）/kg 的土壤为保肥力弱的土壤。

（4）土壤盐基饱和度　土壤胶体上吸附的交换性阳离子可以分为两种类型，一类是致酸离子（如 H^+、Al^{3+}），另一类是盐基离子（如 K^+、Na^+、Ca^{2+}、Mg^{2+}、NH_4^+等）。当土壤胶体上吸附的阳离子全部是盐基离子时，土壤呈盐基饱和状态，称为盐基饱和土壤。当土壤胶体吸附的阳离子仅部分为盐基离子，而其余部分则为致酸离子时，该土壤呈盐基不饱和状态，称为盐基不饱和土壤。盐基饱和土壤具有中性或碱性反应，而盐基不饱和土壤则呈酸性反应。

（二）土壤阴离子交换吸收作用

从数量上讲，大多数土壤对阴离子的吸附量比对阳离子的吸附量少，但由于许多阴离子在植物营养、环境保护甚至矿物形成、演变等方面均具有相当重要的作用，因此土壤的阴离子吸附一直是土壤化学研究中相当活跃的领域。

1. 土壤阴离子吸附　土壤对阴离子的静电吸附是土壤胶体表面带有正电荷引起的，产生静电吸附的阴离子主要是 Cl^-、NO_3^-、CO_3^{2-}等。与胶体对阳离子的静电吸附相同，这种吸附作用是由胶体表面与阴离子之间的静电引力所控制的。因此离子的电荷及其水化半径直接影响离子与胶体表面的作用力。对于同一土壤，当环境条件相同时，反号离子的价数越高，吸附力越强；同价离子中，水化半径较小的离子，吸附力较强。产生阴离子静电吸附的主要是带正电荷的胶体表面，因此这种吸附与土壤表面正电荷的数量及密度密切相关。土壤中铁、铝、锰的氧化物是产生正电荷的主要物质。在一定条件下，高岭石结晶的边缘或表面上的羟基也可带正电荷。此外，有机胶体表面的某些带正电荷的基团如（—NH）等也可静电吸附阴离子。

pH 是影响可变电荷的重要因素，土壤 pH 的变化对阴离子的静电吸附有重要影响。随着 pH 的降低，正电荷增加，静电吸附的阴离子增加。在 pH＞7 的情况下，即使是以高岭石和铁、铝氧化物为主要胶体物质的可变电荷土壤，其阴离子的静电吸附量也相当低。

2．土壤阴离子负吸附　大多数土壤在一般情况下主要带负电荷，因此会造成对于同号电荷的阴离子的排斥，其斥力的大小取决于阴离子距土壤胶体表面的远近，距离越近斥力越大，对阴离子排斥越厉害，表现出较强的负吸附，反之负吸附则弱。所以阴离子的负吸附是指电解质溶液加入土壤后阴离子浓度相对增大的现象。对阴离子而言，负吸附随阳离子价数的增加而增加，如在钠质膨润土中，不同钠盐的阴离子所表现出的负吸附次序由小到大为 Cl^-、NO_3^-、SO_4^{2-}和 $Fe(CN)_6^{4-}$。陪伴阳离子不同，对阴离子负吸附也有影响。例如，在不同阳离子饱和的黏土与含相应阳离子的氯化物溶液的平衡体系中，Cl^-的负吸附大小顺序为 Na^+、K^+、Ca^{2+}和 Ba^{2+}，就土壤胶体而言，表面类型不同，对阴离子的负吸附作用也不一样。带负电荷越多的土壤胶体，对阴离子的排斥作用越强，负吸附作用越明显。

3．土壤阴离子的专性吸附与非专性吸附

（1）专性吸附　专性吸附又称为配位体交换，为某些阴离子置换金属氧化物表面的配位阴离子而被吸附的作用。这种吸附的力量较强，被吸附的阴离子进入胶体双电层内层，不能与非专性吸附的阴离子交换，但可为其他专性吸附的阴离子置换。磷易发生专性吸附，土壤固相可对磷酸根离子进行配位基团交换反应。土壤中含水氧化物表面的氧离子能与磷酸根离子交换，磷酸根离子则与铝或铁离子配位键结合。磷专性吸附多发生在铁、铝多的南方土壤上。当含水氧化铁矿物表面有 2 个 Fe-OH，土壤中有磷酸根离子存在时，即可发生配位基团交换，此为化学力作用，比库仑力（静电引力）强。磷酸根被专性吸附后就再不能被其他离子通过交换作用而释放出来。专性吸附的磷的有效性大大低于非专性吸附的磷。

（2）非专性吸附　非专性吸附是带正电荷的胶粒通过静电吸力吸附阴离子的作用。吸附的阴离子位于胶体双电层的外层，被吸附的力量较弱，可被其他阴离子等价交换，服从一般离子交换规则。非专性吸附的结果是降低胶粒的正电荷，使电性中和。土壤对 NO_3^-和 Cl^-的吸附，一般认为是带正电的水化氧化铁、水化氧化铝胶体产生的非专性吸附。这种吸附只有在氧化铁、氧化铝含量较多的土壤中才较明显，被吸附的 NO_3^-、Cl^-很易释出，在水分较多时易被淋失。

三、土壤酸碱性

（一）土壤酸性

土壤溶液中 H^+浓度大于 OH^-浓度，土壤呈酸性；如 OH^-浓度大于 H^+浓度，土壤呈碱性；两者相等时，则呈中性。土壤酸碱性的形成与气候、母质、农业措施、环境污染等都有关系。土壤溶液中游离的 H^+和 OH^-的浓度和土壤胶体吸附的 H^+、Al^{3+}、Na^+、Ca^{2+}等离子保持着动态平衡关系。研究土壤溶液的酸碱反应，必须联系土壤胶体和离子交换吸收作用，才能全面地说明土壤的酸碱情况和其发生、变化的规律。

1．土壤中 H^+的来源　在多雨的自然条件下，降水量大大超过蒸发量，土壤及其母质的淋溶作用非常强烈，土壤溶液中的盐基离子易于随渗滤水向下移动。这时溶液中 H^+取代土壤胶体上的金属离子，而为土壤所吸附，使土壤盐基饱和度下降，氢饱和度增加，引起土壤酸化（soil acidification），在交换过程中，土壤溶液中 H^+可以由下述途径补给。

（1）水的解离　水的解离常数虽然很小，但由于 H^+被土壤吸附而使其解离平衡受到破坏，所以将有新的 H^+释放出来。

$$H_2O \rightleftharpoons H^+ + OH^-$$

（2）碳酸的解离　土壤中的碳酸主要由 CO_2 溶于水生成，CO_2 由植物根系、微生物呼吸及有机质分解产生。所以，土壤活性酸在植物根际要强一些（那里的微生物活动也较强）。

$$H_2CO_3 \rightleftharpoons H^+ + HCO_3^-$$

（3）有机酸的解离　土壤中各种有机质分解的中间产物有草酸、柠檬酸等多种低分子有机酸，特别在通气不良及真菌活动下，有机酸可能累积很多。土壤中的胡敏酸和富里酸分子在不同的 pH 条件下可释放出 H^+。

（4）土壤中铝的活化与交换性　Al^{3+}和 H^+解离盐基饱和度与土壤的酸碱性有密切关系，土壤盐基饱和度的高低也反映了土壤中致酸离子的含量。盐基饱和的土壤具有中性或碱性反应，而盐基不饱和的土壤则呈酸性反应。南方土壤中 H^+和 Al^{3+}等致酸离子较多，土壤的盐基饱和度小，一般呈酸性；北方土壤中盐基呈饱和状态，一般呈中性或碱性。

随着阳离子交换作用的进行，H^+被土壤胶体吸附，土壤盐基饱和度逐渐下降，而 H^+饱和度渐渐提高，当土壤有机矿质复合体或铝硅酸盐黏粒矿物表面吸附的 H^+超过一定限度时，这些胶粒的晶体结构就会遭到破坏，有些铝氧八面体解体，Al^{3+}脱离八面体晶格的束缚变成活性铝离子，被吸附在带负电荷的黏粒表面，转变为交换态 Al^{3+}。土壤胶体上吸附的交换态 Al^{3+}和 H^+被交换进入溶液后，Al^{3+}水解后释放出 H^+，其是土壤 H^+的重要来源。

（5）酸性沉降　一种是通过气体扩散，使固体物质降落到地面，称为干沉降；另一种是随降水夹带大气酸性物质到达地面，称为湿沉降。$pH<5.6$ 的降雨称为酸雨。大气中的酸性物质最终都进入土壤，成为土壤氢离子的重要来源之一。

（6）其他来源　农业生产上的施肥、灌溉措施也会影响土壤 pH。例如，$(NH_4)_2SO_4$、KCl 和 NH_4Cl 等生理酸性肥料施到土壤中后，因为阳离子 NH_4^+、K^+被植物吸收而留下酸根；硝化细菌的活动可产生硝酸及植物根系的酸性分泌物等；另外在某些地区有施用绿矾的习惯，可以产生硫酸；施用石灰则可中和土壤中的 H^+。灌溉硬度较高的水质也会改变土壤的 pH。

$$FeSO_4 + 2H_2O \rightleftharpoons Fe(OH)_2 + H_2SO_4$$

2．土壤酸度的类型　土壤酸度反映土壤中致酸离子的数量。根据致酸离子在土壤中的存在形态与表现，可以将土壤酸度分为活性酸度和潜性酸度两种类型。

土壤活性酸度是指与土壤固相处于平衡状态的土壤溶液中的 H^+表现出的酸度。土壤潜性酸度是指吸附在土壤胶体表面的交换性致酸离子（H^+和 Al^{3+}）表现出的酸度，这些交换性致酸离子只有转移到溶液中转变成溶液中的氢离子时，才会显示酸性，故称为潜性酸。土壤潜性酸是活性酸的主要来源，二者之间始终处于动态平衡之中。

3．土壤酸度的表示方法　不同类型的土壤酸度有不同的表示方法，土壤活性酸代表土壤酸性的强度，一般用 pH 表示；而潜性酸代表土壤酸度的数量指标，可用交换酸度和水解酸度来表示。

（1）土壤酸度的强度指标

1）土壤 pH。活性酸是指土壤溶液中 H^+浓度，通常用其负对数 pH 表示，它是土壤酸度的强度指标。土壤学中常常根据土壤 pH，将土壤酸碱性分为 7 级：极强酸性（$pH<4.4$）、强酸性（pH 4.5～4.9）、酸性（pH 5.0～6.4）、中性（pH 6.5～7.5）、碱性（pH 7.6～8.5）、强碱性（pH 8.6～9.5）和极强碱性（$pH>9.6$）。

2）石灰位。土壤酸度不仅主要取决于土壤胶体上吸附的 H^+、Al^{3+}两种离子，而且在很大程度上取决于这两种致酸离子与盐基离子的相对比例。在土壤胶体表面吸附的盐基离子中总是以钙离子为主，达 65%～80%。因此，科学家提出了表示土壤酸度强度的另一指标——石灰位。它将氢离子数量与钙离子数量联系起来，以数学式表示为 pH-0.5pCa。

在用化学位来衡量养分的有效度时，钙作为植物的必需营养元素，也可以把 pH-0.5pCa 作为这一体系的养分位。

（2）土壤潜性酸的数量指标　潜性酸是指土壤胶体上吸附的 H^+、Al^{3+}所引起的酸度。它们只有在转移到土壤溶液中形成溶液中的 H^+时，才会显示酸性，故称为潜性酸，通常用每千克烘干土中氢离子的厘摩尔数来表示。潜性酸和活性酸处在动态平衡之中，可以相互转化。土壤潜性酸要比活性酸多得多，相差 3～4 个数量级。实际上土壤的酸性主要取决于潜性酸的数量，它是土壤酸性的容量指标。

土壤胶体上吸附的 H^+、Al^{3+}所反映的潜性酸量，可用交换性酸或水解性酸表示。两者在测定时所采用的浸提剂不同，因而测得的潜性酸的量也有所不同。

1）交换性酸：在非石灰性土壤及酸性土壤中，土壤胶体吸附了一部分 Al^{3+}及 H^+。当用中性盐溶液如 1mol/L KCl 或 0.06mol/L $BaCl_2$ 溶液（pH＝7）浸提土壤时，土壤胶体表面吸附的铝离子与氢离子的大部分均被浸提剂的阳离子交换而进入溶液，此时不但交换性氢离子可使溶液变酸，而且交换性铝离子由于水解作用也增加了溶液的酸性。浸出液中的氢离子及由铝离子水解产生的氢离子用标准碱液滴定，根据消耗的碱量换算为交换性氢与交换性铝的总量，即交换性酸量（包括活性酸）。以 cmol（＋）/kg 为单位，它是土壤酸度的数量指标。必须指出，用中性盐类溶液浸提的交换反应是一个可逆的阳离子交换平衡，交换反应容易逆转，因此所测得的交换性酸量只是土壤潜性酸量的大部分，而不是全部。

2）水解性酸：是土壤潜性酸量的另一种表示方式。当用弱酸强碱的盐类溶液［常用的为 pH＝8.2 的 1mol/L 过氧乙酸钠（NaOAc）溶液］浸提土壤时，从土壤中交换出来的 H^+、Al^{3+}所产生的酸度称为水解性酸度。因弱酸强碱盐溶液的水解作用，所得乙酸的解离度很小，可以有效地降低平衡体系中 H^+的活度，从而使交换程度比只用中性盐类溶液更为完全，土壤吸附性 H^+、Al^{3+}的绝大部分可被 Na^+交换。同时，水合氧化物表面的羟基和腐殖质的某些功能团（如羟基、羧基）上部分 H^+解离而进入浸提液被中和。由于弱酸强碱盐溶液的 pH 高，也使胶体上的 H^+易于解离出来。

通常用水解性酸度可以指示土壤中潜性酸和活性酸的总量，土壤中水解性酸量大于交换性酸量，但这两者是同一来源的 H^+，本质上是一样的，都是潜性酸，只是交换作用的程度不同而已。酸性土改良中常用水解性酸度的数值作为计算石灰需要量的参考数据。

（二）土壤碱性

土壤溶液中 OH^-浓度超过 H^+浓度时表现为碱性反应，土壤的 pH 越高，碱性越强。土壤碱性及碱性土壤形成是自然成土条件和土壤内在因素综合作用的结果。

1．土壤 OH^-的来源　碱性土壤的碱性物质主要是钙、镁、钠的碳酸盐和重碳酸盐，以及胶体表面吸附的交换性钠。不同盐类对土壤碱性影响不同，硫酸盐类水解后均呈碱性或强碱性反应。

（1）碳酸钙的水解　在石灰性土壤和交换性钙占优势土壤中，碳酸钙土壤气体体系中 CO_2 和土壤水处于同一个平衡体系，碳酸钙通过水解作用产生 OH^-呈弱碱性反应，其反应式如下：

$$CaCO_3+H_2O \rightleftharpoons Ca^{2+}+HCO_3^-+OH^-$$

又因 HCO_3^-与土壤气体中 CO_2 处于下面的平衡关系：

$$CO_2+H_2O \rightleftharpoons HCO_3^-+H^+$$

所以石灰性土壤的 pH 主要受土壤气体中 CO_2 分压控制。由于碳酸钙水解能力较弱，故一般石灰性土壤的 pH 不高，多在 7.5～8.5，很少会超过 8.5。

（2）*碳酸钠的水解* 碳酸钠（苏打）在水中能发生碱性水解，因其强烈水解可使土壤 pH 高达 8.5 以上，使土壤呈强碱性反应。土壤中碳酸钠的来源如下。

1）土壤矿物中的钠在碳酸作用下，形成碳酸氢钠，碳酸氢钠失去一半的 CO_2 则形成碳酸钠。其反应式为

$$2NaHCO_3 \rightleftharpoons Na_2CO_3 + H_2O + CO_2$$

2）土壤矿物风化过程中形成的硅酸钠与含碳酸的水作用，生成碳酸钠并游离出 SiO_2，其反应式为

$$Na_2SiO_3 + H_2CO_3 \rightleftharpoons Na_2CO_3 + SiO_2 + H_2O$$

3）盐渍土水溶性钠盐（如氯化钠、硫酸钠）与碳酸钙共存时，可形成碳酸钠，其反应式为

$$CaCO_3 + 2NaCl \rightleftharpoons CaCl_2 + Na_2CO_3$$

$$CaCO_3 + Na_2SO_4 \rightleftharpoons CaSO_4 + Na_2CO_3$$

（3）*交换性钠的水解* 交换性钠水解呈强碱性反应，是碱化土的重要特征，是土壤碱化过程发育的结果。

1）有足够数量的钠离子与土壤胶体表面吸附的钙、镁离子交换。

2）土壤胶体上交换性钠解吸并产生苏打盐类。

交换结果产生了 NaOH，使土壤呈碱性反应。但由于土壤中不断产生 CO_2，所以交换产生的 NaOH 实际上以 Na_2CO_3 或 $NaHCO_3$ 形态存在。

$$2NaOH + H_2CO_3 \rightleftharpoons Na_2CO_3 + 2H_2O$$

$$或\ NaOH + CO_2 \rightleftharpoons NaHCO_3$$

从交换性钠的水解反应可见，土壤碱化与盐化有着发生学上的联系。盐土在积盐过程中，胶体表面吸附有一定数量的交换性钠，但因土壤溶液中的可溶性盐浓度较高，阻止交换性钠水解。所以，盐土的碱度一般都在 pH 8.5 以下，不显现碱性。只有当盐土脱盐到一定程度后，土壤交换性钠发生解吸，土壤才出现碱化特征。但土壤脱盐并不是土壤碱化的必要条件。土壤碱化过程是盐土积盐和脱盐频繁交替发生，促进钠离子取代胶体上吸附的 Ca^{2+}、Mg^{2+}，而演变为碱化土壤。

2．土壤碱性指标 土壤碱性反应除常用 pH 表示以外，还有总碱度和碱化度两个反映碱性强弱的指标。

（1）*总碱度* 总碱度是指土壤溶液或灌溉水中碳酸根、碳酸氢根的总量，即

$$总碱度\ [cmol(+)/kg] = CO_3^{2-} + HCO_3^- \quad (2\text{-}9)$$

土壤碱性反应，是由于土壤中有弱酸强碱的水解性盐类存在，其中最主要的是碳酸根和重碳酸根的碱金属（Na、K）及碱土金属（Ca、Mg）的盐类存在。其中 $CaCO_3$ 及 $MgCO_3$ 的溶解度很小，在正常 CO_2 分压下，它们在土壤溶液中的浓度很低，所以含 $CaCO_3$ 和 $MgCO_3$ 的土壤，其 pH 不可能很高，最高在 8.5 左右。这种因石灰性物质所引起的弱碱性反应（pH 7.5～8.5）称为石灰性反应，土壤称为石灰性土壤。石灰性土壤的耕层因受大气或土壤中 CO_2 分压的控制，pH 常为 8.0～8.5，而在其深层，因植物根系及土壤微生物活动都很弱，CO_2 分压很小，其 pH 可升至 10.0 以上。

Na_2CO_3、$NaHCO_3$、$Ca(HCO_3)_2$ 等是水溶性盐类，可以出现在土壤溶液中，使土壤溶液的总碱度很高。

总碱度也可用 CO_3^{2-} 及 HCO_3^- 占阴离子的质量百分数来表示。它在一定程度上反映土壤和水质的碱性程度，故可用总碱度作为土壤碱化程度分级的指标之一。

（2）*碱化度* 碱化度是指土壤胶体吸附的交换性钠离子占阳离子交换量的比例（%）。

$$ESP(\%) = [Na] \times 100/CEC \qquad (2\text{-}10)$$

式中，[Na] 为交换性钠离子的数量（cmol/kg）。

钠饱和度低于 15%时，土壤 pH 一般不会超过 8.5。当土壤碱化度达到一定程度，可溶性盐含量较低，钠离子饱和度在 15%以上时，土壤就呈极强的碱性反应，pH 大于 8.5，甚至超过 10.0。当土壤胶体上的钠离子增加到一定程度后，土壤的理化性质就会发生一系列的变化，其土粒高度分散，湿时泥泞、通透性差，干时硬结、结构板结、耕性极差。

（三）土壤酸碱缓冲性

土壤缓和酸碱度变化的能力称为土壤的酸碱缓冲性，它能使土壤 pH 保持在一个较为稳定的范围内，对于植物根系的正常生长和微生物的生命活动具有重要意义。

1．土壤具有酸碱缓冲性的机制

1）土壤溶液中弱酸及其盐类的作用。

2）土壤胶体的阳离子交换作用：盐基离子能缓冲酸，而致酸离子能缓冲碱。

3）土壤中两性物质的缓冲作用：主要是土壤中的有机质，包括蛋白质、氨基酸、腐殖酸等，有些官能团能中和酸，而有些官能团能中和碱。此外，酸性土壤中的铝离子对碱也有明显的缓冲作用，但在 pH＞5.0 时生成 $Al(OH)_3$ 沉淀而失去缓冲作用。

2．影响土壤酸碱缓冲性的因素　影响土壤酸碱缓冲性的因素主要包括土壤质地、土壤胶体类型和有机质含量。质地越黏重，所含胶体越多，阳离子交换量越大，缓冲能力越强。不同胶体类型的阳离子交换量可影响其缓冲性，土壤中常见无机胶体的缓冲能力大小顺序为：蒙脱石＞伊利石＞高岭石＞含水氧化物。土壤腐殖质含有大量负电荷，同时又是两性胶体，所以有机质含量高的土壤缓冲性能强。

四、土壤氧化还原反应

土壤中存在许多可变价态的元素，在土壤环境变化下，尤其是土壤水分的动态变化下，它们可在土壤微生物的作用下发生一系列复杂的氧化还原反应，从而深刻影响土壤中物质的迁移转化、土壤微生物活性、土壤肥力、土壤污染物形态和毒性等。

（一）土壤氧化还原体系及其指标

1．土壤氧化还原体系　土壤中的氧化还原体系主要包括氧体系、有机碳体系、氮体系、硫体系、铁体系、锰体系和氢体系（表 2-3）。一般情况下，氧体系和有机碳体系是决定土壤氧化还原性的最为关键的体系。

表 2-3　土壤中主要的氧化还原体系（引自张金波等，2022）

体系	氧化态	还原态
氧体系	O_2	O^{2-}
有机碳体系	CO_2	CO、CH_4、还原性有机物
氮体系	NO_2	NO_2^-、NO、N_2O、N_2、NH_3、NH_4^+
硫体系	SO_4^{2-}	S、S^{2-}、H_2S
铁体系	Fe^{3+}、$Fe(OH)_3$、Fe_2O_3	Fe^{2+}、$Fe(OH)_2$
锰体系	MnO_2、Mn_2O_3、Mn^{4+}	Mn^{2+}、$Mn(OH)_2$
氢体系	H^+	H_2

2．土壤氧化还原性指标　土壤氧化还原电位（Eh）是衡量土壤氧化还原状况的最常用指标，由土壤中氧化态物质和还原态物质的相对比例决定。土壤Eh一般为－300～700mV，其值越低，表示土壤还原性越强，其中以300mV作为氧化环境和还原环境的分界点。依据Eh，可分为氧化（＞400mV）、弱度还原（200～400mV）、中度还原（－100～200mV）、强度还原（＜－100mV）环境。旱地土壤在田间持水量下的Eh在200mV以上，多为300～700mV。

不同氧化还原体系的标准氧化还原电位不一样。例如，在中性条件下，锰体系为420mV，硝酸盐体系为410mV，铁体系为－110mV，硫体系为－200mV。

（二）影响土壤氧化还原状况的因素

1．土壤通气性　氧气是土壤中最主要的氧化物，主要由大气补充。通气性良好的土壤中氧气浓度高，土壤的氧化性强。土壤渍水或通气不良时，土壤Eh下降，还原性增强。

2．易分解有机质的含量　土壤有机质是最主要的还原物，易分解有机质分解过程消耗氧气，降低土壤Eh。

3．微生物活动　土壤微生物在分解有机质的过程中大多要消耗氧气，如果土壤通气性不良，得不到足够的氧气补充，旺盛的微生物活动将导致还原态物质增加而降低土壤的Eh。

4．土壤pH　还原反应一般要消耗H^+，而氧化反应产生H^+，土壤中H消耗得越多，氧化物消耗得也越多，相应的还原物积累得就越多，降低土壤的Eh。

5．植物根系的代谢作用　由于植物根系呼吸消耗氧气，同时植物根系分泌物或脱落物会激发微生物活性，所以根际土壤的Eh一般比非根际低。由于水生植物，如水稻根系具有分泌氧气的作用，根际土壤Eh则高于非根际。

（三）土壤氧化还原性对土壤性质的影响

土壤氧化还原性对土壤微生物活性、养分有效性、土壤有毒物质积累等具有重要影响。

1．对微生物活性的影响　当土壤Eh大于700mV时，土壤处于完全好气状况，含水量较低，微生物活动因土壤湿度的不足而受到抑制，影响有机质矿化和养分转化；当土壤Eh太低时，土壤通气不良，微生物活性也会受阻。

2．对养分有效性的影响　土壤氧化还原性明显影响各种养分的有效性。例如，在土壤Eh＞480mV时无机氮以硝态氮的形态存在，适合喜硝作物吸收；而当Eh＜220mV时，则以铵态氮为主，适合喜铵作物吸收。在氧化条件下（酸性土壤Eh＞620mV时），铁、锰呈高价，难溶解，植物不易吸收；在还原条件下，它们可被还原成亚铁、亚锰，有效性增加；但在极端还原条件下，亚铁与SO_4^{2-}发生还原反应，生成FeS沉淀，不仅降低了铁的有效性，还产生S的毒害。还原条件下高价铁的还原，还能促进被氧化铁所固定磷的释放，提高其有效性，所以淹水土壤中磷的有效性高。

3．对土壤有毒物质积累的影响　在还原性强的土壤中，可能存在高浓度的亚铁、亚锰、H_2S、丁酸等有毒物质积累。当Eh＜－200mV时就可以产生H_2S、丁酸的过量累积，对水稻的含铁氧化物还原酶产生抑制，影响水稻呼吸，减弱根系吸收养分的能力。土壤氧化还原电位还会影响土壤中重金属的价态及复合形态，进而影响重金属的有效性及形态转化。淹水条件下，随着淹水时间的延长，土壤还原性增强，生成的还原性物质可降低重金属的有效性；而氧化条件下则有利于有机质的降解，起到土壤自净的作用。总体而言，无论是从植物根系呼吸的需要，还是从土壤微生物活性、养分有效性或有毒物质积累方面考量，土壤Eh应维持在适当的水平。

课 后 习 题

1．名词解释

原始成土过程；土壤有机质；土壤毛细管水；土壤孔隙度；土壤阳离子交换量。

2．简答题

（1）影响土壤形成的自然因素有哪些？

（2）土壤主要成土过程有哪些？

（3）调节土壤通气性的措施有哪些？

3．论述题

（1）简述土壤在自然生态环境中的作用。

（2）试分析影响土壤有机质分解的土壤环境条件。

（3）简述土壤酸性的形成过程。

本章主要参考文献

曹志平．2007．土壤生态学．北京：化学工业出版社

胡宏祥，谷思玉．2021．土壤学．北京：科学出版社

黄昌勇，徐建明．2010．土壤学．3 版．北京：中国农业出版社

谢德体．2014．土壤学．3 版．北京：中国农业出版社

张金波，黄新琦，黄涛，等．2022．土壤学概论．北京：科学出版社

David C C, Mac A C, Crossley D A. 2018. Fundamentals of Soil Ecology. 3rd ed. New York: Pearson Education

Patrick L, Alister V S. 2001. Soil Ecology. Dordrecht: Kluwer Academic Publishers

Weil R R, Brady N C. 2017. The Nature and Properties of Soils. 15th ed. New York: Pearson Education

本章思维导图

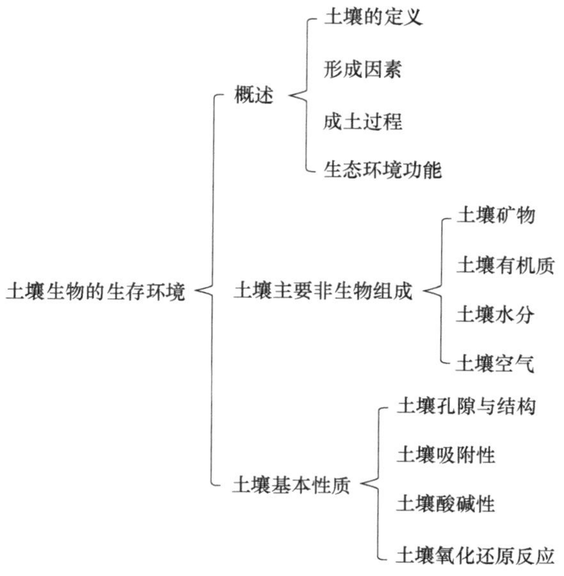

第三章 土 壤 生 物

本章彩图

本章提要

土壤生物是生活在土壤中所有活的有机体的总称。根据体型大小差异，土壤生物可以划分为微型土壤生物（<0.1mm）、中型土壤生物（0.1～2mm）和大型土壤生物（>2mm）。土壤生物参与岩石的风化和原始土壤的生成，对土壤的形成和发育、土壤肥力的形成和演变，以及高等植物营养供应等有重要作用。本章着重从特征、分类和功能三个方面分别对细菌、真菌、古菌、原生动物、病毒和藻类等微型土壤生物，线虫、弹尾虫、螨类等中型土壤生物，以及蚯蚓、蚂蚁和植物根系等大型生物进行讲述。

第一节 微型土壤生物

知识拓展 3-1

一、细菌

土壤细菌是指栖于土壤中的微小单细胞原核生物，其细胞结构具有以下特征：①细胞核外无核膜包裹，不含组蛋白，无核仁，只有核区，称为原核；②核蛋白体位于细胞质内，是 70S 粒子；③细胞内不含任何由单位膜包裹的细胞器，是目前已知结构最简单并能独立生活的一类细胞生物（图 3-1）。细菌的基本结构有细胞壁、细胞膜、细胞质、拟核、质粒和核糖体等。某些细菌还有荚膜、鞭毛和菌毛等特殊结构。土壤细菌占土壤微生物总数的 70%～90%，与土壤接触的表面积大，是土壤中最活跃的因素。

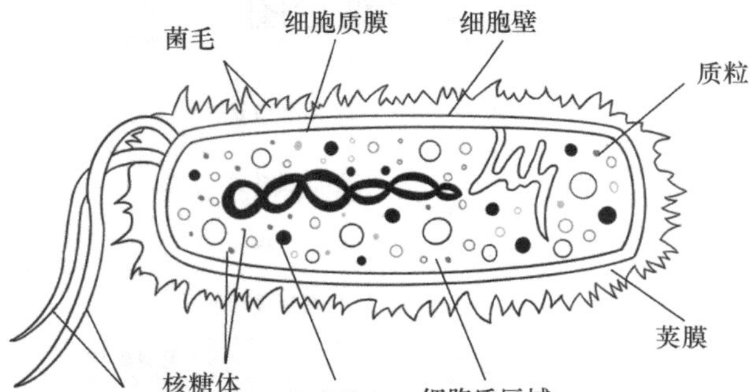

图 3-1 细菌结构图（引自唐欣昀，2013）

（一）特征

细菌是单细胞微生物。每一个细胞是一个独立生活的个体，少数单细胞的个体聚集成群体成为多核细胞或多细胞丝状体，但是群体中的每一个个体仍然独立地进行生命活动。细菌的形态非常简单，基本上可以分为球状、杆状和螺旋状三大类，分别称为球菌、杆菌和螺旋菌。细菌的形态受培养温度、时间、培养基成分与浓度等环境条件的影响而改变。一般幼龄及生长条件适宜时，细菌形状正常，表现自身典型形态。培养时间过长或在非正常条件下培养，细胞会出现异常形态，若将其再转接到适宜的新鲜培养基中又可恢复原来正常形态。

细菌个体很小，其大小用测微尺在显微镜下进行测量，一般以微米（μm）作为测量单位。球菌大小以直径表示，杆菌与螺旋菌以其长度与宽度表示。大多数球菌直径在0.5～1.0μm；杆菌细胞的宽度为0.5～1.0μm，长度为1.0～3.0μm，螺旋菌的长度是菌体两端点间弯曲形长度。影响细菌形态变化的因素同样也影响细菌的大小。一般幼龄细胞比成熟或老龄的易受影响。细菌细胞的大小随菌龄而变化，可能与代谢产物积累有关，培养基中渗透压增加也会导致菌体变小。另外，在细菌涂片干燥和固定过程中，细胞会收缩，影响细菌大小的测定结果，细菌大小以其平均值或代表性数值表示。

在适宜的环境条件下，细菌从环境中获取能量和营养物质，形成新的细胞物质，细胞体积、重量不断增大，最后从一个母细胞产生2个或多个子细胞，这个过程称为繁殖。细菌一般为无性繁殖，繁殖方式主要为二等分裂，简称裂殖。绝大多数类群在分裂时产生大小相等和形态相似的2个子细胞，称为同形裂殖。少数种类如柄细菌分裂后产生一个有柄不运动和一个无柄有鞭毛的子细胞，称为异形分裂。还有些种类以特殊方式繁殖，如芽生杆菌、生丝微菌进行芽殖；蛭弧菌侵入宿主细菌细胞的壁与膜间隙生长、分裂，多分裂产生多个子细胞；节杆菌以劈裂方式繁殖。细菌除无性繁殖外，经电子显微镜观察和遗传学研究证明，细菌存在着有性结合。但细菌有性结合较少，以无性繁殖为主。细菌繁殖速度是很快的。在合适条件下，很多细菌的世代时间均不到1h，这种高的生长速率给土壤细菌带来了两点好处。第一，使它们具有很强的竞争力。土壤中很多底物的存在是短暂的，特别是对于根系分泌物中的糖类和氨基酸等可给性高的营养成分，各种微生物均积极争夺，细菌的生长速率高，在竞争中也就占了优势。第二，细菌群体的生长速率高，意味着产生遗传重组体的机会多，使细菌群体能获得最高程度的基因型顺应性，从而对土壤生境中的各种变化能产生顺应反应。

细菌种类不同菌落形态也不相同，同一种细菌在不同的培养基上和培养条件下菌落形态也会有差别。圆褐固氮菌在阿须贝无氮培养基上表面菌落呈黏稠糊状，凸起，边缘整齐，表面起初为光滑无色，以后逐渐产生皱褶和黑色素。蜡质芽孢杆菌霉状变种在牛肉膏蛋白胨培养基表面形成类似菌丝体的菌落，从中央向四周弯曲延伸在培养基表面上。有些细菌产生色素。

（二）分类

土壤中细菌鉴定依赖于分离培养，但由于培养基和分离方法的局限性，生存于土壤中的细菌还有很多未被发现，因此，分离出细菌新种的报告仍然不断出现。现将已知的土壤细菌的常见属列于表3-1。

表3-1 土壤中常见的细菌属（引自陈文新，1996）

属名	细胞形态	芽孢	运动	革兰氏染色	与氧的关系
假单胞菌属（*Pseudomonas*）	杆状	—	极生鞭毛	G^-	好氧
根瘤菌属（*Rhizobium*）	杆状	—	周生或亚极生鞭毛	G^-	好氧
茎菌属（*Caulobacter*）	杆状	—	周生或亚极生鞭毛	G^-	好氧
固氮菌属（*Azotobacter*）	杆状	—	周生鞭毛	G^-	好氧

续表

属名	细胞形态	芽孢	运动	革兰氏染色	与氧的关系
蛭弧菌属（*Bdellovibrio*）	弧状	—	极生鞭毛	G^-	好氧
噬细胞菌属（*Cytophaga*）	杆状两尖端	—	滑行	G^-	好氧
芽孢杆菌属（*Bacillus*）	杆状	+	周生鞭毛	G^-	严格好氧或兼性厌氧
梭菌属（*Clostridium*）	杆状	+	周生鞭毛	G^+	好氧
链球菌属（*Streptococcus*）	球状	—	—	G^+	兼性厌氧
微球菌属（*Micrococcus*）	球状	—	—	G^+	严格好氧
棒杆菌属（*Corynebacterium*）	杆状	—	—	G^+	兼性厌氧
节杆菌属（*Arthrobacter*）	不规则分支，球状，杆状	—	—	G^-	严格好氧

注：一为无，＋为有

表 3-1 所列均为土壤中普遍存在的细菌属。土壤中的细菌，按其来源的不同，还可分为土著性细菌和外来的细菌两种类型。土著性细菌长期生活于土壤中，对于土壤环境具有较强的适应性。当土壤环境恶劣时，它们一般能呈休眠状态存活下来，当环境好转时，它们又重新繁殖。外来的细菌是随污水、动植物残体和人畜粪便等进入土壤的，它们在土壤中可持续短时间生长繁殖，但由于适应性和竞争性差，一般不能持续发展。土壤细菌按照营养和能源的要求，可以划分为异养型和自养型两大类。异养细菌又称为有机营养细菌，以土壤中的有机质作为碳源和能源。这类细菌占土壤细菌的绝大部分，具有好氧、兼性厌氧和厌氧三种类型。好氧性无芽孢细菌是土壤微生物区系中分布最广、数量最多的类群，在每克农田土壤中有几千万个，占耕作层土壤和根际细菌的大多数。此类细菌多为短杆状，靠分解蛋白质和简单碳水化合物生活。土壤中好氧或兼性厌氧芽孢细菌数量较少，且多处于休眠状态。自养细菌是一群能利用光能或化学能同化二氧化碳或碳水化合物的细菌。虽然在土壤中数量不大，但对自然界物质循环具有特殊作用。光能自养细菌主要有蓝细菌、绿硫细菌和紫硫细菌；化能自养细菌主要有硝化细菌、硫化细菌和铁细菌等。

（三）几种典型土壤细菌

1．芽孢杆菌　细菌的一属，能形成芽孢（内生孢子）。它们对外界有害因子抵抗力强。芽孢杆菌属细菌较大（4～10μm），革兰氏阳性，是严格好氧或兼性厌氧的有荚膜杆菌。该属细菌的重要特性是能够产生对不利条件具有特殊抵抗力的芽孢。芽孢杆菌属可分为以下亚群：多黏芽孢杆菌、枯草芽孢杆菌（包括蜡样芽孢杆菌和地衣芽孢杆菌）、短芽孢杆菌和炭疽芽孢杆菌。芽孢杆菌具有耐高温、快速复活和较强分泌酶等特点，在有氧和无氧条件下都能存活。在营养缺乏、干旱等条件下形成芽孢，在条件适宜时又可以重新萌发成营养体。

芽孢杆菌属于芽孢杆菌科芽孢杆菌属，是一类能产生抗力内生孢子的革兰氏阳性菌，细胞呈杆状且外层覆盖大量的吡啶二羧酸钙。其皮层位于核心和芽孢壳之间，含丰富的肽聚糖；核心是一种高度浓缩的、惰性的染色体；最外层的外壁为一层肽聚糖壁，且一层或多层的成分为蛋白质的芽孢衣。由于芽孢具有厚而含水量低的多层结构，所以折光性强，对染料不易着色，稳定性好，耐氧化、耐挤压、耐高温，能长期耐受60℃高温，在120℃下能存活20min，且耐酸碱，在胃酸环境中能保持活性，这可能与芽孢独具的高含量吡啶二羧酸钙有关。同时还具有广谱杆菌活性，能产生细菌素，抑制病原菌。

芽孢又称为孢子。最先由Cohn在枯草芽孢杆菌中发现，随后Koch在炭疽芽孢杆菌中发现并对其进行了描述。Cohn阐述了枯草芽孢杆菌的抗热性，而Koch则详细描述了炭疽芽孢杆菌的芽孢形成周期。由于芽孢形成于细胞内部，所以又被称为内生孢子，最终孢子要从母细胞或芽孢囊释放出来。芽孢是自然界已经发现的最具耐受性的细胞。处于休眠状态的芽孢对热、干燥、辐射、酸、碱和有机溶剂等杀菌因子具有极强的抵抗力。芽孢能在不利的环境条件下存活达十余年，甚至成千上万年。当环境条件适宜时，芽孢又可萌发形成能够分裂繁殖的菌体细胞。

芽孢杆菌在工农业及医药生产中均有广泛应用。芽孢杆菌产生的抗菌物质能防治多种植物病害，已有一些芽孢杆菌生防菌株得到商品化或得到有限商品化生产应用许可。苏云金芽孢杆菌形成过程中可以产生一种伴孢晶体，它已成为世界上产量最大的微生物杀虫剂。侧孢短芽孢杆菌的一些菌株也能产生晶体蛋白及酶类物质，对于无脊椎动物具有毒性作用。芽孢杆菌具有解磷、解钾、固氮等生物活性，有利于提高作物产量，而且芽孢杆菌抗逆性好，巨大芽孢杆菌、胶质芽孢杆菌、固氮芽孢杆菌、球形芽孢杆菌、侧孢短芽孢杆菌等被广泛用于生产生物肥料。芽孢杆菌产生的抗菌物质对畜禽具有促生长、保健和治疗疾病的作用，属无毒副作用、无残留、无致细菌耐药性的一类环保型制剂。芽孢杆菌产生的抗菌肽的杀菌机制非常独特，病原菌不易对抗菌肽产生耐药性，因而抗菌肽作为一种新型饲料添加剂，是目前饲料业的一个新的研发方向。地衣芽孢杆菌和枯草芽孢杆菌的代谢产物聚γ-谷氨酸可用于降解塑料，还可作为沙漠保水剂。侧孢短芽孢杆菌可以将4-羟基苯甲酸丙酯转变为龙胆酸，可用于处理工业废水和降解环境中的有毒物质，如多环芳烃、石油、有机磷农药、有机氯农药。多黏类芽孢杆菌产生的胞外多糖和胞外蛋白，可用作絮凝剂处理污水。

2．放线菌

（1）*链霉菌属* 具放线菌的典型特征，有发达的无隔膜多核分枝状菌丝体，直径为0.4～1.0μm。菌丝体包括基内菌丝、气生菌丝和孢子丝。链霉菌主要以分生孢子进行繁殖，其孢子的表面有光滑、多刺、多毛、多疣等特征。链霉菌属大多生长在含水量较低、通气良好的土壤中。链霉菌是产生抗生素的主要菌属，产生的抗生素有链霉素、土霉素，抗结核杆菌的卡那霉素，防治水稻纹枯病的井冈霉素，抗真菌的制霉菌素，抗肿瘤的博来霉素、丝裂霉素等。链霉菌能分解纤维素、石蜡与各种碳氢化合物。

（2）*诺卡氏菌属* 诺卡氏菌属又称为原放线菌属，大多数种无气生菌丝，只有基内菌丝，有的则在基内菌丝体上覆盖着极薄一层气生菌丝，菌落秃裸，靠菌丝断裂进行繁殖。诺卡氏菌属主要分布于土壤中，能用于石油脱蜡、烃类发酵及污水处理中腈类化合物分解。其中一些种，尤其是星状诺卡氏菌可导致人类和其他动物患病。该菌也能产生多种抗生素。

（3）*放线菌属* 仅有基内菌丝，菌丝有分生孢子横隔，易断裂成V形或Y形，菌落污白色。一般为厌氧或兼性厌氧菌，因此在CO_2气体存在下容易生长。放线菌属多为致病菌，如牛型放线菌可以引起人的肺及胸部感染。

3．黏细菌 黏细菌是能产生子实体的滑行细菌，细胞形态和大小与一般细菌相似，其生活史特殊而复杂。典型的黏细菌生活史包括营养细胞和休眠体（子实体）两个阶段。黏细菌的营养细胞为小杆状，革兰氏阴性，无鞭毛，能向细胞外分泌多糖黏液物质，并将细胞团包埋在黏液中，借黏液在固体或气液界面滑行。

营养细胞发育到一定阶段，在适宜条件下，分泌的黏液聚集在一起，将多个细胞包围在其中，形成肉眼可见的子实体。子实体由黏液和菌体细胞组成，成熟时的子实体具有一定形状、大小和颜色，因菌种而异。成熟子实体中的菌体细胞转变为有折光性的休眠细胞，称为黏孢子。黏孢子对干燥、声波振荡、紫外线和热的抗性较强，但耐热力不及芽孢。在适宜条件下，黏孢子萌发为营养细胞。

黏细菌是专性好氧化能异养型细菌，主要依赖死的细菌、真菌、藻类细胞或现成有机物为养料而生长。黏细菌能分泌抗生素，杀死寄主细胞，并分泌胞外酶，使宿主细胞自溶，利用其中可溶性水解产物生长。黏细菌主要生长在土壤、腐烂木材、堆肥、厩肥和动物粪便上，有些类群有分解纤维素的能力。

二、真菌

真菌是一类种类繁多且分布广泛的真核微生物。由于真菌的形态结构和生活方式的多样性，要对这一生物类群给予一个明确的界定是很困难的。通常真菌被描述为具有真核的、能产生孢子的、具有坚硬的细胞壁而无叶绿素的有机体，以吸收的方式获取营养，普遍以有性和无性两种方式进行繁殖，菌体通常由丝状、分枝的体细胞（称为菌丝）构成，典型的被细胞壁包裹（图 3-2）。所以，真菌可以初步定义为是一类包括那些具有真核、化能有机营养、不含叶绿体并以有性和无性方式繁殖的有机体。土壤真菌为生活于土壤中呈菌丝状的单细胞或多细胞的异养型微生物。在土壤中的数量仅次于细菌，种类繁多，主要有藻菌纲、子囊菌纲、担子菌纲、半知菌纲等。最适于在通气良好的酸性土壤中生存，表土层分布最多，营腐生、寄生或共生生活，可分解糖类、淀粉、纤维素、木质素、单宁等有机物，参与腐殖质的形成和分解，进行氨化作用和硝化作用，尤其在酸性森林土壤中的有机质转化中起重要作用。

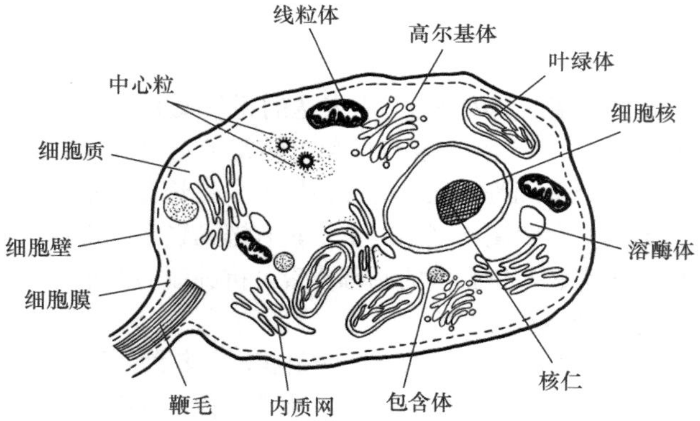

图 3-2　真菌典型结构图（引自唐欣昀，2013）

（一）特征

多数真菌菌丝体直径为 2～30μm，可无限生长，具分隔，将菌丝体分为多细胞，具典型的单核或多核。少数真菌菌丝体无隔，含多个分散的核，如鞭毛菌亚门和接合菌亚门中的一些种，为多核单细胞。菌丝体单生或相聚成束，在土壤中纵横交错，缠绕在土粒或有机物体上。多数土壤真菌分布广，但是某些属种有其最适宜的生境。青霉属、毛霉属的分布北方多于南方，而镰刀菌属、根霉属、异水霉属、曲霉属的分布则南方多于北方。土壤真菌的种类和数量以表土层和亚表土层为最多，随着土层的加深而逐渐减少，但青霉属、曲霉属、毛霉属、被孢霉属、木霉属的某些种是常见的深土层分布菌。

大多数真菌都能进行无性繁殖和有性繁殖。真菌的无性繁殖是指不经过两种性细胞的结合便能产生新的个体的繁殖方式。真菌的无性繁殖主要包括 3 种类型：①通过菌丝片段或子实体组织进行繁殖；②通过裂殖或出芽生殖来进行无性繁殖；③通过产生无性孢子进行繁殖，这是最普遍的无性繁殖方式。真菌的有性繁殖以细胞核的结合为特征，这种核的结合是通过能动或不能动的配子、配子囊、菌体之间的结合，进而产生一定形态的有性孢子来实现的。有性繁殖过程一般包括 3 个不同的阶段：质配、核配和减数分裂。

不同土壤真菌的菌落具有不同的特征。典型的酵母菌都是单细胞真菌，细胞间没有分化。在固体培养时，细胞间充满着毛细管水，故其菌落与细菌菌落相似。一般酵母菌菌落较湿润、较透明，表面较光滑，容易挑起，菌落质地均匀，正面与背面及边缘与中央部位的颜色较一致。但由于酵母菌具有细胞较大、细胞内有许多分化的细胞器、细胞间隙含水量相对较少及不能运动等特点，故反映在宏观上就产生了较大、较厚、外观较为黏稠和透明度较低等有别于细菌的菌落。酵母菌的颜色比较单调，多以乳白色或矿烛色为主，只有少数为红色，个别为黑色。霉菌的菌丝为丝状，菌丝细胞间没有毛细管水，通过顶端生长蔓延较快，所以霉菌的菌落形态较大，质地疏松，外观干燥，不透明，呈现蓬松或紧密的蛛网状、绒毛状、棉絮状或毡状。由于菌丝在固体培养基上生长时有气生菌丝和基内菌丝的分化，菌落中央老化且往往产生大量颜色各异的分生孢子，菌落正面与背面的颜色、构造，以及边缘与中心的颜色、构造常不一致。

（二）分类

土壤中真菌种类繁多，其中常见的有青霉属（*Penicillium*）、曲霉属（*Aspergillus*）、镰刀菌属（*Fusarium*）、木霉属（*Trichoderma*）、头孢霉属（*Cephalosporium*）、漆斑霉属（*Myrothecium*）、茎点霉属（*Phoma*）、盾壳霉属（*Coniothyrium*）、翅孢壳霉属（*Emericelopsis*）、毛霉属（*Mucor*）及根霉属（*Rhizopus*）等。分布最广且出现概率较高的是前 4 属及毛霉和根霉（表 3-2）。

表 3-2　土壤中常见的真菌属（引自陈文新，1996）

亚门	纲	菌丝形态	无性繁殖	有性繁殖	土壤中较常见的属
Deuteromycotina（半知菌亚门）	Hyphomyceetes（丝胞纲）	菌丝分隔	不运动的分生孢子	无	链格孢霉属（*Alternaria*） 曲霉属（*Aspergillus*） 毛葡孢属（*Botryotrichum*） 葡萄孢属（*Botrytis*） 枝孢属（*Cladosporium*） 弯孢霉属（*Curvularia*） 柱孢属（*Cylindrocarpon*） 镰刀菌属（*Fusarium*） 地霉属（*Geotrichum*） 粘帚霉属（*Gliocladium*） 长蠕孢属（*Helminthosporium*） 腐质霉属（*Humicola*）

续表

亚门	纲	菌丝形态	无性繁殖	有性繁殖	土壤中较常见的属
Deuteromycotina（半知菌亚门）	Hyphomyceetes（丝胞纲）	菌丝分隔	不运动的分生孢子	无	拟青霉属（*Paecilomyces*） 青霉属（*Penicillium*） 丝核菌属（*Rhizoctonia*） 木霉属（*Trichoderma*） 单端孢霉属（*Trichothecium*）
	Coelomycetes（腔孢纲）	菌丝分隔	有分生的孢子盘或分生孢子器	无	盾壳霉属（*Coniothyrium*） 茎点霉属（*Phoma*）
Zygomycotina（接合菌亚门）	Zygomycetes（接合菌纲）	菌丝无隔或有隔	孢囊孢子	接合孢子	犁头霉属（*Absidia*） 小克银汉霉属（*Cunninghamella*） 被孢霉菌（*Mortierella*） 毛霉属（*Mucor*） 根霉属（*Rhizopus*） 接合霉属（*Zygorhynchus*）
Ascomycotina（子囊菌亚门）	Pyrenomycetes（核菌纲）	菌丝分隔	不运动的分生孢子	子囊孢子产生在子囊果中	毛壳菌属（*Chaetomium*） 梭孢壳属（*Thielavia*）
Mastigomycotina（鞭毛菌亚门）	Oomycetes（卵菌纲）	单细胞至无隔菌丝体	双鞭毛游动孢子	卵孢子	腐霉属（*Pythium*） 水霉属（*Saprolegnia*）
	Chytridiomycetes（壶菌纲）	菌丝无隔	尾鞭式游动孢子	卵孢子	壶菌属（*Chytridium*） 油壶菌属（*Olpidium*） 根生壶菌属（*Rhizophydium*）
Basidiomycotina（担子菌亚门）	Hymenomycetes（层菌纲）	菌丝分隔	不运动的分生孢子	担孢子	田头菇属（*Agrocybe*） 皮伞菌属（*Marasmius*） 角菌根菌属（*Ceratobasidium*） 粉孢革菌属（*Coniophora*）

利用 FUNGuild 可以将土壤真菌分为 3 种营养类型：腐生营养型、病理营养型和共生营养型。可进一步细分为 10 个功能群：木质腐生真菌、土壤腐生真菌、其他腐生真菌、未定义腐生真菌、动物病原菌、植物病原菌、寄生真菌、丛枝菌根真菌（AMF）、外生菌根真菌（EMF）、内生真菌。对于 FUNGuild 不能鉴定的群落统一为“未定义”，鉴定为多种复合营养方式的群落为“其他真菌”。

（三）几种典型土壤真菌

1．霉菌　霉菌在自然界分布极为广泛。它们以孢子和菌丝的片段大量存在于土壤中，比其他微生物能忍受较酸的环境，与人类关系极为密切。霉菌分解一些复杂有机物（如纤维素、木质素、几丁质、蛋白质等）的能力较强，在自然界物质循环中起着很大的作用。根据国内外的资料，青霉菌属是土壤中分布最广的一种真菌。它的分布不受地区、土类和植被的限制。在我国各地不同类型土壤中，其出现概率大多在90%以上，在各个土样中的相对数量通常也比较高。曲霉也广泛分布于我国各地土壤中，一般在气候温暖的地区较多，华东和华南地区土壤中的出现概率都在80%以上，相对数量大于20%。而东北地区土壤中的出现概率多在50%以下，相对数量也低。木霉的分布也很广，它们具有较强的氨化作用和分解纤维素的能力，是土壤有机质矿化的积极参与者，在富含有机质并且湿度较高的土壤中数量较多。通常森林植被下土壤湿度较大，每年由于枯枝落叶的加入，土壤有机质的含量也较高，这些都为木霉的发育创造了有利条件，因此，在森林土壤中，它们的出现概率都在80%以上。镰刀菌是草原土壤中占优势的真菌。在以羊草、针茅及蒿类为主要植被的暗栗钙土地区，它们的出现概率几乎达到100%，平均相对数量较其他土类多2～10倍。毛霉科真菌也是土壤中常见的一个类群，它们以简单的碳水化合物作为碳素营养的主要来源，因此它们在土壤中的盛衰随土壤新鲜有机质的增减而明显起伏。在森林植被下，秋季有大量的植物残落物进入土壤，这时真菌受可溶性有机物质的诱发而大量发育，当这些有机质被分解消耗后，它们的数量也随之下降。

2．酵母菌　单细胞生物，世代时间较长，无性生殖常以芽殖为主，常在含糖量较高的偏酸性环境中生长，特别是在果园、葡萄园的土壤中较多。细胞壁中常含有甘露聚糖，能发酵糖类产生能量。在分类学上分属子囊菌亚门，酵母菌种类很多，约56属500多种。但比起其他类群生物来说，种类还是要少得多。千百年来，酵母菌及其发酵产品大大改善和丰富了人类的生活，如各种酒类生产，面包制造，甘油发酵，饲用、药用及食用单细胞蛋白生产，从酵母菌体提取核酸、麦角甾醇、辅酶A、细胞色素c、凝血质和维生素等生化药物。酵母菌以通气方式培养可产生大量菌体，其蛋白质含量可达干酵母的50%。据统计，如果每日生产450万kg酵母菌，其所含蛋白质就相当于一万头牛。而且酵母菌繁殖速度比动物快2000多倍，酵母菌蛋白质中含有人类营养所需要的氨基酸。少数酵母菌能引起人或其他动物的疾病，其中最常见的为“白色念珠菌”（白色假丝酵母）和新型脆球菌。酵母菌为单细胞真核生物，与高等生物相似，研究方便（世代短，易培养，一个细胞即一个个体，单、双倍体阶段的细胞均存在）。因此，酵母菌还是研究遗传现象的好材料。

3．蕈菌　蕈菌在自然界中还生长着一类肉眼可见的大型真菌子实体，它们属于真菌的子囊菌亚门和担子菌亚门，其中大多数都属于担子菌亚门。蕈菌是真菌中进化最高级的，能产生肉眼可见、供人采摘的子实体，通常包括人们所称的蘑菇、木耳等。蕈菌菌落颜色单一，几乎都是白色，老化后略带黄色，其他特征与霉菌类似。蕈菌的最大特征是形成形状、大小、颜色各异的大型肉质子实体。典型的蕈菌，其子实体是由顶部的菌盖（包括表皮、菌肉和菌褶）、中部的菌柄（常有菌环和菌托）和基部的菌丝体三部分组成。子实体是食用菌产生有性孢子的繁殖器官，也叫担子果（子囊菌则称子囊果）。典型伞菌的子实体，是由菌柄、菌盖、菌褶等部分组成的。在蕈菌的发育过程中，其菌丝的分化可明显地分成5个阶段：①形成一级菌丝，担孢子萌发，形成由许多单核细胞构成的菌丝，称为一级菌丝；②形成二级菌丝，不同性别的一级菌丝发生接合后，通过质配形成了由双核细胞构成的二级菌丝，它通过独特的“锁状联合”，即形成喙状突起而连合两个细胞的方式不断使双核细胞分裂，从而使菌丝尖端不断向前延伸；③形成三级菌丝，到条件合适时，大量的二级菌丝分化为多种菌丝束，即三级菌丝；④形成子实体，菌丝束在适宜条件下会形成菌蕾，然后再分化、膨大成大型子实体；⑤产生担孢子，子实体成熟后，双核菌丝的顶端膨大，细胞质变浓厚，在膨大的细胞内发生核配形成二倍体的核。

二倍体的核经过减数分裂和有丝分裂，形成4个单倍体子核。这时顶端膨大细胞发育为担子，担子上部随即突出4个梗，每个单倍体子核进入一个小梗内，小梗顶端膨胀生成担孢子。蕈菌最大的繁殖特点是产生有性担孢子，在子实体成熟后菌丝的顶端膨大，其中两个核融合成一个新核，完成一次核配，新核经过两次分裂，产生4个单倍体子核，最后在担子细胞的顶端形成4个担孢子。担孢子有多种类型，分为有隔担子和无隔担子两大类。南方生长较多的是高温结实性真菌；高山地区、北方寒冷地带生长较多的则是低温结实性真菌。

三、古菌

1977年，Woese采用寡核苷酸编目技术分析不同生物的16S rRNA（或18S rRNA）差异，计算生物间的相关系数，揭示了一种不同于细菌和真核生物的第三种生命形式，并称为古菌。1990年，Woese在16S rRNA全序列差异的基础上提出了细胞生命的三域学说，认为细胞生命是由细菌域、古菌域和真核域所构成（图3-3）。古菌是一群具有独特的系统发育生物大分子序列、细胞结构和生存环境的原核生物，大多生活在各种极端的自然环境中，如厌氧、高盐、高温等环境。尽管不同的古菌生活习性大相径庭，但它们都有共同的、有别于其他生物的细胞学及生物化学等特征。在已发现的古菌中，除热原体属外，其他的古菌都具有细胞壁，其功能与细菌的细胞壁类似。但是，在细胞壁的化学组成方面，古菌与细菌差别很大。古菌的细胞膜在本质上也是由类脂构成的，但其与细菌和真核生物的细胞膜在结构、组成上具有明显的差异。古菌为原核生物，其核区与细菌类似，无核膜、核仁，但常含有组蛋白。一些古菌的细胞壁外也常包围着一层S层结构，是由大量蛋白质或糖蛋白亚基以方块形或六角形方式排列的连续层。有些古菌的细胞表面着生鞭毛，如詹氏甲烷球菌在细胞的一端生有多条鞭毛。

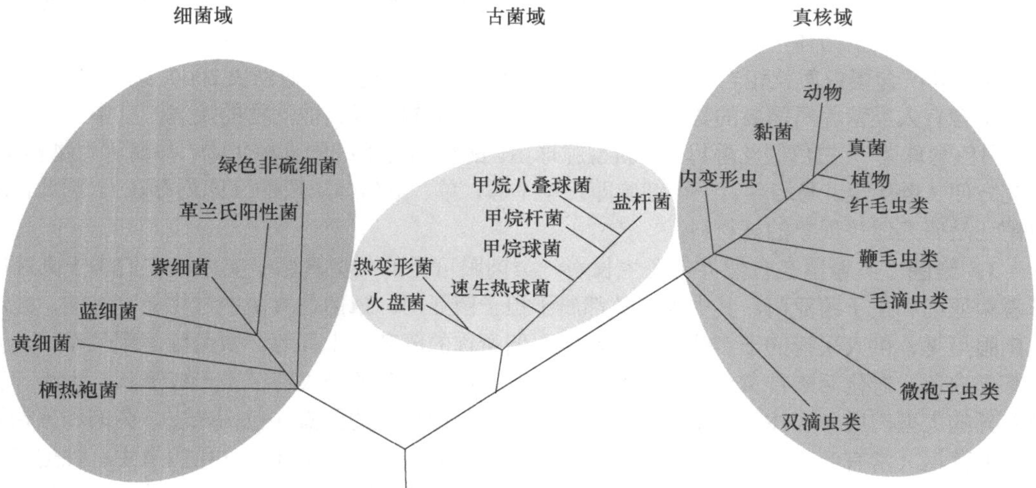

图3-3　生物三域分类系统发育树

（一）特征

很多古菌与细菌有类似的个体形态，有球形、杆状、螺旋状、丝状等；但有些古菌则具有比较独特的个体形态，有叶片状、盘状、方形、三角形或不规则形状等（图3-4）。极少数古菌由于没有细胞壁而呈多形性。有些古菌是单细胞的，也有形成丝状体或聚集体的。古菌为革兰氏染色阳性或革兰氏染色阴性。一般古菌的直径为 0.1～15pm 或以上，有些丝状体能生长至200pm 长。古菌的繁殖方式有裂殖、芽殖、断裂。

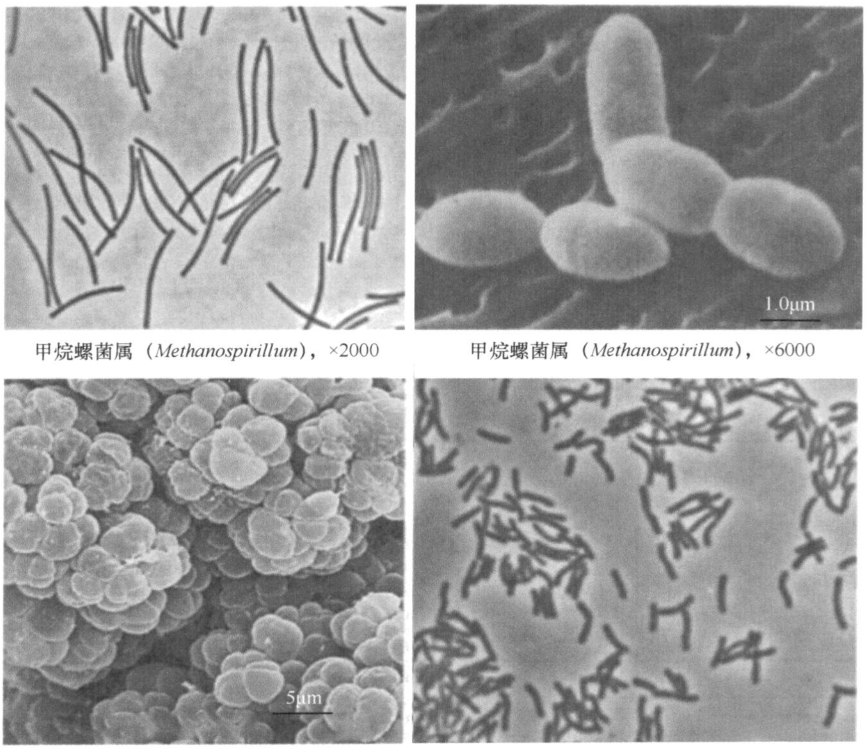

甲烷螺菌属（*Methanospirillum*），×2000　　甲烷螺菌属（*Methanospirillum*），×6000

甲烷八叠球菌属（*Methanosarcina*）　　甲烷杆菌属（*Methanobacterium*），×2000

图 3-4　部分古菌的形态特征（引自张金波等，2022）

古菌在营养类型上，既有化能无机自养型，也有化能有机异养型。不同类群成员之间代谢变化较大。古菌的能量代谢与一般细菌的产能方式不同，没有发现果糖-6-磷酸激酶，不能利用糖酵解途径产能。没有以叶绿素为基础的光合产能代谢。产甲烷菌和硫化叶菌分别利用氢还原 CO_2、S 生成 CH_4、H_2S 来获得能量，有些古菌利用钨代替高温下不稳定的 NADH 参与电子传递链。在需氧性方面，有些古菌是好氧性的，有些古菌则是兼性厌氧或专性厌氧性的。在其他特征方面，有的古菌嗜温或超嗜热，而有些古菌则极端嗜盐。

古菌的染色体是单个共价闭合环状的 DNA，G＋C 含量差异较大，为 21%～68%。少数古菌含有一个或多个质粒。有约 30 个古菌的基因组已经测序完成。古菌的基因组大小为 2～4Mb，有些古菌的基因组比一般细菌的基因组要小得多。古菌基因组 DNA 序列与细菌和真核生物的差异都比较大。古菌基因组与细菌类似，常以操纵子形式存在。DNA 的复制与细菌相似。在基因转录和翻译这两个分子生物学的中心过程中，古菌并不明显表现出细菌的特征，反而非常接近真核生物。古菌的核糖体为 70S，其大小与细菌类似，但电子显微镜观察发现二者的形状有显著差异。古菌 5S rRNA 的二级结构与真核生物相似，与原核生物差距甚远。以上分析说明，古菌与真核生物在进化上的关系较原核生物更为密切。古菌、细菌和真核生物之间的差异见表 3-3。

表 3-3 古菌、细菌和真核生物之间的差异（引自唐欣昀，2013）

比较项目	古菌	细菌	真核生物
tRNA 共同臂上的胸腺嘧啶	无	一般有	一般有
二羟基嘧啶	除一种外均无	一般有	一般有
蛋白质合成的初始氨基酸	甲硫氨酸	甲酰甲硫氨酸	甲硫氨酸
核糖核蛋白体的亚基	30S、50S	30S、50S	40S、60S
延长因子	能与白喉毒素反应	不能与白喉毒素反应	能与白喉毒素反应
氯霉素	不敏感	敏感	不敏感
白喉毒素	敏感	不敏感	敏感
16S（18S）rRNA 的 3′位上有无结合 AUCACCUCC 片段	有	有	无
RNA 聚合酶的亚基数	9～12	4	12～15
细胞膜中脂类	醚键，有分支的直链	酯键，无分支的直链	酯键，无分支的直链
细胞壁	种类多样，含胞壁酸	种类多样，含胞壁酸	动物细胞无细胞壁，其他的种类多样

（二）分类

古菌根据 16S rRNA 序列分析，古菌域可分类为泉古菌门、广古菌门、奇古菌门、初古菌门和纳古菌门（表 3-4）。

表 3-4 主要古菌种类（引朱永官等，2023）

门	纲	目/属
泉古菌门（Crenarchaeota）	热变形菌纲（Thermoprotei）	热变形菌目（Thermoproteales）
		硫还原菌目（Desulfurococcales）
		硫化叶菌目（Sulfolobales）
		热变形菌目（Caldisphaerales）
广古菌门（Euryarchaeota）	甲烷杆菌纲（Methanobacteria）	甲烷杆菌目（Methanobacteriales）
	甲烷球菌纲（Methanococci）	甲烷球菌目（Methanococcales）
	甲烷微菌纲（Methanomicrobia）	甲烷微菌目（Methanomicrobiales）
		甲烷八叠球菌目（Methanosarcinales）
	甲烷火菌纲（Methanopyri）	甲烷火菌目（Methanopyrales）
	盐杆菌纲（Halobacteria）	盐杆菌目（Halobacteriales）
	热原体纲（Thermoplasmata）	热原体目（Thermoplasmatales）
	热球菌纲（Thermococci）	热球菌目（Thermococcales）
	古球菌纲（Archaeoglobi）	古球菌目（Archaeoglobales）
奇古菌门（Thaumarchaeota）	—	餐古菌目（Cenarchaeales）
		亚硝化侏儒菌目（Nitrosopumilales）
初古菌门（Korarchaeota）	—	初古菌属（*Korarchaeum*）
纳古菌门（Nanoarchaeota）	—	纳古菌目（Nanoarchaeales）

由于有的古菌尚不能在实验室纯培养，只能从自然环境中提取细胞 DNA，进行核酸杂交来确定类别。系统发育群和生理群之间不是很一致，按照生活习性和生理特性，古菌可分为三大类型：产甲烷菌、嗜碱古菌和极端嗜盐菌。

（三）典型古菌种类

1. 产甲烷菌　产甲烷菌生活于富含有机质且严格无氧的环境中，如沼泽地、水稻田等，参与地球上的碳素循环，进行甲烷的生物合成。这类微生物的代表是甲烷杆菌属，它的主要特点是：细胞呈弯曲至直的杆状或长丝状，宽 0.5～1.0μm，不形成芽孢，产生菌毛，不运动。革兰氏染色反应不定。严格厌氧菌。嗜中温度，最适生长温度为 37～45℃，嗜热种是 55℃或更高。通过将 CO_2 还原成 CH_4 而获得能量生长，电子供体限于 H_2、甲酸和 CO。氨为唯一氮源，硫化物可作为硫的来源。它们通常生长在与氧气隔绝的水底、反刍动物的瘤胃和厌氧消化器中，能在利用 H_2 还原 CO_2 生成甲烷时获得能量生长。

2. 嗜碱古菌　嗜碱古菌是生活在盐湖或盐池中的另一族古菌类群，非常耐碱性环境。这类生物的生活环境中，溶液的 pH 有的竟然达到 11.5 以上，几乎达到了氨水的碱度，它们却能正常地生长和繁殖。嗜碱古菌的最适生长 pH 在 8.0 以上，通常在 9～10。已经从土壤等中分离到大量嗜碱古菌。由于碱湖伴有高盐，许多嗜碱古菌同时也是嗜盐菌。地球上碱性最强的自然环境是碳酸盐湖及碳酸盐荒漠，如肯尼亚的 Magadi 湖、埃及的 Wady Natrun 湖是地球上最稳定的碱性环境，pH 高达 10.5～11.0。我国的碱性环境有青海湖等。为了保证生物大分子的活性和代谢活动的正常进行，嗜碱古菌胞内一般要维持 pH 7.0～9.0，古菌细胞质 pH 不能很高，当细胞呼吸时排出 H^+，细胞质变碱性，为了 pH 平衡，需要 H^+重新跨膜进入细胞，这由反向运输系统排出阳离子将 H^+交换到胞内来完成。Na^+-质子反向运输是嗜碱古菌细胞质酸化的主要机制，这需要细胞内有足够的 Na^+，Na^+的跨膜循环是必要的。

3. 极端嗜酸菌　极端嗜酸菌一般是指生活环境 pH 在 1.0 以下的微生物，这些微生物往往生长在火山区或含硫量极为丰富的地区，一般也是嗜高温菌，如硫化叶菌、热原体等。极端嗜酸菌能氧化硫，将硫酸作为代谢产物排出体外。嗜酸菌必须生长在酸性环境，特别是专性嗜酸菌，在中性条件下细胞质膜会溶解，细胞也即溶解，这表明只有高浓度 H^+才能使细胞质膜维持稳定。尽管嗜酸菌的生长介质是酸性，但细胞内 pH 近于中性。

四、其他

土壤原生动物泛指生活在土壤中或土壤表面覆盖的凋落物中的原生动物。对土壤原生动物的研究始于 19 世纪 30 年代，人们发现土壤中有许多原生动物种类并就此开展了广泛的研究与讨论，当时一般认为土壤中发现的原生动物来自淡水或海水栖息地。20 世纪初 Martin 及其同事首次证实土壤原生动物是一个相对独立存在的以土壤为栖息地的群落，成为土壤原生动物研究的转折点，人们对土壤原生动物开始了详细而系统的研究。

20 世纪二三十年代，主要的研究集中于土壤原生动物的染色、培养、技术、食性、与细菌的关系等。20 世纪 40～60 年代主要解决定量方面的问题，经反复比较，一般认为“三级十倍环式稀释法”较为合适。此后，在全球开展了土壤原生动物的生态调查，内容包括：土壤原生动物种类组成，种的分布概率与地理条件、广域气候、土壤环境条件的关系。近 20 年来，国际上对土壤原生动物的生态研究，已趋向微域分析，如从原生动物的现存量（数量与生物量）、呼吸量来分析它在土壤生态系统能量转化中的作用，土壤原生动物对受到人类经济活动影响的土壤环境的指示作用等。土壤中原生动物按营养类群一般分为 5 个类群：光合自养群、食细菌残屑群、腐生营养群、食藻营养群、捕食群。

病毒广泛寄生于动物、植物和微生物细胞中，是一种细胞内专性寄生的特殊生命形式，具有高度侵染性，无细胞结构，体积非常微小，是具有基因、复制、进化并占据一定生态地位的生物实体。病毒是地球上最丰富的生物实体，每克土壤中可包含数以亿计的病毒，它不仅影响土壤中其他微生物的群落组成、土壤元素的生物地球化学循环，还会影响土壤微生物的物种进化，甚至影响植物、动物和人体健康。病毒是一类独特的感染因子，一个完整的病毒颗粒的基本结构是由蛋白质外壳（衣壳）包裹一个或几个 DNA 或 RNA 分子构成，衣壳由多肽衣壳粒构成，衣壳和其中包裹的核酸合称为核衣壳。在有些蛋白质外壳外面还有包膜，有的还附着刺突。病毒在胞外和胞内两个阶段分别以两种不同生命形式存在。在胞外以病毒粒子形式存在。病毒粒子具有一定的形态、大小、化学组成和理化性质，一般不表现任何生命特征，但具有侵染性，能在一定条件下进入宿主细胞。病毒在细胞内以活跃繁殖状态存在，其基因组能利用宿主细胞的大分子合成装置进行复制表达，从而导致病毒的繁殖，并表现出遗传、变异等一系列生命特征，最后完整的病毒颗粒被释放出来。可以将病毒的主要特点归纳如下：不具有细胞结构，只含有一种类型的核酸，特殊的繁殖方式，绝对细胞内寄生，具有侵染能力，更具有生物多样性。从病毒生态学角度来分析，土壤病毒还有以下几方面功能：①土壤病毒起到由上而下调控微生物群落结构的作用，从而间接地影响到土壤生态功能；②土壤病毒还是基因水平移动的载体，病毒与寄主之间不断地进行基因交流或突变，使得病毒和微生物获得新的性状和功能，共进化推动了地球生物群落不断演替；③土壤病毒基因组携带辅助代谢基因，协助寄主微生物驱动生物地球化学循环；④土壤病毒可通过介导抗性基因的水平转移及调节宿主菌代谢通路来协助宿主抵抗低营养、辐射和污染等多种生态胁迫，对维持受胁迫生态环境中的微生物群落结构及功能稳定具有重要意义。

藻类是土壤中一类单细胞或多细胞、含有各种色素的低等植物，其构造简单，个体微小，无根、茎、叶分化。藻类与其他光合真核生物的区别在于它们缺乏组织完善的维管系统和复杂的繁殖结构。藻类的营养体称为原植体。藻类的原植体具有单细胞、群落样、细丝状、膜状、叶片状、管状等多种形态。Tiffany 将陆生藻类划分为九大类群，其中土壤表层的藻类为土生藻类，土壤下层的为隐生藻类。土壤藻类是包含土壤表层、土表下层及土壤形成、演替和土壤组成有关的石生、水-陆生藻的各种类群的藻类集合体。前人曾从土壤中分离出来的藻类有几百种，这些藻的活体生物量为 10～500kg/hm^2。除了可产生大量的有机物质外，在一些肥沃的土壤中，某些藻类还分泌和排泄多糖，对土壤团粒结构的形成具有非常良好的作用。土壤藻类还是土壤生物的先行者，对土壤的形成和熟化都起着重要作用，它们凭借光能自养的能力，成为矿质土壤最早的有机物质制造者之一。荒地土壤和干燥的沙漠土壤中的腐殖质多来自土壤藻类，它们的生长和代谢能导致土壤中矿物成分的改变；生活过程中分泌的黏液可促使土壤微粒相互黏结，改善土壤结构；当它们在土壤上散开，形成一薄膜层时，可阻止或减轻土壤侵蚀。土壤藻类常向其周围环境分泌出一些可起到生长素或抗生素作用的代谢产物，它们能促进或抑制微生物的生长，如绿球藻、小球藻、绿梭藻等绿藻可分泌出维生素 B_1 促进细菌和真菌的生长。藻细胞死亡后的有机物质易被分解，常成为土壤中固氮细菌的碳素营养，促进其固氮作用。有些藻类，如固氮鱼腥藻（*Anabaena azotica*）、林氏念珠藻（*Nostoc linckia*）和小单歧藻（*Tolypothrix tenuis*）等能固定大气中的氮，增加土壤含氮量。

第二节　中型土壤生物

一、线虫

线虫动物门是动物界中最大的门之一，为假体腔动物，有超过 28 000 个已被记录的物种，有大量种尚未命名。绝大多数体小呈圆柱形，又称为圆虫。土壤线虫种类丰富、数量繁多、分布广泛，是土壤动物中十分重要的类群。它们在土壤生态系统中占有多个营养级，与其他土壤生物形成复杂的食物网，在维持土壤生态系统的稳定、促进物质循环和能量流动方面起着重要的作用。

（一）特征

线虫为两侧对称、三胚层、不分节、无附肢、假体腔的蠕虫状动物（图 3-5）。虫体多为无色半透明的长柱形或纺锤形，前、后端较细，呈圆柱状。体表角质层光滑或具横线纹或其他附属物。线虫一般为雌雄异体，少数种为雌雄同体。土壤线虫体型较小，体长多为 0.5～4mm。口在虫体前端通常由 6 枚唇片围拢，构成唇区或头部，孵区多具有 16 个乳突或刚毛等。消化系统完全为一条直管道，包括口、口腔、食道、肠和肛门。食道变化较大，是线虫分类的重要依据之一。排泄系统分为腺型和管型两种，排泄孔位于体前部腹中线上。神经系统由一个环绕食道的神经环和由神经环向前、后部各发出的 6 条神经索组成。生殖系统发达，雌虫具有生殖管 1～2 条，阴道多位于体中部或后部腹中线上。雄虫具有生殖管 1～2 条，生殖管后部与直肠合并为泄殖腔，其开口近体后端腹侧，具有 1 或 2 个交合刺，交合伞有或无，并常具有辅助器。无循环和呼吸系统。生活史包括虫卵、1～4 期幼虫和成虫 6 个时期，共蜕皮 4 次。

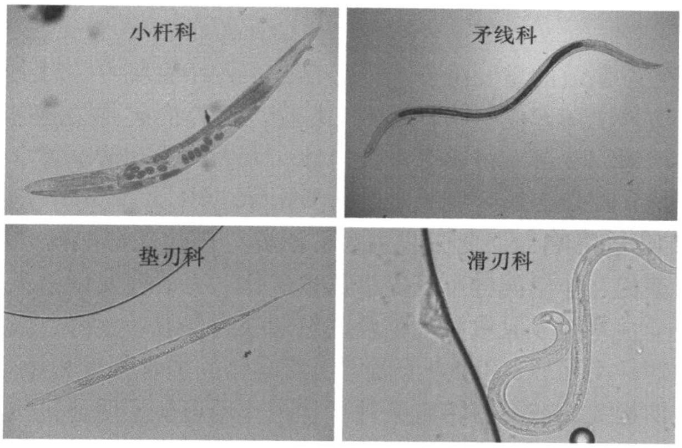

图 3-5　土壤中常见的几类线虫

土壤线虫的食性广泛，它的移动取决于土壤中水分的多少、土壤物理性质和生物状况。由于土壤线虫食性复杂，所以不同类型的土壤中线虫的种类和密度是不同的。不同类型的土壤，具有不同大小和形状的土壤团块，具有不同大小的土壤孔隙。土壤孔隙又与土壤温度、湿度、通气等有关，影响线虫的生活。在疏松、多孔、容重小的土壤中线虫相对较丰富，土壤有机质含量越高、线虫密度越大。

（二）分类

在众多的土壤动物中，线虫是数量和功能类群最丰富的一类。到 20 世纪 90 年代为止，文献报道过的线虫大约有 20 000 种，其中约有 2000 种为植物寄生性线虫，5000 种是动物寄生性线虫，13 000 种是非寄生性的线虫，它们生活在海洋、淡水和土壤中。土壤中常见的几类线虫简要描述如下。

1. 小杆目（Rhabditida）　口腔无口针；食道分两部分，为柱形的前部和球形的后部；或食道分为 4 部分，为柱形的前体部、膨大而无骨化瓣的中食道球、细窄的峡部和具有骨化瓣的后食道球。

2．矛线目（Dorylaimida）　口腔有口针，称为齿针，但粗短，并且延伸部即齿托不明显，齿针顶部倾斜似注射器针头前端；食道前部细长，后部膨大呈近圆柱形，整个食道呈长瓶状，无骨化结构；虫体较长，无明显的排泄孔。

3．垫刃目（Tylenchida）　口腔有口针，口针由针锥部、杆部和基部球组成；食道为4部分，柱形的前体部、膨大且通常有骨化瓣（中食道球瓣）的中食道球、细窄的峡部和无骨化结构的后食道腺；背食道腺开口于食道前体部，常位于口针基部球后附近，亚腹食道腺开口于中食道球；中食道球一般为卵圆形，小于体宽的3/4。

4．滑刃目（Aphelenchida）　口腔有口针，口针基部略膨大，有小的基部球或无基部球；食道为4部分，柱形的前体部、膨大且有显著骨化瓣的中食道球、细窄的峡部和无骨化结构的后食道腺；背食道腺和亚腹食道腺均开口于中食道球；中食道球为方圆形，大于体宽的3/4。

线虫的形态具有很大的多样性，最大的变化就是线虫的头部，这和它的食性多样性是相对应的。根据线虫的取食途径，也可以将线虫分为以下几类：①植食性线虫；②食真菌线虫；③食细菌线虫；④腐食性线虫；⑤食藻类线虫；⑥捕食性线虫（取食原生动物和其他土壤动物如轮虫、线蚓和其他线虫）；⑦杂食性线虫（兼有1～6类线虫的特性，但通常是指矛线科线虫）。

（三）功能

知识拓展 3-2

土壤线虫是土壤生态系统的重要组分，广泛存在于各种生境中，对土壤中有机物的分解、增强营养物质矿化、改善土壤理化性状、提高土壤肥力等方面起到关键作用。其群落组成能够反映气候条件、土壤质地、土壤有机质含量及自然和人为的扰动情况等。因此，线虫常被作为监测农业管理措施干扰和评价土壤环境质量的重要指示生物。

1．线虫对养分矿化的影响　食微线虫对矿质养分矿化的影响研究早在30年前就开始了。食真菌线虫和真菌相互作用同样可以促进氮素矿化。有研究发现杀灭土壤线虫后土壤养分矿化减弱，导致小麦全生育期吸氮量和抽穗及成熟期吸磷量显著下降。线虫对土壤氮磷矿化的影响因动物或微生物的种类而异，还取决于微型土壤动物的捕食强度和微生物的生理代谢情况，并与土壤理化性质密切相关。在某些特定条件下促进作用可能不明显。例如，在不添加外源基质条件下食细菌线虫和细菌的相互作用对土壤磷矿化影响不明显。总之，土壤微生物（特别是细菌）受到强烈的自上而下的调控，线虫对于养分释放、植物吸收的影响最终甚至对地上部植物群落结构等都具有重要调控作用。

2．线虫对土壤有机碳的直接影响　食根线虫（地下草食者或植物寄生线虫）对土壤有机碳的直接作用表现在对宿主植物生产力的强大影响，对土壤有机碳的间接影响较为复杂：食根线虫一方面导致非寄主植物获得竞争优势来弥补寄主光合作用碳的下降；另一方面改变根系分泌物的数量和质量，如番茄根系被南方根结线虫侵染后，根系分泌物中含有更多的水溶性^{14}C。有研究者将三叶草和另一种植物共同种植在一个容器内，然后接种以三叶草为专性寄主的胞囊线虫，84d后寄主植物和毗邻植物的根系比未接种线虫处理分别增加了141%和219%。此外，食根线虫还能诱导植物合成某些含碳的次生化学防护物质，这些次生物质会对其他营养级生物产生影响。不同植物的相对生长优势及根系分泌物的变化还通过改变土壤微生物活性和群落结构而影响有机碳的稳定性。

3．线虫对土壤微生物多样性的影响　土壤食物网内的生物相互作用是土壤生态功能的基础，也是揭示生态功能机制的核心。其中，土壤线虫作为地下部食物网的重要组成部分，在食物网中占据多个主要的营养级。土壤微生物多样性受到来自资源和消费者/环境的上行和下行控制。现在提出的4个可能的控制因素包括土壤空间结构异质性、资源多样性、种间竞争关系和环境波动，是影响生物多样性的主要因素。线虫是通过非营养关系和直接营养关系影响空间、资源和竞争关系而发挥作用。食细菌线虫的选择取食已经屡见报道，食真菌线虫也表现出对某些腐生真菌、菌根真菌和植物寄生真菌中的种类和菌丝类型的偏好，而地下部草食动物（食根者）对微生物群落的影响报道较少。来自淡水和陆地生态系统的报道都支持食细菌线虫对细菌群落多样性的影响。如果食真菌线虫能够影响真菌群落结构，那么对其群落多样性的影响也是非常可能的。今后线虫对微生物多样性的显著影响将逐步被揭示，特别是与生态功能密切联系的类群将受到重视。线虫对土壤微生物多样性的影响机制主要可能有以下几点：①食微线虫对微生物的选择取食毫无疑问是最直接的影响途径；②食根线虫影响根际淀积物数量和质量并可能诱导植物产生难降解的次生防御物质；③线虫具有明显的主动迁移行为，提高土壤微生境的异质性，从而增加了土壤微生物多样性。

4．线虫对土壤生态功能稳定性的影响　线虫所影响的微生物群落直接与功能微生物类群相联系，如分解、养分周转、植物生长和干扰条件下的功能稳定性。根际具有更高的生物多样性和更强的生物交互作用。干扰条件下根际生物多样性和生态功能的丧失对土壤生态系统来说尤为重要。根际微型土壤动物很有可能通过微生物群落结构和多样性对土壤的功能稳定性产生影响。以线虫为例，首先，线虫群落结构变化与不同干扰/胁迫条件下土壤生态功能的损害密切相关；其次，线虫刺激微生物活性、改变微生物群落结构和传播微生物及对恶劣环境的适应策略有助于其在干扰后迅速恢复。虽然土壤动物对土壤稳定性影响的实验证据很少，不过研究者早就推测土壤动物（线虫）群落可能会起到缓冲作用。

二、弹尾虫

弹尾目（Collembola）动物，又称为跳虫，分布极为广泛，除海洋和淡水水面以下的水体外，几乎任何有生命存在的地方都有弹尾虫栖息（图3-6）。但就弹尾虫的种类和数量而言，温带地区较多。它们大多喜好阴凉潮湿及有机质丰富的环境，生活在土壤或与土壤相关的环境中（如地表枯枝落叶中、砖瓦石块下和地面植物上）。弹尾虫的数量庞大，在阔叶林和针叶林的自然土壤中密度可达 10^4～10^5 个/m^2，在农业土壤中一般为 100～10 000 个/m^2。弹尾虫食性比较复杂，没有专一的食性，主要以腐败的动植物残骸、腐殖质、细菌和真菌为食，有些种类取食孢子、发芽的种子、花粉、活植物的组织，还有极少数肉食性种类，捕食线虫等小动物。

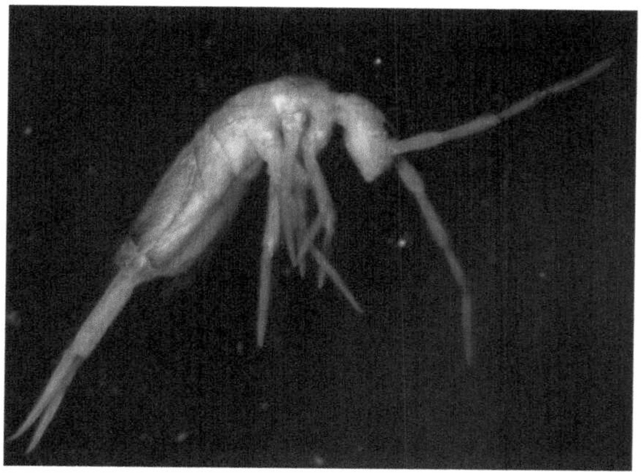

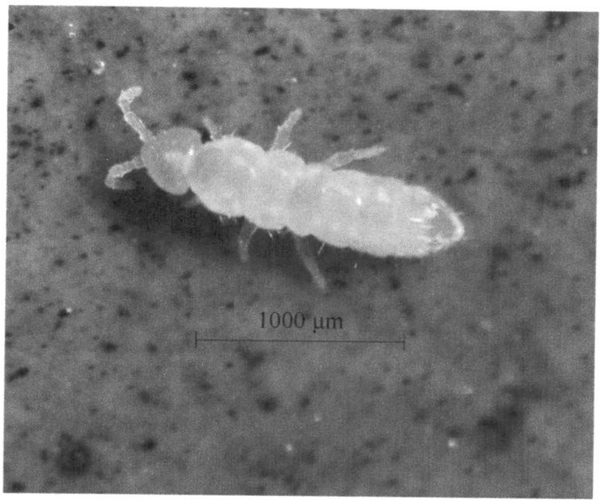

图3-6　弹尾虫模式种白符跳（*Folsomia candida*）

（一）特征

弹尾虫是个体较小、原生无翅而有腹肢的一个类群。成虫体长一般在 0.2～10mm，大多数在 1～3mm。弹尾虫身体分头、胸、腹 3 部分。头上具有分节的触角，无真正的复眼，胸部 3 节，每节上有 1 对足，腹部 6 节，第 1、3 和 4 腹节上分别生有腹管（或称黏管）、握弹器和弹器 3 种特化的附肢。弹尾虫的表皮细胞内分布有各种颜色的色素，最常见的是蓝色和棕色。大多数种类的弹尾虫是单色的或由色素不规则分布而呈杂色（背面颜色深、腹面颜色浅）。

弹尾虫体毛数量因类群而异，从很稀少（大多数原跳）到很密集（大多等节跳），其中有些是具有缘毛或单边有锯齿的刚毛，有些是感觉毛。长角跳科身体特定位置上生有细长且具缘毛的陷毛，许多种类体毛被扁平的鳞片所代替。还有许多原跳目和少数等节跳科的种类腹部末端生有粗大圆形的肛针。弹尾虫的胚后发育为表变态，终生蜕皮不止，每次蜕皮都或多或少改变其外部结构（口器、毛、针、眼、爪和端节）。虫龄为 2～50 龄或更多。新孵出的个体大小、身体各部分的比例与成虫不同，通常无色素或色素仅局限于眼区，无生殖孔。大多数种类的幼虫和成虫在形态上相似，鳞跳属是最明显的例外，其幼虫有角后器，而且体节的比例和触角均与成虫不同。至于性别的分化（如圆跳科的肛附属物或抱握触角）只在后面龄期中才出现，性成熟后，生长速度放慢。弹尾虫的发育在寒冷季节可暂时停顿，卵或未成熟的幼虫以滞育形式度过干燥或寒冷季节。除一些海滨种类外，雌虫和雄虫不直接交配而是由雄虫产下有柄或无柄的精包，使雌虫受精。

（二）分类

生态环境和食性的多样决定了弹尾虫丰富的物种多样性。至今全世界已报道弹尾目动物 28 科约 520 属，近 7500 种，每年世界各地仍有数百个弹尾虫新种被描述，但到现在为止描述的已知种也仅占到全球实际存在种类的一小部分（表 3-5）。即使在一些对弹尾虫已有相当多研究的国家，对弹尾虫数量进行的估计都是不可靠的。例如，著名的科学家 Stach（1964）在他的目录表中提到过 251 种，曾估计已基本涵盖波兰几乎所有的弹尾虫种类，并认为今后不太可能再有大的增加；而 Szeptycki 和 Weiner（1990）提出的目录表中列出了波兰弹尾虫的 359 种，26 年中就发现了 108 个新种。在《欧洲跳虫志》发表后的 30 年里，描述的弹尾虫种类数翻了 3 倍。

表 3-5　弹尾虫分类体系

纲	目	科
内口纲（Entognatha）	长角跳目（Entomobryomorpha）	异齿跳科（Oncopoduridae）
		鳞跳科（Tomoceridae）
		等节跳科（Isotomidae）
		滨跳科（Actaletidae）
		六角跳科（Orchesellidae）
		长角跳科（Entomobryidae）
		爪跳科（Paronellidae）
	原跳目（Poduromorpha）	原跳科（Poduridae）
		球角跳科（Hypogastruridae）
		疣跳科（Neanuridae）

续表

纲	目	科
内口纲（Entognatha）	原跳目（Poduromorpha）	短吻跳科（Brachystomellidae）
		棘跳科（Onychiuridae）
		土跳科（Tullbergiidae）
	愈腹跳目（Symphypleona）	钩圆跳科（Bourletiellidae）
		握角圆跳科（Sminthurididae）
		卡天跳科（Katiannidae）
		齿棘圆跳科（Arrhopalitidae）
		圆跳科（Sminthuridae）
	短角跳目（Neelipleona）	短角跳科（Neelidae）

弹尾虫是土壤中的优势物种。作为一种典型的土壤无脊椎动物，弹尾虫具有品种极丰富、数量极为庞大、分布极广泛等特点，是土壤中分解有机质、促进营养循环的重要一环。例如，白符跳（*Folsomia candida*）作为弹尾虫的一种，常见且广泛存在于世界各地土壤，栖息在肥沃的土壤和叶凋落物层中。它们繁殖快、生长周期短，可促进有机物分解和养分循环，在生态系统中起着至关重要的作用。此外，白符跳对土壤中的毒害物质敏感性很高，在污染土壤中的暴露途径可指示土壤环境的质量，是重要的指示性生物之一，已被国际标准化组织（ISO）规定为毒性实验的模式生物。

（三）功能

弹尾虫是凋落物分解过程中最重要的土壤动物之一。雨水的淋洗作用和微生物的分解作用使凋落物木质部保护层外露，微生物难以继续分解，而弹尾虫通过取食木质部和撕碎落叶而破坏木质部层，使微生物得以继续分解。此外，弹尾虫及其他土壤动物通过相互间的捕食及对微生物的取食，将从凋落物中获得的物质和能量以无机物或小分子的形式再释放到土壤中。可见，在凋落物分解过程中，弹尾虫起着重要的辅助作用。弹尾虫还是自然界物质循环的原动力之一，对碳和氮的循环起着重要作用。弹尾虫粪便形成的小球被微生物分解后慢慢将养分释放到植物根部，对植物的生长是十分有益的。在土壤进一步成熟的过程中，弹尾虫还参与了大型动物粪便的次级降解。弹尾虫的许多种类以土壤中的真菌菌丝或腐烂的植物体为食。有些种类取食危害植物根部的有害真菌，对植物真菌病害有控制作用。弹尾虫选择性取食的特性在限制某些有害菌的分布上可能起了重要作用，如梨火疫病菌（*Enuinia amylovora*）是枯萎病的病原体，对种子植物的破坏作用很大，而白符跳（*Folsomia candida*）可以摄食并消化它们。捕食性土壤动物是土壤害虫的天敌，是进行生物防治的天然材料。例如，根结线虫（*Meloidogyme* spp.）是世界性广布种，其寄主范围广，严重危害多种农作物，而弹尾虫可以捕食根结线虫。某些种类的弹尾虫对重金属有很强的耐受力，它们能不同程度地吸收重金属污染物，并通过改变其形态或形成络合物的方式降低污染物的毒性。

三、螨类

螨是蛛形纲中数量、种类最多，形态变化最大的一类动物（图 3-7）。螨（acarus）分布于世界各地，从沙漠到极地，从山顶到河流，从地表植被到土壤，从原始森林到人类居室，都生活着大量的螨。可以说，任何一点正在腐烂的有机质，无论是南极洲企鹅排出的粪便，还是热

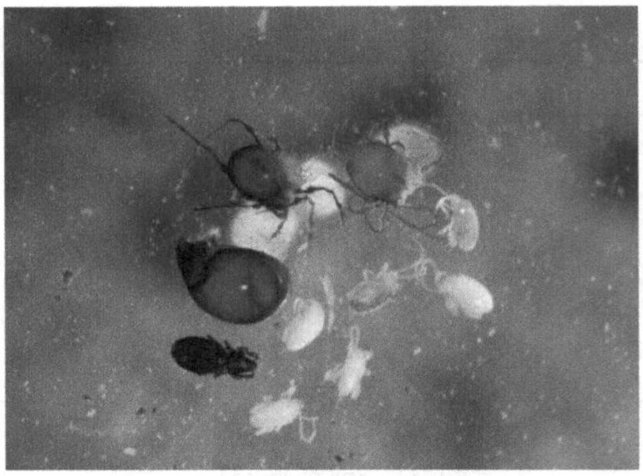

图 3-7　螨（俞道远拍摄）

带雨林蝇蛆滋生的蘑菇，都很可能包含着令人难以置信的种类繁多的螨类。在冰川融化汇集的小溪中，在温泉的边缘，在树叶聚集的暂时水洼中，在大海深处，也都可以发现螨类的踪迹。土壤为很多螨类提供了良好的生存条件。以数量和分布来说，螨类在土壤动物中名列前茅。例如，在我国温带地区的土壤动物组成中，螨类的个体数量百分比为60%以上。这些土壤螨类大多数以腐烂的动、植物为食，是生态系统中的分解者。

（一）特征

螨体多为卵圆或卵形，少数为蠕虫状。体长小者约 0.1mm，大者可超过 10mm。体有柔软近乎无色者，有坚硬呈褐至黑褐色者，也有具红、黄和绿鲜艳色彩者。螨身体由卵圆形躯体和前方的颚体两部分构成。颚体大多位于躯体前端，从背面可见。颚体附有口器和感觉器官，为摄食和感觉中心，似昆虫的头部，但眼和脑不在其上，而在躯体。颚体结构复杂，其基部为颚基，犹如管子。1 对螯肢包围其中，其间或下为口。两侧有须肢 1 对，其基节扩大形成颚基侧壁。颚基顶部为头盖，底部为颚基底，颚基底前方为口下板。螨一生包括卵、幼螨、若螨和成螨 4 个阶段。若螨期一般有 2～3 个，甚至更多。有些种类无幼螨期，有些则无若螨期，有许多种类生活史中出现休眠体，这是对不良环境的一种适应。螨为雌雄异体，除两性生殖外，孤雄生殖是普遍的生殖方式。两性生殖的种类中，有些无特殊的外生殖器，交配是间接的，即雄螨以螯肢或足，或借助于其他物体，将包有精子的精包传递给雌螨；有外生殖器的种类，则雌雄直接交配，以完成受精过程。孤雌生殖的种类，群体中很少或没有雄螨，因产下后代性别不同又有产雌、产雄和产两性孤雌生殖。螨广泛分布于地球各处，多数是自由生活的，栖息于地表、土壤、腐败的动植物遗体、海水和淡水中，也有许多寄生于动植物的体表或体内。土壤螨类中以真螨总目（Acariformes）-疥螨目（Sarcoptiformes）-甲螨亚目（Oribatida）下的各种甲螨最为常见。生活在土壤中的甲螨是土壤节肢动物中数量和种类最多的类群。含有有机质的土壤中都有甲螨生存，含有大量有机质的土壤（如森林表层土壤）是甲螨最适宜的栖息场所。甲螨数量以土壤表面约 5cm 最多，但在堆积腐殖质层厚的土壤，即使在相当深度仍有许多甲螨。影响甲螨分布的主要因素有气象条件、地表植物种类、覆盖程度及落叶的树叶质量等。

（二）分类

据估计全世界有螨类 50 万～100 万种，现在已描述的仅约 3 万种，多数种类尚未被定名。以往是作为蛛形纲中的 1 目，近年来国外学者把它提升为亚纲，而且也为一般动物学者所接受。土壤中主要存在三大类螨类，其中又以甲螨研究得最多（表 3-6）。

表 3-6　螨分类体系

亚纲	总目	目	亚目	总股	股
蜱螨亚纲（Acari）	寄螨总目（Parasitiformes）	节腹螨目（Opilioacarida）	三殖板亚目（Trigynaspida）		梭巨螨股（Cercomegistina）
		巨螨目（Holothyrida）	单殖板亚目（Monogynaspida）		角螨股（Antennophorina）

续表

亚纲	总目	目	亚目	总股	股
蜱螨亚纲（Acari）	寄螨总目（Parasitiformes）	蜱目（Ixodida）			小雌螨股（Microgyniina）
		中气门亚目（Mesostigmata）			海姿螨股（Heatherellina）
		绥螨亚目（Sejida）			尾足螨股（Uropodina）
					异虫穴螨股（Heterozerconina）
					革螨股（Gamasina）
	真螨总目（Acariformes）	绒螨目（Trombidiformes）	跳螨亚目（Sphaerolichida）	携卵螨总股（Labidostommatides）	大赤螨股（Anystina）
			前气门亚目（Prostigmata）	真足螨总股（Eupodides）	寄殖螨股（Parasitengonina）
				大赤螨总股（Anystides）	
				异气门总股（Eleutherengonides）	缝颚螨股（Raphignathina）
					异气门股（Heterostigmatina）
		疥螨目（Sarcoptiformes）	内气门亚目（Endeostigmata）		阿里螨股（Alycina）
					线美螨股（Nematalycina）
					喜螨股（Terpnacarina）
					无爪螨股（Alicorhagiina）
			甲螨亚目（Oribatida）	古甲螨总股（Palaeosomatides）	惰甲螨股（Nothrina）
				上节缝甲螨总股（Enarthronotides）	短孔甲螨股（Brachypylina）
				类缝甲螨总股（Parhyposomatides）	无气门股（Astigmatina）
				混居甲螨总股（Mixonomatides）	
				僵背甲螨总股（Desmonomatides）	

1. 革螨类 寄螨总目（Parasitiformes）-中气门亚目（Mesostigmata）螨类的总称，多数种类体型小，1mm 左右，体色为乳白色、黄褐色、茶褐色。根据其颚体、足板等特点，以及具有气门沟等特征，可以与其他类群区分开来。在种类鉴定方面，主要以雌螨为依据。大多数革螨自由生活，食性为捕食性、腐食性、菌食性，以跳虫、螨类等小型节肢动物及线虫为食。

2．辐螨类 隶属于真螨总目（Acariformes）-绒螨目（Trombidiformes）-前气门亚目（Prostigmata），形态极为多样，躯体一般较柔软，刚毛明显，大型种类常密被短毛，体色多为透明或近似白色，还有红、黄、橙及淡褐色。具背板，无胸板，气门位于螯肢基部或前足体的肩部。本亚目食性广泛，有捕食性、菌食性、藻食性、腐食性、寄生性等。自由生活的种类常栖息于枯枝落叶下、朽木上或土壤里，取食腐败的有机物质或其他的小型节肢动物及其卵、线虫等。

3．甲螨类 真螨总目（Acariformes）-疥螨目（Sarcoptiformes）-甲螨亚目（Oribatida）的总称。其中大多数种类体表高度骨化，形似甲虫，所以在英文中被称作“beetle mite”。甲螨形态繁杂，物种多样性丰富，目前全世界已报道 179 科 1000 余属 10 000 余种，约占蜱螨亚纲已记述物种数的 1/4，但估计这仅为全球甲螨实际种数的 10%～20%。甲螨是自由生活的螨类，主要生活于土壤中，也有种类生活于地面植被上。大多数甲螨为腐食性、菌食性和植食性，也有部分寄生性。甲螨是生态系统食物链分解者中的关键动物类群，特别是在陆地生态系统中对土壤表层植物残片的分解所起的作用是巨大的。甲螨是监测环境污染和土壤恶化的重要指示生物。甲螨还是家畜寄生绦虫的中间宿主，在传播性畜寄生绦虫病方面起着关键作用。甲螨的食性分为六大类：①大植食性，取食高等植物死亡腐烂组织，也被称为腐食性；②微植食性，取食活的微生物；③泛植食性，对植物和微生物的取食没有偏好；④食动物食性，取食活体动物；⑤尸食性，取食动物尸体；⑥粪食性，取食动物粪便。这 6 种食性，前三种常见，后三种比较少见。

（三）功能

在暖温带地区的森林中，甲螨种类约占整个土壤动物种类总数的 1/5。甲螨不但种类多，而且个体数量十分惊人，在温带森林土壤中，1m^2 内甲螨可达 100～150 种，个体数可超过 100 000 头。有数据表明，螨类在土壤动物中的数量占总个体数的 28%～78%，而甲螨在土壤螨类中的数量占 62%～94%。甲螨主要为腐食性和菌食性，地面植物的枯枝、落叶、落果及土壤中的残根等通过甲螨等土壤动物的取食而得到粉碎、瓦解，加之土壤微生物的共同参与，使得有机物质的分解得以完成，并有助于土壤的形成和肥力的增加。甲螨对其所取食的有机物在消化道内吸收率很低，大多作为粪便排出，这种粪便积蓄在土壤中，对土壤腐殖化有重大意义。由于甲螨的种类、个体数量在土壤生态系统中非常庞大，对于土壤物质循环和能量转换、保持土壤肥力及可持续利用、恢复和治理退化土壤等发挥着重要作用。

四、其他

线蚓隶属于环节动物门环带纲颤蚓目线蚓科，为世界性分布的小型寡毛类。全球目前已记录的线蚓有 32 属 700 余种。广泛分布于非洲、南美洲和南极洲、欧亚大陆的大部分区域、北美洲，生活在淡水、陆地和海洋，乃至极端环境如极地冰川等。绝大部分线蚓陆栖生活，在土壤生态系统中起着重要的作用。我国对线蚓科的研究实际始于 20 世纪 90 年代，早期研究力量十分薄弱，主要是一些零星的新种描述。近 20 年来，我国对线蚓科研究有了长足的进步，目前我国经记载的线蚓科达 17 属 94 种，占世界记录线蚓种类的 1/8，改变了中国线蚓科寡毛类种类贫乏的传统观点。线蚓一般生活在土壤的表层，在土壤有机质分解和营养物质矿化等过程起着直接或间接的作用。线蚓主要以微生物和腐殖质碎屑为食，约 80%的种类食腐生植物，20%的线蚓以腐生的动物为食物来源。通过取食、消化对有机质分解和土壤氮循环产生直接作用；通过其掘穴、排泄物形成孔道影响土壤微团聚体结构及其他土壤生物。该类群处于食物链的底端，与土壤中的各种污染物密切接触，其种类构成与群落结构可对环境的改变如土壤酸碱度、湿度、施用有机物料、污染物和杀虫剂等做出相应的反应，在土壤环境的生物监测和环境保护研究中有着广泛的用途，是评估土壤生态系统健康与否的理想指示生物，也是评价全球气候变化的理想生物。

第三节　大型土壤生物

一、蚯蚓

蚯蚓俗称地龙，是环节动物门寡毛纲的代表性动物。全世界已记录的蚯蚓有4000余种，中国已发现的有500多种，分为陆栖蚯蚓和水栖蚯蚓两大类，通常是指陆栖蚯蚓。蚯蚓体圆而细长，其长短、粗细不等，最小的长0.44mm、宽0.13mm，最大的长3600mm、宽24mm。蚯蚓体色各异，一般背部、体侧为棕红、紫、褐、绿色等。

（一）特征

寡毛类蚯蚓身体细长而有体节和体腔，除第1节外，通常每节具刚毛而无疣足，前端有口，后端有肛门（图3-8）。低等种类为水栖，高等种类为陆栖，也有水、陆兼栖的。寡毛类的分节都为同律分节，通常前部体节较大，后部体节逐渐变小。环节数目，由于科、属和种的不同常有较大的变化。寡毛类的体长，也因种类的不同，差异极大，在中国最小的不到1mm，最大的为产于海南万宁的巨腔环蚓（*Metaphire magna*），可达350～700mm，宽24mm。背孔沿背中线位于节与节之间，通常为1个背孔，背孔从哪一节开始，因种而有不同。

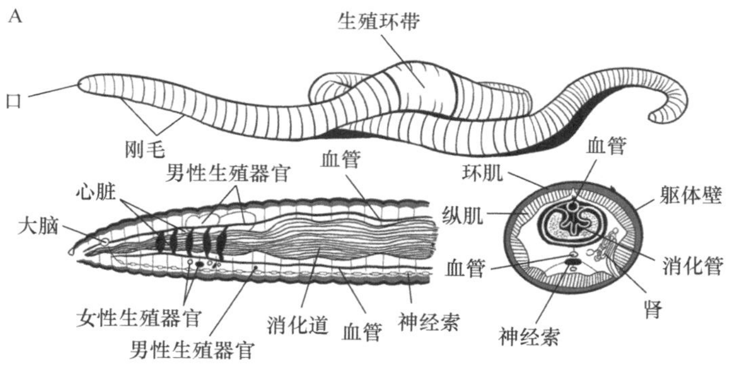

图3-8　蚯蚓的外部形态和内部结构

环带也称为生殖带，其可排出蚓茧。陆栖种类环带的形状因种类不同而有变化，有的呈戒指状，有的为马鞍状，有的种类环带仅在生殖季节出现，是性成熟的标志。马鞍状的环带，腹面两侧往往有2个纵的隆起，称为性隆脊，生殖孔往往分布在腹面环带的前后，雄生殖孔通常1对，间或2对，陆栖者常为10～18节，有时与乳突或交配毛相连。雌生殖孔1个或1对，无外生殖器。受精囊孔1对至多对，多数种类有2～3对受精囊孔。受精囊孔通常在腹面，居节间，少数种在体节上，极少数位于背侧（如背囊孔腔环蚓3对都靠近背中线）。生殖孔乳头位于副性腺的出口处，往往呈圆顶状或平顶状的乳头突起，在杜拉蚓、腔蚓和远盲蚓中通常位于生殖孔或受精孔附近，且十分明显。

蚯蚓的体壁层与肠壁层之间的空腔即体腔，体腔中有体腔液。在体腔之中，节与节之间，内面都有肌质隔膜，或有几节缺少（如砂囊隔膜），或前几节的特别厚，或者有的节极薄如膜。蚯蚓从口到肛门，是一条直的管子。其中可分为口、咽、食道、嗉囊、砂囊、胃、肠及直肠等部分。砂囊的形状和个数因种而不同，在合胃属与杜拉属有 2 或 3 个连在一起。嗉囊在腔蚓和远盲蚓中是不显著的。胃的后面是中肠，在背面有盲道，这种形态主要是增加肠的吸收面积。盲肠 1 对，呈三角形锥状，或呈现复杂的指状排列，盲端朝向前方，为重要的消化腺体。消化和吸收主要在胃和中肠中进行。最后 10～20 节虽没有盲道，但也称为盲道后部，其肠壁微血管少，无消化吸收作用。盲道后部与直肠相当，是粪粒的形成部位。粪粒呈团粒结构，由肛门排出体外。

蚯蚓的循环系统是闭管式，在腔蚓和远盲蚓中血管分化最为复杂，通常由背血管、心脏、腹血管、食道侧血管、神经下血管和壁血管等组成。不同种类的蚯蚓，心脏的数目是不同的，腔蚓和远盲蚓有 4 对，杜拉属只有 1 对，异唇属有 5 对。心脏的对数、位置和大小等都是分类的重要依据。排泄器官除前 1～2 节外，每节有 1 对肾管。在异唇属、杜拉属与合胃属等每节只有 1 对，叫大肾管。在腔蚓和远盲蚓中每节有较多的小肾管，其形状大小变化很多。

蚯蚓是雌雄同体。各属蚯蚓，性器官的位置和形态互有不同。雄性生殖器官有精巢 1 对或 2 对，常包入精巢囊内（也有无精巢囊的，精巢是游离的），或与储精囊相连，但也有无储精囊的，最后由精漏斗与输精管通出，输精管的远端加入前列腺的支管和主管，由雄生殖孔通出。前列腺在少数种类中是没有的。前列腺的分泌物与精子的生活及活动有关。雌性生殖器官有卵巢 1 对，并由卵漏斗与输卵管通出，即雌生殖孔。蚯蚓的受精囊为 1 对至数对，常位于生殖带的前面。其构造有一坛状囊及一管，在其管上长出一盲管，管的末端有一指状或转曲或念珠状的盲囊，为未来交配时贮存异体精子的地方，受精囊的数目、位置及形状等对种类的鉴定相当重要。蚯蚓的繁殖是雌雄同体、异体受精，少数种也有自体交配现象。在自然条件下，除了严冬与干旱之外，一般在温暖季节，春末到秋季都能繁殖，土中交配，也可以在地表进行。

（二）分类

知识拓展 3-3

蚯蚓属于寡毛纲后孔寡毛目，全球已记录的 4000 多种蚯蚓种，陆栖蚯蚓有 12 科 181 属，中国已记录的有 9 科 28 属。人类仅仅对其中的大约 40 种蚯蚓的生物学特性和生态学功能有过不同程度的研究（Edwards，2004）。世界上大多数生态系统中都有蚯蚓存在，但海洋是蚯蚓的天然屏障，沙漠区和终年冰雪区也很少见。依蚯蚓的习性及其在生态系统中的功能，蚯蚓一般被分为三种生态类群，即表居型、土居型和上食下居型，不同生态类群的食性和习性迥异（表 3-7）。土居型又常被分为多腐殖质类、中腐殖质类、贫腐殖质类和内深土栖类等。三种生态类群并没有明显的分类学上的界限，经常有一些过渡类型出现，如表土居型和表深居型，蚯蚓生态类群的概念已被广泛接受和应用，如用于土壤分类和评价。

表 3-7　蚯蚓生态类型的分布特征（引自 Edwards，2004）

生态类型	食物	色素	大小	洞穴	活动性	寿命	世代	耐旱性	捕食
表居型	取食土表凋落物；少量或不取食土壤	深，通常背腹均有	小到中型	无，某些种类在表层几厘米土中有穴	遇干扰快速运动	相对短	短	通常以蚓茧度过干旱	易被鸟类、哺乳动物和节肢动物捕食

续表

生态类型	食物	色素	大小	洞穴	活动性	寿命	世代	耐旱性	捕食
土居型	矿质层特别是多有机质土壤	无色或浅色	中型	连续而广泛但非永久性的水平洞穴，常在10～15cm 土层	一般行动迟缓	中等	短	遇旱滞育	不易被捕食，有时被节肢动物和地栖鸟类捕食
上食下居型	在土表分解凋落物，有时将凋落物拖入洞穴；有时取食土壤	较深，常在背面，至少身体前部色深	大型	大、永久性的垂直洞穴，可深入土壤 3m	遇干扰快速缩回洞穴，但较表栖类动作慢	相对长	较长	遇旱休眠	在洞穴外易被捕食

蚯蚓取食有机碎屑进行废弃物的再循环利用过程被称为“蚯蚓堆制过程”。此过程是一个非嗜热的、复杂的生物氧化过程，主要是由微生物的直接作用所完成，但是蚯蚓和微型动物也是这个过程中不可或缺的参与者，起到重要的直接和间接作用。目前用于蚯蚓堆制过程的种类主要是表层种赤子爱胜蚓。在蚯蚓堆肥系统中，蚯蚓通过消化、排泄及物理扰动作用能够有效强化有机废弃物的腐殖化、矿化作用；蚯蚓还可通过捕食和竞争等生命活动直接或间接影响堆肥系统中的微生物群落结构、生物量及活性，而蚯蚓通过对微型动物群落（原生动物和线虫）的影响，也可间接地对微生物群落组成和结构产生强烈作用。因此，赤子爱胜蚓是蚯蚓堆肥过程中微生物群落关键的驱动者。

另外，在生物测试方法中赤子爱胜蚓是常被选作指示生物的一种。一方面，赤子爱胜蚓在土壤的形成、土壤结构和土壤肥力的保持等方面具有独特的作用，并且当前对赤子爱胜蚓的生理学、生态学、解剖学等学科的研究比较清楚，通过毒理试验获得的数据容易解释。另一方面，赤子爱胜蚓分布广泛，从温带到热带均有分布、易于养殖、生活史短、大小合适也使得它成为生态毒理学家的理想选择。目前，赤子爱胜蚓已广泛用于土壤污染的生态毒理学诊断，为土壤污染的预防和修复提供依据。赤子爱胜蚓用于土壤污染生物标志物的主要类型包括生理生化指标、行为学指标、遗传毒性指标和组织病理学指标。

（1）生理生化指标　当存在环境胁迫或污染物暴露时，赤子爱胜蚓会在生物化学和分子水平上做出快速响应，常见的生理生化指标包括超氧化物歧化酶、过氧化氢酶和乙酰胆碱酯酶等生物酶。

（2）行为学指标　行为学指标是从个体水平上反映赤子爱胜蚓对污染物暴露的响应，主要包括其回避行为和产茧数。蚯蚓回避行为是利用动物趋利避害的本能，通过测定一定浓度化学物质对蚯蚓个体行为的影响程度来判定其毒性。产茧数量可以描述污染物对蚯蚓繁衍和增殖的影响。

（3）遗传毒性指标　DNA 是生物体重要的遗传物质，外源污染物产生的 DNA 损伤是蚯蚓分子生态毒理学研究的重要内容。目前主要通过单细胞凝胶电泳试验（彗星试验）研究污染物对蚯蚓 DNA 的损伤作用。

（4）组织病理学指标　在蚯蚓的慢性毒性试验中，尽管未造成其死亡，但体内一些组织的形态结构已受到损伤，出现了病变。蚯蚓体壁是抵御外界土壤污染的第一屏障，蚯蚓体表角质层主要是由上角质层突起、上角质层、胶原纤维和穿过其间的微绒毛构成。蚯蚓的体壁直接接触土壤，易受到污染物的伤害，可以经染色后观察其显微结构。

（三）功能

蚯蚓通过取食、消化、排泄（蚯蚓类）、分泌（黏液）和掘穴等活动对土壤过程的物质循环和能量传递做贡献，是对决定土壤肥力的过程产生重要影响的土壤无脊椎动物类群（主要是蚯蚓、蝴和蚂蚁）之一，被称为"生态系统工程师"。蚯蚓在生态系统中的角色是消费者、分解者和调节者。通常认为它作为消费者在生态系统中的地位并不重要。进入分解子系统的能量一般只有 3%～6%被蚯蚓消耗：但若加上它在排泄物和蚓茧中所耗的能量，蚯蚓在系统能量传递中的作用会更大。蚯蚓在生态系统中的功能主要表现在：①对土壤有机质分解和养分循环等关键过程的影响；②对土壤理化性质的影响；③与植物、微生物及其他动物的相互作用。蚯蚓的活动还有助于土壤团粒结构的形成，并通过掘穴、穿行、改善土壤的通透性，加速土壤的熟化过程；蚯蚓可以破碎、分解坚韧的有机物，从而为加速土壤微生物对有机质的矿化作用提供条件，积极参与和推动了自然界的物质循环。

同时，蚯蚓的机体富含粗蛋白、粗脂肪和各种氨基酸，可用作鸡、鸭、鱼的优良饲料，也可作为中药和人类的食品。许多国家已在积极养殖蚯蚓，加工成饲料添加剂，以满足人工养殖畜、鱼的需要。另外，蚯蚓在处理农业废弃物的过程中有其独特的优势，生产的蚯蚓堆肥是很好的有机物料，既可作为很多作物的育苗基质，也可当作有机肥料直接施用。当然，我们在关注到蚯蚓的益处时，也应该注意到其可能带来的环境风险：①蚯蚓的活动可能会加大土壤养分淋溶的风险；②蚯蚓也可能传播杂草种子或动物病原菌；③蚯蚓的活动在促进氮矿化的同时，容易造成氮的流失。

二、蚂蚁

蚂蚁是陆地生态系统中种类和数量最为丰富的生物类群之一，被誉为生态系统的"工程师"，其对土壤生态系统的群落结构和功能有着重要影响。它们可通过觅食和营巢行为将其他昆虫尸体、植物组织等有机物料叼入地下，从而增加土壤的养分含量；蚂蚁在地下营巢时对土壤颗粒的搬运作用及形成的大量巢穴通道可有效改变甚至重建土壤结构，因此可直接或间接对土壤中具有重要化学转化作用的土壤微生物区系丰富度和多样性水平产生重要影响。

（一）特征

蚂蚁的寿命很长，工蚁可生存几星期至 7 年，蚁后则可存活十几年或几十年。一蚁巢在 1 个地方可生长 20～30 年，甚至 50 多年。蚁群形成蚁群生活的巢穴，在大多数情况下蚁群中心是固定的。蚂蚁可以有树栖的巢穴（在树冠中）、土壤表面或地下。地下巢穴有隧道，这些隧道由较大的房间互连，其中一些可以进入外部世界，这些房间有特定的功能，有的蚂蚁在地下筑巢可达 7m，包含 7800 多个腔室。在地上筑巢的蚂蚁中，最令人印象深刻的是有的蚂蚁可建造高达 $300m^2$ 的超大巢穴，并挖掘了大量土壤。

（二）分类

在生态系统中，蚂蚁不仅种类多、行为多样，其个体数量也极为惊人，尤其是在热带地区更为丰富。据估计，在地球上蚂蚁个体总数在 10^{15} 只以上，有 16 亚科 296 属 15 000 种。特别是草地生态系统，其种类和分布、筑巢和采食等对草地植被演变和土壤特性变化起重要作用。

据统计，中国的草地蚂蚁共有 62 种，隶属于 3 亚科 16 属，主要分布在荒漠草原、典型草原、高寒灌草丛和高寒草甸。其中，切叶蚁亚科（Myrmicinae）有火蚁属（*Solenopsis*）、铺道蚁属（*Tetramorium*）、红蚁属（*Myrmica*）、盘腹蚁属（*Aphaenogaster*）、收获蚁属（*Messor*）、心结蚁属（*Cardiocondyla*）、细胸蚁属（*Leptothorax*）和棱胸切叶蚁属（*Pristomyrmex*），臭蚁亚科（Dolichoderinae）仅有酸臭蚁属（*Tapinoma*），蚁亚科（Formicinae）有斜结蚁属（*Plagiolepis*）、弓背蚁属（*Camponotus*）、悍蚁属（*Polyergus*）、毛蚁属（*Lasius*）、原蚁属（*Proformica*）和箭蚁属（*Cataglyphis*）。分布在荒漠草原的蚁类有 13 属 52 种，占草地蚁类总种数的 83.9%，优势种为针毛收获蚁（*M. aciculatus*）、艾箭蚁（*C. aenescens*）、铺道蚁（*T. caespitum*）、亮毛蚁（*L. fuliginosus*）、掘穴蚁（*F. cunicularia*）、佐村悍蚁（*P. samurai*）和蒙古原蚁（*P. mongolica*）等；分布在典型草原的蚁类有 11 属 52 种，占草地蚁类总种数的 83.9%，优势种为黄墩蚁（*L. flavus*）、铺道蚁（*T. caespitum*）、玉米毛蚁（*L. alienus*）和亮毛蚁（*L. fuliginosus*）；分布在高寒灌草丛的蚁类有 2 属 27 种，占草地蚁类总种数的 43.5%，优势种为小红蚁（*M. rubra*）、角结红蚁（*M. angulinodis*）、光眼凹头蚁（*F. liopthalma*）和中华红林蚁（*F. sinensis*）；分布在高寒草甸的蚁类仅有弓背蚁属（*Camponotus*）的日本弓背蚁（*C. japonicus*）和广布弓背蚁（*C. herculeanus*），占草地蚁类总种数的 3.2%。

（三）功能

1. 蚂蚁对土壤理化性质的影响 大多数蚂蚁在地下筑巢，并且其种群的 80%～90%居住在巢中，通过建巢过程把深层的土翻到上面，疏松了土壤。蚂蚁在筑巢过程中，不断把动物残体、植物组织等有机物搬入巢内，以及在取食和排泄的过程中，使土壤养分在蚁巢内富集，导致巢内土壤有机质、氮、磷和钾等元素含量高于巢外土壤。因此土壤是蚂蚁生命活动的重要载体，而蚂蚁的各种行为活动也在很大程度上影响土壤环境，甚至改变其生境的土壤理化性质。蚂蚁的各种活动对土壤理化性质的影响，主要集中在对土壤含水量、pH、土壤养分等方面。

国外在蚂蚁对土壤理化性质影响方面的研究报道较多，蚂蚁会在其巢穴内积累有机碎片，而这些有机物质可以为该生境下的土壤生物区系提供丰富的资源，对收获蚁巢内外土壤理化性质的研究发现：与巢外土壤相比，收获蚁巢内的土壤养分——硝酸盐、铵、磷及钾的含量均明显高于巢外土壤；而镁离子、钙离子浓度及土壤含水量变化不大；蚁巢内土壤 pH 下降，相对于巢外对照土壤样品偏酸。类似的研究报道蚂蚁筑巢时所挖掘的深层土壤与表土的混合也是改变土壤理化性质的原因之一，引起巢内土壤速效磷、速效钙及全碳的含量显著高于巢外土壤；巢内土壤 pH 与巢外酸性土壤相比有所升高，与巢外碱性土壤相比有所下降。

2. 蚂蚁对土壤微生物的影响 蚂蚁对土壤微生物群落的影响及蚂蚁与真菌间的关系现已成为国内外生态学家的研究热点。部分研究者发现蚁巢内所有的土壤生物的丰富度及多样性均高于巢外对照土壤。蚂蚁的活动造成蚁巢内土壤样品养分的富集，影响了土壤生物链，进一步导致蚁巢内土壤细菌和真菌数量的变化。

蚂蚁通过颊下囊的过滤作用，将一些微生物如细菌、酵母菌、真菌等的孢子或菌丝累积在其中，并定期将其排到巢内特定地方或排出蚁巢外，也对巢内微生物的多样性水平产生重要影响。因此，蚂蚁和真菌间形成一个高度进化的单元，相互间存在营养、生理方面及免疫互助等特点；蚂蚁与真菌间的关系已成为生态学、进化学研究的热点。据报道，蚂蚁在长期进化过程中会产生抗菌防卫机制。例如，一些蚂蚁会清除它们体表的真菌及孢子，同时帮助其他同巢的伙伴从巢中移走（清除）真菌及孢子。其他蚂蚁使用化学防御机制，如分泌报警信息素抑制真菌的生长。因此，蚂蚁自身的清洁行为及其化学防御机制会影响蚁巢内微生物的种类及分布，从而对土壤真菌多样性水平产生重要影响。

3．蚂蚁对土壤有机碳循环过程的影响 针对蚂蚁扰动对土壤有机碳的影响在国内外已经开展一系列研究，主要集中在蚂蚁筑巢对土壤的物理扰动、蚂蚁与微生物共生作用、蚂蚁与营养元素相互作用关系等方面，但未来研究仍面临诸多挑战。综合目前国内外相关研究进展，认为蚂蚁扰动对土壤中有机碳循环过程的直接影响主要包括土壤物理化学性质改变，蚂蚁-地表植被过程，蚂蚁改变微生物群落结构，蚂蚁呼吸、摄食、储物、排泄等导致土壤有机碳来源、排放与结构组成变化 4 个方面；间接影响主要包括蚂蚁通过影响土壤的物理性状、营养盐可利用性、土壤微气候条件等影响土壤有机碳的无机/有机矿化过程。

蚂蚁的筑巢建穴活动导致土壤理化性质、微气候条件、元素配比及微生物群落的改变，使蚂蚁巢穴通常成为有机碳生物地球化学循环的“热点”。蚂蚁巢穴中的有机物主要通过蚂蚁和分解者的呼吸作用及其介导的无机-有机矿化过程以温室气体的形式从巢穴土壤中流失。蚂蚁巢穴中大量有机物富集和混合会刺激土壤中的微生物活动，使土壤中具有较高的微生物量、活性及功能多样性。蚂蚁巢穴内迥异于周围的微气候条件可影响微生物的活性，从而加速有机碳的矿化分解，蚁巢内温度越高越利于有机碳的矿化。蚂蚁扰动混合上层有机土层和深层矿物土层是影响微生物活性的另一个因素。这些通常是导致蚂蚁巢穴具有较高的碳排放速率的原因。

三、植物根系

（一）形态和分泌物

1．根系的形态 高等植物的根是生长在地下的营养器官，单株植物全部的根总称为根系。根系分布范围广、根量大，对土壤影响广泛。

（1）垂直状根系 此类根系有明显发达的垂直主根，主根上伸展出许多侧根，侧根上着生着许多营养根，营养根顶端常生长着根毛和菌根。大部分阔叶树及针叶树的根系属此类型，尤其在松树、栎类中特别普遍。这类根系多发育在比较干旱或透水良好、地下水位较深的土壤上。

（2）辐射状根系 此类根系没有垂直主根，初生或次生的侧根由根茎向四周延伸，其纤维状营养根在土层中结成网状，槭属、水青冈属、杉木及冷杉等都具有这种根系。辐射状根系发育在通气良好、水分适宜和土质肥沃的土壤上。

（3）扁平状根系 此类根系侧根沿水平方向向周围伸展，不具垂直主根，由侧根上生出许多顶端呈穗状的营养根。云杉、冷杉、铁杉及趋于腐朽的林木都具有这类根系，尤其在积水的土壤上，如在泥炭土上这种根系发育得最为突出。

（4）串联状根系 此类根系是变态的地下茎。此类根分布较浅，向一定方向或四周蔓延、萌蘖，并生长出不定根。此类根对土壤要求较严格，紧实或积水土壤对它们的生长不利，如竹类根系。

（5）须状根系 此类根主根不发达，从茎的基部生长出许多粗细相似的须状不定根。棕榈的根系属此类型。此类根呈丛生状态，在土壤中紧密盘结。

2．根系分泌物 根系分泌物是指植物根系释放到周围环境中的各种物质。Rovira（1979）把植物根系释放到根际环境的物质分为渗出物、分泌物、植物黏液、胶质和裂解物。包含了健康组织有机物的释放及衰老表面细胞和细胞内含物的分解。目前许多学者侧重于研究植物根系分泌物中的可溶性分泌物，而实际许多植物产生的不溶性分泌物大大超过可溶性分泌物，因此应全面研究根系分泌物。

根系分泌物产生途径有代谢途径和非代谢途径。代谢途径产生的分泌物又可分为初生代谢和次生代谢。初生代谢为植物生长、发育和繁殖提供物质、能量及信息，部分物质在代谢过程中以根系分泌物形式释放至根际；次生代谢相对初生代谢而言，其产物不直接参与植物生长、生育和繁殖，而用于适应不良环境，次生代谢产生的根系分泌物很大部分是相克物质。

根系分泌是由种类繁多、数量各异的糖、氨基酸、有机酸等初生代谢物和酚类等次生代谢物及一些未知名的代谢物组成的混合物。根系分泌物中已鉴定出至少 10 种糖和 5 种氨基酸。有机酸是很好的金属螯合物，在营养元素吸收和运输中起重要作用。

植物根系分泌物作为寄主自身抗病性的第一阶段（侵染前阶段）起着不可忽视的作用。许多报道表明作物感病品种的根系分泌物能刺激病原菌孢子萌发，而抗病品种的根系分泌物则抑制孢子萌发，这是植物体自身防御作用的机理之一。根系分泌物还影响根际其他微生物种群，同一种植物的变种或品种间的微生物群体也有差异，因此植物可在一定程度上控制根际微生物环境，促进一些微生物生长，而限制另一些微生物类群生长。Sulochana（1962）研究结果表明，不同棉花品种根系分泌物中氨基酸和维生素变化影响根际细菌种群变化，而与土壤类型无关。Meshkov 和 Khodokova（1954）在用营养液培养细菌的研究中发现豌豆和燕麦根系更有利于无芽孢细菌生长。植物生长对土壤细菌形态和种类平衡作用很大，根际革兰氏阴性菌和不产芽孢的杆菌数量比土壤中多，革兰氏阳性菌、产芽孢的杆菌和球菌、多形态的杆菌（尤其是好氧者）及产芽孢的细菌在植物附近较少。根系分泌物还对微生物代谢、生长和发育有一定影响。玉米根系分泌物可刺激微生物增加生长素、赤霉素和激动素产量。

（二）根际与根际效应

根际（rhizosphere）是指植物根系直接影响的土壤范围。根际范围的大小因植物种类不同而有较大变化，同时，也受植物营养代谢状况的影响，因此，根际并不是一个界限十分分明的区域。通常把根际范围分成根际与根面两个区，受根系影响最为显著的区域是距活性根 1～2mm 的土壤和根表面及其黏附的土壤（也称为根面）。

由于植物根系的细胞组织脱落物和根系分泌物为根际微生物提供了丰富的营养和能量，因此在植物根际的微生物数量和活性常高于根外土壤，这种现象称为根际效应。根际效应的大小常用根际土和根外土中微生物数量的比值（R/S）来表示，即根际土壤中微生物数量（R）与邻近非根际土壤中微生物数量（S）之比。R/S 值越大，根际效应越明显。根际碳水化合物、氨基酸、维生素等物质的种类和数量直接影响根际微生物的种类、数量和活性，因此植物种类不同，根际效应也不同。当前，根际效应的概念有所发展和变化，不再局限于微生物的数量和活性，还可以用于土壤有机碳、土壤养分及土壤酸碱性等。

（三）菌根

菌根是指土壤中某些真菌与植物根的共生体。菌根由真菌界中的担子菌纲（Basidiomycetes）、子囊菌纲（Ascomycetes）和接合菌纲（Zygomycetes）中部分真菌与大多数陆生维管植物共生而形成。1885 年，德国植物生理学家和森林学家 Frank 在研究中首次发现一些真菌菌丝与树木根系正常地共生结合，并把他观察到的真菌与树木根系共生体命名为“菌根”。“菌根”概念的提出是人们开始菌根研究的标志，Frank 成为菌根学的奠基人。后来随着研究的深入，人们观察到许多植物如兰科、杜鹃花科、悬铃木、松树等都会以不同的方式侵染形成菌根。菌根主要是由菌丝、丛枝、哈氏网和泡囊等结构组成。

菌丝即单条管状细丝，为大多数真菌的结构单位，圆筒状，一般直径为 2～4μm，长 3～10μm。凡菌丝细胞只有一个核的称为单核菌丝细胞，两个核的称为双核菌丝细胞，含多核的称为多核菌丝细胞。它是由孢子萌发成芽管，再由芽管不断生长成丝状或管状的菌体，可以不断地延伸和分枝，有隔膜或无隔膜两种。

丛枝形成于皮层细胞内，进入细胞内的菌丝经过连续的双叉分枝成为灌木状结构，即丛枝。宿主细胞内形成丛枝时，细胞中发生如下现象：①细胞质活性明显增强；②核增大，直径增加2～3倍；③形成线粒体、内质网、核糖核酸等；④储藏的淀粉物质被利用，淀粉粒消失；⑤呼吸作用和酶活性增强。丛枝分解后，细胞质和细胞恢复原状，并恢复其功能。

哈氏网是向内生长的菌丝的网络，延伸宿主植物根内，穿过表皮和皮层。该网络是外生菌根真菌和宿主植物之间营养交换的场所。哈氏网是外生菌根和宿主植物之间形成的菌根复合体的三个组成部分之一。

泡囊部分丛枝菌根菌能产生，主要由侵入细胞内或细胞间的菌丝末端膨大而成，直径为30～100μm，一般呈圆形、椭圆形、方形等。泡囊通常有一泡囊壁使它与菌丝隔开，有时与菌丝相通。泡囊内有很多油状内含物，它们是储存的养分。泡囊的形成迟于丛枝，但它不像丛枝那样短命，并且具有繁殖功能。当根的初生皮层脱落时，少数泡囊可从根组织中释放出来进入土壤，在土壤中它们可以萌发并感染植物。通常在植物成熟的季节泡囊的数量最多，不同种的菌根真菌，其泡囊的形状、壁的结构、内含物及其数量均有不同。

已发现有菌根的植物有2000多种，其中木本植物数量最多。已发现的菌根共生体至少有7种类型，包括不同真菌和寄主植物的组合及独特形态（表3-8），外生菌根（ECM）形成时，菌根真菌在植物幼根表面发育，菌丝包在根外，形成很厚的、紧密的菌丝鞘，而只有少量菌丝穿透表皮细胞，在皮层内2～3层内细胞间隙中形成稠密的网状——哈氏网。菌丝鞘、哈氏网与伸入土壤中的菌丝组成外生菌根的整体。外生菌根主要分布在北半球温带、热带丛林地区高海拔处及南半球河流沿岸的一些树种上。大多是由担子菌亚门和子囊菌亚门的真菌侵染而形成的。具有外生菌根的树种有很多，如松、云杉、冷杉、落叶松、栎、水青冈、桦、鹅耳枥和榛子等。内生菌根在根表面不形成菌丝鞘，真菌菌丝发育在根的皮层细胞间隙或深入细胞内，只有少数菌丝伸出根外。内生菌根根据结构不同又可分为丛枝菌根、兰科菌根和浆果鹃类菌根等。其中丛枝菌根是内生菌根的主要类型，它是由真菌中的内囊霉科侵染形成的。内生菌根在草本植物较多，兰科植物具有典型的内生菌根。许多森林植物和经济林木能形成内生菌根，如柏、雪松、红豆杉、核桃、白蜡、杨、杜鹏槭、桑、葡萄、杏、柑橘及茶、咖啡等。

表3-8　菌根共生体类型（改自Harley and Smith，1983）

项目	丛枝菌根	外生菌根	内外生菌根	浆果鹃类菌根	水晶兰类菌根	欧石南类菌根	兰科菌根
有隔菌丝	—（+）	+—	+—	+	+	+	+
胞内菌丝	+	—（+）	+	+	+	+	+
菌丝圈	+—	—	+	+	—	+	+
丛枝	+	—	—	—	—	—	—
菌套	—	（+）—	（+）—	+	+	—	—
哈氏网	—	+	+	+	+	—	—
泡囊	+—	—	—	—	—	—	—
寄主植物	维管植物	裸子植物和被子植物		杜鹃花目	水晶兰科	欧石南目	兰科
含叶绿素的植物	+	+	+	+—	—	+	+—
真菌种类	球囊菌门	多数为担子菌，但也有一些子囊菌和接合菌				子囊菌或担子菌	担子菌

注：—为无，+为存在，（+）为有时存在，（—）为有时不存在，+—为有或无

菌根对寄主植物的作用主要有：①扩大了寄主植物根的吸收范围，作用最显著的是提高了植物对磷的吸收；②提高植物对非生物胁迫（干旱、水涝、高温、低温、盐害、金属与重金属毒害、有毒有机物毒害、雾害、强辐射伤害与机械损伤等）与生物胁迫（土壤微生物群落结构与功能紊乱导致的连作障碍、病害、虫害、草害与外来植物入侵等）的抗性；③在生态系统尺度上，菌根真菌是生态系统的重要组成部分，在植物群落的发生、演替和区系组成等方面都起着重要作用，并且影响着植物在自然生态系统中的各种生态学过程。

四、其他

马陆（millipede）也叫千足虫，属于节肢动物门多足亚类倍足纲，由体节组成。长 20～35mm，暗褐色，背面两侧和步肢赤黄色。马陆是森林生态系统重要的分解者，马陆摄食量随温度的升高而增加。马陆作为腐食性土壤动物以枯枝、落叶、朽木、枯根、动物尸体等动植物残体和排泄物为营养源，是生态系统重要的分解者和养分周转调控者，在有机质初始粉碎和降解过程中起着至关重要的作用。马陆可通过直接和间接作用对凋落物进行分解，直接作用包括马陆取食消耗凋落物，有研究发现马陆每年可转化凋落物输入量的 36%；马陆的间接作用主要体现在以下三方面：①马陆通过破碎凋落物，增大凋落物与微生物接触的表面积，增强微生物的活性，从而加速凋落物分解速率；②马陆可将凋落物与土壤混合，通过运动将凋落物埋藏到更深土层中，有利于凋落物保存；③通过在土壤层之间的运动，马陆可提高土壤通气性，改善土壤条件，进而影响凋落物分解。

白蚁被认为是热带和亚热带地区“关键种”的大型土壤动物。和蚯蚓一样，也有很多研究报道了白蚁的生物学特征及其在这些生态系统中的重要作用。白蚁主要以腐烂的有机质和根系为食，并通过其土堆建筑和洞穴挖掘活动对土壤的养分循环、物理结构和水文产生显著影响而为人所熟知。大多数白蚁依赖于共生的肠道细菌进行能量代谢，而其他所谓的“真菌养殖者”则缺乏这些肠道菌群，而是依靠外部养殖的担子菌来获取营养。一些白蚁还含有鞭毛虫原生动物肠道菌群，它们具有降解纤维素和其他植物多糖的能力。还有一些白蚁通过其肠道细菌的作用，能够固定大气中的氮。因此，它们通常是许多土壤和食物链中氮的主要提供者，且白蚁的土堆在一些景观中被作为养分再分配的中心。白蚁的数量从干旱的稀树草原中少于 50 个/m^2 到一些非洲森林中超过 7000 个/m^2，在这些非洲森林土壤中白蚁约占整个昆虫生物量的 95%。白蚁的种类超过 2300 种，分布在 6 科 270 属中，但白蚁多样性的空间格局受到如纬度和降水等因素的强烈影响，在赤道处其多样性最高；在同一纬度降水量多的地方，白蚁的物种种类和丰度较高。

根瘤是指原核固氮微生物侵入某些裸子植物根部，刺激根部细胞增生而形成的瘤状物。因寄生组织中建成共生的固氮细菌而形成，用来合成自身的含氮化合物（如蛋白质等）。根瘤是微生物与植物根连接的一种形式。根瘤可分为豆科植物根瘤和非豆科植物根瘤。与豆科植物结瘤的共生固氮细菌总称根瘤菌。这种共生体系为代表的共生固氮体系是固氮能力最强的方式，约占农业生产中生物固氮总量的 65%，为世界工业氮肥产量的 2.84 倍。这一固氮体系以其固氮量大、抗逆性强、不消耗物质能源和不污染环境等优点成为农业生产的主要氮素来源。除了出色的固氮性能外，根瘤菌与豆科植物的共生还赋予豆科植物抗干旱、耐贫瘠、根系发达等优良生物学特性，在维持生态平衡、水土保持、植被恢复和为人畜提供高蛋白营养等方面发挥着重要的作用。目前已知能够与豆科植物结瘤的细菌约有 40 种，均为革兰氏阴性细菌，属于细菌域（Bacteria）变形杆菌门（Proteobacteria）。已知的根瘤菌属种主要发现于 α-变形杆菌纲（Alphaproteobacteria），包括根瘤菌属（*Rhizobium*）、中华根瘤菌属（*Sinorhizobium*）、异根瘤菌属（*Allorhizobium*）和固氮根瘤菌属（*Azorhizobium*）。非豆科植物根瘤中的内生菌主要是放线菌，少数是细菌或藻类。其中放线菌为弗兰克氏菌属（*Frankia*），目前已发现有 9 科 20 多属 200 多种非豆科植物能被 *Frankia* 属放线菌侵染结瘤。在我国有许多非豆科植物可与放线菌、细菌结瘤。桤木属、杨梅属、木麻黄属植物与放线菌形成根瘤，具有固氮作用。沙棘属、胡颓子科植物可与细菌形成根瘤，根瘤同样也有固氮能力。

课 后 习 题

1. 名词解释

土壤生物；病毒；土壤动物；蚯蚓堆制过程；根际效应；菌根。

2. 简答题

（1）土壤细菌和真菌的主要功能类型有哪些？

（2）土壤细菌、真菌和病毒间有什么区别？

（3）原生动物在土壤生物网中起什么作用？

（4）蚯蚓对土壤肥力有何作用？是否对生态环境存在不利的影响？

3. 论述题

土壤生物对土壤健康有何作用？

本章主要参考文献

曹志平. 2007. 土壤生态. 北京：化学工业出版社

陈文新. 1996. 土壤和环境微生物学. 北京：北京农业大学出版社

傅声雷，张卫信，邵元虎，等. 2019. 土壤学-土壤食物网及其生态功能. 北京：科学出版社

贺纪正，陆雅海，傅伯杰. 2016. 土壤生物学前沿. 北京：科学出版社

霍云云. 2019. 根瘤菌属五个新种的多相分类研究. 杨凌：西北农林科技大学硕士学位论文

李保国，徐建明. 2019. 土壤学与生活. 北京：科学出版社

李阜棣，胡正嘉. 2005. 微生物学. 北京：中国农业出版社

唐欣昀. 2013. 微生物学. 北京：中国农业出版社

徐芹，肖能文. 2011. 中国陆栖蚯蚓. 北京：中国农业出版社

尹文英，胡圣豪，沈韫芬，等. 2000. 中国土壤动物. 北京：科学出版社

朱永官，沈仁芳，贺纪正，等. 2017. 中国土壤微生物组：进展与展望. 中国科学院院刊，32（6）：554-565

朱永官，褚海燕，等. 2023. 土壤生物学. 北京：高等教育出版社

Abe T, Bignell D E, Higashi M. 2000. Termites: Evolution, Sociality, Symbioses, Ecology. Dordrecht: Kluwer Academic Publishers

Bardgett R D, van der Putten W H. 2014. Belowground biodiversity and ecosystem functioning. Nature, 515: 505-511

Coleman D C, Callaham M A, Crossley D A. 2018. Fundamentals of Soil Ecology. 3rd ed. Cambridge: Academic Press

Edwards C A. 2004. The importance of earthworms as key representatives of the soil fauna//Earthworm Ecology. 2nd ed. Boca Raton: CRC Press

Harley J L, Smith S E. 1983. Mycorrhizal Symbiosis. London: Academic Press

本章思维导图

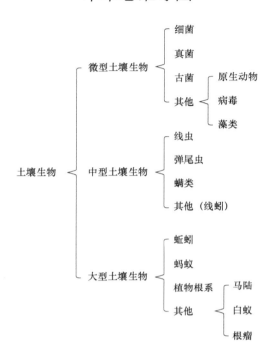

- 土壤生物
  - 微型土壤生物
    - 细菌
    - 真菌
    - 古菌
    - 其他
      - 原生动物
      - 病毒
      - 藻类
  - 中型土壤生物
    - 线虫
    - 弹尾虫
    - 螨类
    - 其他（线蚓）
  - 大型土壤生物
    - 蚯蚓
    - 蚂蚁
    - 植物根系
    - 其他
      - 马陆
      - 白蚁
      - 根瘤

第四章 土壤生物与环境间的关系

本章彩图

本章提要

不同土壤生物类群具有明显差异的代谢与繁殖能力、抵抗外界干扰能力，生物类群之间构成复杂多样的相互关系，如偏利共栖、互利共栖、共生、竞争、拮抗、寄生和捕食等关系。在土壤生境中，各种类型的动物、微生物栖息在一起，共同形成土壤生态群落，深刻影响土壤养分循环与植物生长，而植物类群也能促使生境中生物类群组成发生显著变化。此外，土壤生物与非生物间的相互关系也较为复杂，土壤环境为生物生存提供栖息场所及物质和能量，生物的生存和活动反过来又影响和改变土壤环境，两者相互作用影响了元素生物地球化学循环过程。

第一节 土壤生物之间的关系

一、土壤微生物之间的相互作用

（一）共栖

共栖是指两种生物生活在一起，对一方有利，对另一方无利也无害，或者对双方都有利，两者分开以后都能够独立生活。微生物群体共栖时，存在两种情况。

1．偏利共栖关系 偏利共栖即一个群体得益而对另一个群体并无影响。例如，好氧微生物和厌氧微生物共栖时，前者消耗环境中的氧，为后者的生存和发展创造厌氧的环境条件。可以是一个微生物群体为另一个群体提供营养或生长刺激物质，促进后一群体的生长和繁育。也可以是一个微生物群体为另一个群体提供营养基质，如厌氧消化过程中，水解性细菌和产氢产乙酸细菌为产甲烷细菌提供生长要素和产甲烷的前体如 H_2/CO_2、乙酸、甲酸等。总之，偏利共栖关系在自然界普遍存在，对于微生物类群的演替具有重要的生态意义。

2．互利共栖关系 互利共栖即两个微生物群体共栖时互为有利。共栖可使双方都能较单独生长时更好，生命力更强。这种互利可能是由于互相提供了营养物质，或者互相提供了生长素物质，从而改善了生长环境，或兼而有之。例如，纤维分解微生物和固氮细菌的共栖，前者分解纤维产生的糖类为固氮细菌提供碳源和能源，而固氮细菌固定的氮素可为纤维分解微生物提供氮源，互为有利，促进了纤维分解和氮素固定。在乙酸、丙酸、丁酸和芳香族化合物的厌氧降解产甲烷过程中，各类降解菌（如产氢产乙酸细菌）分解这些物质为 H_2/CO_2 和乙酸等，为产甲烷细菌提供了生长要素和产甲烷基质。而这些降解菌在环境中高氢分压时便不能降解这些物质，正是由于产甲烷细菌利用消耗了环境中的氢，使环境中维持低氢分压，促使了这些降解菌的继续降解。

（二）共生

共生又叫互利共生，是两种生物彼此互利地生存在一起，缺此失彼都不能生存的一类种间关系，若互相分离，两者都不能生存。两个微生物群体形成结构特殊的共生体，两者绝对互利，分开后有的甚至难以单独生活，而且互相之间具有高度专一性，一般不能由其他种群体取代共生体中的组成成员。

例如，地衣即典型的共生关系。地衣由某些藻类或蓝细菌与真菌组成，形成特定的结构，能像高等生物那样繁衍生息，发展具备了独立的分类地位和系统。地衣中的藻类或蓝细菌进行光合作用，某些藻类可以固定大气氮素，可为真菌提供有机化合物作碳源和能源、氮源及氧气，而真菌菌丝层则不仅为藻类或蓝细菌提供栖息之处，还可提供矿质营养和水分，甚至生长物质。组成地衣的藻类主要包括念珠藻属（*Nostoc*），还有绿藻门（Chlorophycophyta）或黄藻门（Xanthophycophyta）的一些藻类；真菌大多数是子囊菌中的盘菌，其次为核菌，少数为担子菌。地衣间可以分成专性共生、兼性共生和寄生三种关系，其中专性共生即真菌和藻类共生后，形态发生改变，真菌已不能独立生活；兼性共生即真菌形态并不发生改变，分开后仍可独立生活；寄生即真菌寄生于藻上，营寄生生活。地衣能抵抗不良环境，是土壤形成的先锋生物，对空气污染尤其是二氧化硫甚为敏感，可以作为某地域大气污染程度的指示生物。

此外，原生动物与藻类的共生也是一种普遍存在的共生现象。许多原生动物可以与藻类共生而从藻类光合作用过程中获得有机物质和氧气，并为藻类提供二氧化碳进行光合作用。近来也发现原生动物体内有产甲烷细菌共生。

（三）竞争

竞争关系是指在一个自然环境中存在的两种或多种微生物群体共同依赖于同一营养基质或环境因素时，产生的一方或双方微生物群体在数量增殖速率和活性等方面受到限制的现象。这种竞争现象普遍存在，结果造成了强者生存，弱者淘汰。

竞争营养是微生物群落间最常见的现象，尤其当两种微生物类群均可利用的同一种营养基质十分有限时，竞争关系更为明显。一般来说，在营养基质有限的生境中，对营养源具有高亲和力、固有生长速率高的群体会成为优势菌群，抑制那些亲和力低、固有生长速率低的群体，起到一种竞争排斥的作用。例如，厌氧生境中，硫酸盐还原细菌和产甲烷细菌都可利用 H_2/CO_2 或乙酸，但是硫酸盐还原细菌对于 H_2 或乙酸的利用亲和力较产甲烷细菌高。因此一般情况下硫酸盐还原细菌可以相当的优势优先获得有限的 H_2、乙酸等基质而迅速生长繁殖，产甲烷细菌却只能处于生长劣势。由于环境条件的改变，微生物群体对于干燥、热、酸、碱、辐射、盐、压力等不良环境的抗逆性差异，使得其在环境因素发生变化时，竞争力变化，从而改变竞争的结果，如温度的改变会导致微生物优势种群的变化。

微生物之间的竞争还表现在对于生存空间的占有上，在一个空间有限的环境中，生长发育繁殖快的微生物将优先抢占生存空间，而生长速率慢的微生物的生长受到遏制和空间限制。同样，在微生物与高等植物间也存在竞争关系，如在利用氮肥时，有些微生物会与植物共同竞争无机态氮。

（四）拮抗

由于一种微生物类群生长时所产生的某些代谢产物，抑制甚至毒害了同一生境中的其他微生物类群的生存，而其本身却不受影响或危害，这种现象称为拮抗现象。拮抗现象在自然界中普遍存在，在链霉菌属种群中尤为突出。

微生物之间的拮抗现象可以分为两种：一是由于一类微生物的代谢活动改变了环境条件而使其不适宜于其他微生物类群的生长和代谢。例如，人们在腌制酸菜或泡菜时，创造厌氧条件，促进乳酸细菌的生长，进行乳酸发酵，产生的乳酸降低了环境的 pH，使得其他不耐酸的微生物不能生存，而发生腐败，乳酸细菌却不受影响。含硫矿尾水中，硫杆菌的活动使 pH 大大降低，因而其他微生物也难以在这种环境中生存。二是一些微生物产生某些能抑制甚至杀死其他微生物类群的代谢产物。较普遍的是产抗生素的微生物在环境营养丰富时，可以产生抗生素。不同种类与结构的抗生素可以选择性地抑制各类微生物，但对其自身却毫无影响。例如，谷粒用枯草芽孢杆菌（*Bacillus subtilis*）或球毛壳霉（*Chaetomium globosum*）接种，能抗幼苗的枯萎病。放射形土壤杆菌（*Agrobacterium radiobacter*）接种谷物种子或苗圃植株，可抗根癌农杆菌（*Agrobacterium tumefaciens*）的侵袭，控制癌肿病。

（五）寄生

一种微生物通过直接接触或代谢接触，使另一种微生物寄主受害乃至个体死亡，而使其本身得益并赖以生存，这种关系称为寄生关系。

从寄生菌是否进入寄主体内来分，可以分为外寄生和内寄生两种。外寄生即寄生菌并不进入寄主体内的寄生方式，内寄生则是寄生菌进入寄主体内的方式。外寄生方式如黏细菌对于细菌的寄生，黏细菌并不直接接触细菌，而是在一定距离外，依靠其胞外酶溶解敏感菌群，使敏感菌群释放出营养物质供其生长繁殖。内寄生方式较为普遍，寄生关系可以有病毒寄生于细菌、放线菌和蛭弧菌，蛭弧菌寄生于细菌，真菌寄生于真菌、藻类等，原生动物又可被细菌、真菌和其他原生动物所寄生。

寄生菌与寄主之间的专一性很强，寄生菌都限定于特定的寄主对象。作为微生物群体，寄生现象显示了一种群体调控作用。因为寄生现象的强度依赖于寄主群体的密度，而又可造成寄主群体密度的下降。寄主群体密度的下降减少了寄生菌可利用的营养源，结果又使寄生菌减少。寄生菌的减少又为寄主群体的发展创造了条件。这样循环往复，调整着寄生群体和寄主群体之间的比例关系。

（六）捕食

捕食关系是指一种微生物以另一种微生物为猎物进行吞食和消化的现象。在自然界中有藻类捕食其他细菌和藻类，细菌捕食细菌或者真菌等的现象。科学家在 20 世纪 60 年代在土壤样本中寻找噬菌体时，无意中发现了这种细菌的存在。掠食性细菌是一类会对其他细菌进行猎食的细菌，处于细菌食物链的最顶端。蛭弧菌是一类广为人知的具有猎食性的革兰氏阴性菌，会对其他革兰氏阴性菌发起攻击。蛭弧菌可以附着到其他革兰氏阴性菌上，如大肠杆菌或沙门菌，然后在它们的细胞膜上弄出破洞，借此进入宿主的细胞周质间隙中，即两层细胞膜之间一层薄薄的胶状基质。一旦进入，它们便会开始吸食宿主体内的营养物质，就像细菌界的水蛭一样。它们同时还会释放出蛋白质破坏酶，从内部瓦解宿主。此外，黏细菌也是一类具有捕食功能的细菌类群。我国科学家利用黏细菌可以直接捕食多种细菌和真菌的特性，通过实验筛选获得了多株具有高效捕食能力的黏细菌。珊瑚球菌（*Corallococcus* sp. EGB）就是其中分离的一株具有广谱捕食病原真菌能力的黏细菌，对包括稻瘟病菌和枯萎病菌在内的多种植物病原真菌具有高效的捕食能力。

二、土壤微生物与土壤动物之间的相互作用

（一）土壤动物对微生物的捕食

捕食关系在土壤动物与土壤微生物之间广泛存在。土壤中的原生动物通过取食、消化细菌和真菌促进土壤碳、氮、磷的矿化，影响土壤养分循环。但原生动物并非对所有加入土壤的细

菌产生反应，有的表现为种群增长，有的无增长表现。对出现上述反应差异的合理解释是，原生动物在取食细菌上可能表现为食性专一。

自由生活的腐食性原生动物可能难以区分土壤黏粒和细菌，因而两者都会被摄取，因为有些黏性颗粒直径在0.3～1μm，这正好是多数细菌细胞的大小。这种尺寸选择是由原生动物口腔大小决定的，当然其中可能还有食性喜好的影响。原生动物无选择地摄食土壤黏粒和细菌，可能减少其食物吸收效率、降低其繁殖潜力。但土壤黏粒可通过为细菌提供更多的微型生境而使细菌免遭原生动物取食。近年来，有关土壤黏粒-细菌-原生动物三者间关系的认识已在室内通过使用无菌土壤或有菌土壤的比较研究中获得，并提供了一些有价值的信息。

土壤动物在其取食行为中不仅是多面手还是机会主义者。某些线虫的口器既适合取食细菌也适合取食真菌；一些原生动物可利用化学物质区分细菌和藻类猎物。弹尾目昆虫在取食行为中表现出更强的选择性，优先以特定的真菌为食。弹尾目某种棘跳虫（*Onychiurus latus*）对松柏类针叶凋落物上的真菌安络小皮伞（*Marasmius androsaceus*）的选择性取食导致了这种美味真菌活性的降低，并增加了凋落物上一种适口性较低的真菌小菇（*Mycena galopus*）的丰度。弹尾目的一些种类通过真菌菌丝体释放的挥发性化合物来定位并选择其真菌食物来源。弹尾目昆虫中等水平的取食可提高所选择真菌的活性并促进其生长，这种生长通常被称为补偿性生长。与此相反，重度取食真菌群落会降低它们的活性，弹尾目昆虫对菌根真菌的过度取食阻碍了它们与寄主植物的互利共生。

（二）土壤微生物对土壤动物的捕食与寄生

土壤动物种类丰富，与土壤微生物共同构成土壤生物多样性的主体。微型、中型和大型土壤动物分别生活在充水孔隙、充气孔隙及地表凋落物和孔道中，对水分、酸度、养分元素等环境因子的需求多种多样，土壤动物填充了地球上丰富而独特的时空和功能生态位。最后，土壤动物群落包含了丰富的营养级，占据了土壤食物网的各个位置，对土壤食物网结构及生物网络关系具有重要影响。尽管土壤动物体型比微生物更大，数量比微生物要少，但某些土壤微生物也会对土壤动物产生重要影响。

现有约150种真菌可捕食线虫及其虫卵，通过产生一个捕获器官将活体线虫缠绕住，用菌丝穿透线虫表皮，将其破坏使营养释放出来。而内生真菌在线虫体内不产生扩展到体表的菌丝，如轮枝菌只在体内发展。线虫与细菌、原生动物与细菌有许多共生现象，但对土壤中的共生关系认识还不是很清楚。线虫也可作为细菌在土壤中传播的载体，线虫本身也可被螨类和弹尾目昆虫运输和传播。土壤动物还可被某些专化细菌寄生。许多无脊椎动物内外表面都可能被微生物寄生，如蚂蚁与真菌。一种被称为牧蚁的蚂蚁类群，能栽培真菌，以真菌菌丝作为食物。与此相似，白蚁也可以栽培真菌。

第二节　土壤生物与植物间的关系

一、植物对土壤生物的影响

植物和土壤生物，尤其是土壤微生物，作为生态系统中主要的生产者和分解者，不仅为生态系统提供重要的生态系统服务功能，而且存在着复杂的相互作用。土壤微生物多样性不仅受土壤理化属性等非生物环境影响，还与地上植物群落相互影响，驱动群落和生态系统功能和服务。植物为土壤微生物提供有机质使土壤微生物分解矿化，而土壤微生物的矿化产物又作为必需的养分为植物的生长提供条件。

（一）植物多样性对土壤生物的影响

植物群落与土壤生物之间的关系十分密切，植物凋落物为分解者提供其生存必需的元素和营养物质，植物根系也是很多土壤生物的寄主。植物影响土壤食物网的主要方式是改变输入土壤中有机物的数量和质量。在草地生态系统中，植物物种丰富度和植物功能多样性对土壤中可培养细菌群落的分解代谢活性和代谢多样性具有正向影响。不同植物的形态及生理性状差异很大，这导致不同植物产生资源的数量和质量有很大差异。植物地上部和根系分解会对土壤食物网在较长的时间尺度和较大的空间尺度上产生影响，根系分泌物对土壤食物网则是在较短的时间尺度和较精细的空间尺度（即根际）上产生影响。植物输入土壤中的有机物在所含碳组分的相对比例上也有很大不同，这些组分以不同的速率降解，这也反映了它们对分解者有机体的资源价值。可培养土壤细菌的分解代谢活性和代谢多样性随植物种类的增加而呈线性增加。这些影响可能是由流向土壤的物质和能量的多样性与数量增加引起的，也可能是通过刺激土壤动物而增加土壤微生境的多样性所介导的。

较高的植物多样性可通过增加凋落物的多样性、土壤微生境的异质性或植物输入土壤的物质和能量等方式来影响土壤微生物。由植物多样性丧失引起的植物生物量下降将对分解者群落产生强烈影响，如微生物生物量降低，因为有机碳源输入减少限制了土壤微生物活动。当生物多样性的变化影响初级生产时，由于生物量的变化，可能会对土壤异养生物和分解产生相关的后续影响。地上生物量随着植物物种丰富度的增加而增加，流向土壤的有机质增加也会对细菌产生积极影响。

在森林或草原生态系统中，微生物的生长受到新鲜有机碳输入的限制，是土壤微生物对碳输入响应的一个敏感指标。微生物生长随着植物物种丰富度或生物量的降低而显著降低。Wardle 和 Nicholson 的研究表明，土壤微生物生物量主要由植物生物量产量决定，但也受现有植物种类的特性和数量的影响。不同草种间碳分配的差异会显著影响根际细菌及食菌线虫的生长。不同品种的生草生长 3 年后，由于凋落物数量和质量的差异，导致土壤中氮矿化也存在较大差异。不同的凋落物混合会影响凋落物的腐烂速率，既有协同作用，也有拮抗作用。

（二）根系分泌物对土壤微生物的影响

有根系分泌物存在的根际常被称作“沙漠中的绿洲”。这是因为植物根系周围的土壤由于受到根系活动及其分泌物的影响，其物理、化学、生物学性质不同于原土体。例如，根际土壤的酸度比非根际土壤大 10 倍左右，这与根际的根系分泌物密切相关。植物根系分泌作用是其适应胁迫环境的一种重要方式，通过根系分泌作用，植物与根际环境进行着物质、能量与信息的交流。根系分泌物的组成变化反映了植物个体新陈代谢和生长发育状况。植物根系分泌物含有大量的生物活性物质，在特定的土壤环境下不仅能影响同种或异种植物的种子萌发、植株生长等；而且在营养元素的活化、土壤结构的形成与微生物的激发等方面都具有重要的作用。质子和无机离子属于根系分泌物成分，对根际土壤的 pH 及氧化还原电位有一定的调节作用，进而可以影响营养元素在根际的有效性。根系分泌的有机酸可以通过对根际难溶性养分的酸化、螯合、离子交换作用及还原作用等提高这些根际土壤养分的有效性，增加了植物对根际养分的吸收，从而促进了植物的生长发育。

根系分泌物可以通过调节微生物的活动来影响植物对养分的吸收。根系分泌物为根际微生物提供营养和能源，使微生物大量繁殖，提高根际微生物产生酶的数量和活性，从而促进土壤中有机化合物的分解和矿化，提高土壤中有效养分的含量，进而促进植物对养分的吸收和利用。根系分泌物为微生物提供重要的物质能量，其成分和数量影响着微生物的种类和数量。不同种类植物根系分泌物对根际微生物的影响不同（表 4-1）。不同植物或同种植物在不同发育时期根系分泌物不同，从而导致不同种类植物或同种类植物不同时期根际微生物具有一定差异。研究认为根际微生物量与根系分泌物量呈正相关，根系分泌物种类决定根际微生物种类，并认为根系分泌物影响根际微生物代谢，表现为有时促进微生物代谢，有时抑制微生物代谢。在油菜上应用黄烷酮和异黄酮能有效提高根瘤菌的侵染率和固氮酶活性，而油菜根的分泌物中可能不含类黄酮物质，或是所含的类黄酮物质在浓度上和种类上不能有效地诱导根瘤菌的结瘤基因。根系分泌物对根际微生物具有直接影响和间接影响之分，有些根系分泌物直接作用于根际微生物，以抑制或增强其活性，另一些根际分泌物则可能通过影响一种微生物活性进而影响另一种微生物。

表 4-1 几种植物根系分泌物对土壤微生物的影响（引自丁娜等，2022）

植物种类	根系分泌物	对土壤微生物的影响
水稻	黄酮、双萜、异羟肟酸	影响甲烷菌的活性及甲烷排放
小麦	酚酸、异羟肟酸	促进好气性纤维素黏菌和木霉的繁殖
玉米	缺磷时分泌糖和氨基酸	提高微生物活性，活化难利用的磷
苜蓿	皂苷、黄酮类	前者抑制木霉，后者诱导根瘤菌结瘤
白菜	硫氰酸酯	抑制丛枝菌根萌发

根系分泌物直接或间接影响了根际微生物，包括其在根际的种类、分布和代谢活性。同样，根际微生物也影响着根系分泌物。因此，通过调节根系分泌物来提高根际有益微生物种类和多样性，进而抑制病原菌在根际定殖、繁殖和发展，这可能成为植物土传病害防治的一个新途径。例如，通过根际微生物影响根系的形态结构和生理活性，提高土壤中植物营养元素的有效性，对于提高粮食产量和降低化肥用量进而降低农业面源污染风险具有重要意义。土壤中微生物产生的次级代谢产物，对植物根系的分泌既有刺激作用又有抑制作用，影响根细胞的通透性、代谢及修饰转化根系分泌物。

（三）根系分泌的化感物质对土壤生物的影响

植物的化感作用是指植物在其生长发育过程中，通过向环境释放出特定的代谢产物，改变其周围的微生态环境，影响周围其他植物生长发育，导致植物间相互排斥或促进。根系分泌的化感物质对土壤生物的影响是近些年来土壤生态学研究的一个新方向，它将植物和土壤生物联系起来，反映出植物体调节内部代谢过程和防御土壤生物侵害的机制，推动了土壤生态学的相关方面研究工作。

根系分泌的化感物质对土壤生物具有直接影响。不同植物根系分泌物能够对根际微生物种类、种属、品种及其生理特性产生影响（表 4-2）。研究表明，化感物质阿魏酸、4-叔丁基苯甲酸及苯甲醛进入土壤后，导致土壤微生物胞内酶与胞外酶比例失调或改变酶的构象，脲酶活性增强，微生物区系发生变化，同时土壤硝化作用受到抑制。据推测，化感物质可能通过对土壤微生物的影响抑制土壤硝化作用，这为筛选新型土壤硝化抑制剂提供了参考。轮作、连作大豆根系分泌物对半裸镰孢菌（*Fusarium semitectun*）、粉红粘帚菌（*Gliocladium roseum*）和尖孢镰刀菌（*Fusarium oxysporum*）尤其是对半裸镰孢菌的生长有明显的化感促进作用。低浓度时连作大豆根系分泌物对半裸镰孢菌和粉红粘帚菌生长的化感促进作用显著大于轮作大豆。连作过程中大豆的根系分泌物和植株残余物可产生香草酸、香草醛和对羟基苯甲酸等酚类化感物质，这些物质对大豆根瘤菌的形成和 P、K 等矿质元素的吸收均有抑制作用。

表 4-2　作物根系分泌的化感物质对土壤生物的直接影响（引自梁文举等，2005）

作物	化感物质	化感效应
大豆	香草酸、对（间）羟基苯乙酸	对大豆胞囊线虫的密度产生显著影响，促进胞囊线虫的繁殖；青霉菌、镰刀菌和立枯丝核菌增加
水稻	黄酮、双萜、异羟肟酸	影响甲烷菌的活性及甲烷排放
小麦	酚酸、异羟肟酸	促进好气性纤维素黏菌和木霉的繁殖；通过对微生物的作用抑制土壤硝化
苜蓿	皂苷	对木霉具有抑制作用
白菜	糖苷硫氰酸酯	对丛枝菌根萌发产生显著的抑制作用
韭菜	根分泌提取液	抑制番茄青枯假单胞菌

根系分泌的化感物质对土壤生物的间接影响是指根系分泌的化感物质对群落组成和土壤环境产生的影响。群落组成和土壤环境的改变势必使土壤生物群落的结构和组成相应地发生一些变化。根系分泌的化感物质在生物群落中起着至关重要的作用。一些杂草（如阔苞菊属杂草 *Pluchea laneolata*）甚至可以改变土壤化学性质，使下层土壤不适合有关物种生长。在许多情况下，土壤中植物释放的化感物质对细菌、真菌和其他微生物的影响远远超过邻近的植物。化感作用可能通过对植物和微生物的影响进而影响氮循环的各个阶段。生物固氮作用、矿化作用、硝化作用和菌根的化感效应普遍存在。由于酚类物质可溶解于水，过去的绝大多数研究主要集中在酚类物质对硝化作用的化感抑制方面。

单萜是许多松脂油的主要成分。它们是由二分子异戊二烯单元多聚化作用组成的 10 个碳分子物质，可能是脂肪族的、单环的、双环的或三环的物质。作为化感物质，单萜也被认为具有抑制几种植物群落的萌发和生长。一些学者认为，单萜对硝化作用的化感抑制作用仅仅在氮限制或碳亏缺的土壤中发挥作用，即单萜抑制了氮限制（缺乏）土壤的硝化作用（具有低的硝化速率）。尽管有研究认为土壤生态系统中化感作用的存在容易与资源竞争作用混淆，但迄今为止的绝大多数野外和室内实验证据都支持了单萜通过对氨氧化微生物的非竞争性抑制作用抑制硝化作用。

二、土壤生物对植物群落的影响

土壤微生物与植物间也存在多种关系，如共生、寄生、拮抗等，但总体上微生物对植物可分为有益关系及有害关系。

（一）植物根际有益微生物

植物根际有益微生物主要是指对植物生长和健康具有促进作用的土壤微生物。这些微生物可以通过各种途径（图 4-1），促进植物生长和发育。根据植物根际有益微生物主要作用可将其分为植物根际促生微生物（rhizosphere growth-promoting microorganism）和根际生防微生物（rhizosphere biocontrol microorganism）两大类。

植物根际促生微生物是在一定条件下自由生活在根际土壤与根表，对植物具有直接促进作用的土壤微生物，主要包括细菌中的促生根际菌和菌根真菌。促生根际菌是指根际对作物有益的细菌，主要包括固氮微生物、荧光假单胞菌、芽孢杆菌、根瘤菌、沙雷氏菌属等 20 多种。

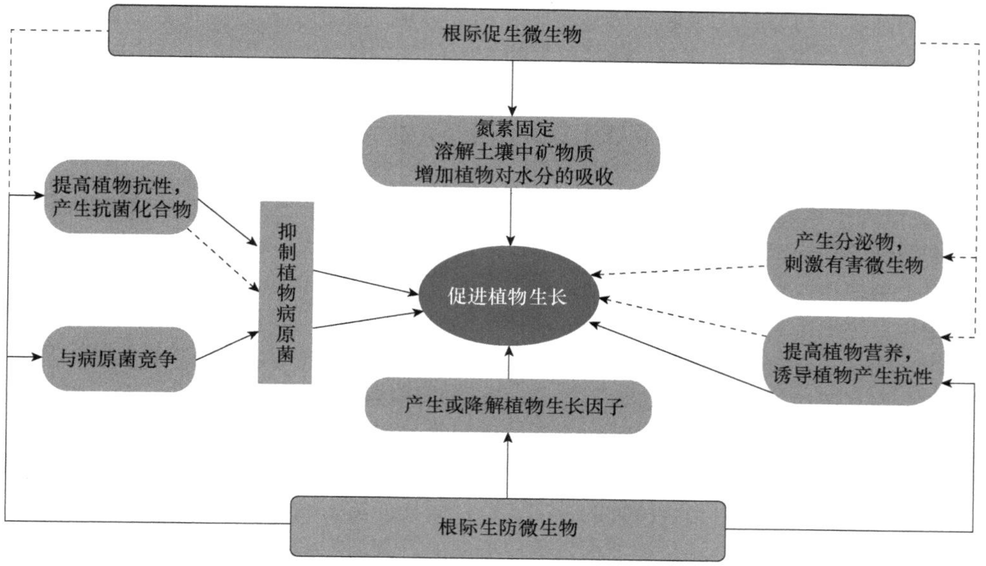

图 4-1　植物根际有益微生物促进植物生长的途径（引自李琬等，2014）
虚线为根际促生微生物的作用途径；实线为根际生防微生物的途径

根际生防微生物是指通过产生一些抗菌物质抑制病原菌在植物根际定殖和发展，同时也能够诱导植物系统对病原菌和外界不良条件产生一定抗性，从而间接促进植物生长的一类根际微生物，根际有益微生物的生物防治机制有 4 种。

（1）*产生嗜铁素*　根际有益微生物产生嗜铁素，从而使有害微生物可利用的铁减少，最终导致致病性的下降。

（2）*拮抗作用*　拮抗微生物的同化作用产生能抑制病原菌的抗菌物质，一般在低浓度下就能对病原菌的生长和代谢产生抑制，引起细胞内溶现象。

（3）*竞争作用*　竞争作用包括营养物质的竞争，物理位点、生态位点的抢占及氧气的竞争。有益微生物将适合微生物生长和繁殖的有利位点抢先占领，就可以阻止和降低有害菌生态位点在有利位点上的建立。

（4）*诱导系统抗性*　诱导系统抗性就是采用非亲和性的病原物或其他因素诱导植物产生抗性。植物因诱导所激发的系统抗性与植物所产生的抵抗挑战菌的代谢产物有关。目前认为拮抗微生物主要是通过对营养和位点的竞争及产生抗生素的拮抗作用来达到生防效果。有的拮抗菌株以一种机制为主，有的同时依赖多种机制。

在自然界中，植物病原物、根际生防微生物和环境之间的关系极其复杂。只有生防微生物定殖菌数达到有效水平，才能在植物根际同病原菌竞争营养，产生抗菌物质，防止病原菌对植物的侵害。

（二）菌根共生体与植物群落

1. 菌根及丛枝菌根　菌根是植物根系与土壤中某些特定真菌形成的共生体，能够形成菌根的这些特定真菌被称为菌根真菌。菌根共生体通过菌根真菌的菌丝体侵入宿主植物根系表面、皮层细胞间或细胞内而形成。在这种共生现象中，一方面植物为菌根真菌提供其生长所必需的碳水化合物；另一方面对于土壤中某些微量元素或者是植物不容易吸收的矿质元素，菌根真菌的菌丝体可以帮助吸收并转运至宿主植物以促进植物生长。丛枝菌根真菌（AMF）是陆地生态系统的重要组成部分，能够与大约80%的陆地植物种类形成丛枝菌根真菌-植物共生体。菌根共生体并非菌根真菌单方面地从宿主植物获得营养物质，而是采用一种两者互惠互利的共生方式。丛枝菌根真菌存在于农田、森林、沙漠、贫瘠土壤等各种各样的陆地生态系统。

2．丛枝菌根真菌的生理生态功能　　丛枝菌根真菌能够促进植物对各种矿物质的吸收，同时能够增强植物的抗逆抗病性。此外，丛枝菌根真菌在促进土壤物质循环、改善土壤理化性质、稳定土壤结构、调节植物土壤水分关系等方面具有积极的作用。在生态系统尺度上，丛枝菌根真菌是自然生态系统的重要组成部分，在植物群落的发生、演替和区系组成等方面都发挥着重要作用，并且影响着植物在自然生态系统中的各种生态学过程。在自然界的植物群落中，不同丛枝菌根真菌植物个体是通过地下的菌丝体网络连接成一体的，并在此平台上进行物质和信息交流。丛枝菌根真菌可以通过其地下菌丝体网络对相邻植株之间的资源进行调节，并会导致资源分配不均衡，从而影响植物之间的竞争与共存。

丛枝菌根真菌不仅可以影响植物的种间竞争，同样能够影响植物的种内竞争，由丛枝菌根真菌介导的这种竞争效应会随丛枝菌根真菌侵染率的升高而加强。丛枝菌根真菌通过影响植物竞争关系的模式和强度从而间接地影响植物群落，最终导致群落中物种的多样性和均匀度发生变化。大多数情况下，菌根植物的竞争力往往要高于非菌根植物。当菌根植物迁入或入侵某个生态系统时，该系统中的植物群落很快将发生演替。许多研究结果均表明，丛枝菌根真菌在植被群落的建立和演替等方面具有重要的作用，丛枝菌根真菌可以改变植物的群落组成，进而影响生态系统过程（图4-2）。

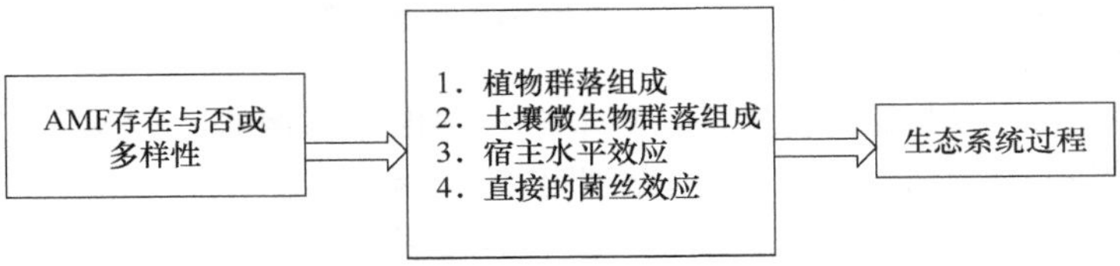

图4-2　AMF通过不同途径影响生态系统过程示意图（引自刘永俊，2008）

3．丛枝菌根真菌与植物间的关系　　丛枝菌根真菌侵染植物根系后，与植物形成共生体，其生态学效应包括三种情况：互利共生、偏利共生和寄生关系。在丛枝菌根真菌-植物共生体中，丛枝菌根真菌为植物提供土壤养分和水分，植物为丛枝菌根真菌提供光合产物。丛枝菌根真菌对植物的作用可以分为以下几个方面：丛枝菌根真菌作为植物养分吸收的“器官”，能够提高植物对土壤养分的吸收。丛枝菌根真菌对植物磷吸收的贡献占植物总需求量的75%～90%，对氮吸收的贡献达5%～80%。丛枝菌根真菌也能提高植物对钾、铁、锌、铜、钼等元素的吸收。丛枝菌根真菌在根外形成大量的菌丝，可达根系外的11.7cm远处，从而扩大了养分吸收范围，菌丝网络中土壤养分的传输速度远远高于养分直接在土壤中的移动速度。丛枝菌根真菌菌丝能够活化土壤中难以移动的养分（如磷），提高其可利用性，从而改善植物的养分吸收。

丛枝菌根真菌能够提高植物的水分吸收，增强植物的抗旱性。研究表明，菌丝网络具有传递水分的功能，提高植物的水分利用效率，丛枝菌根真菌对植物水分吸收的作用受到菌丝密度和菌丝活力的调节。丛枝菌根真菌可以增强植物的自我防御功能，减轻土传病害或动物采食带来的危害，如丛枝菌根真菌通过改变植物根系分泌物减少线虫对其生长的危害，接种丛枝菌根真菌后可以增加宿主植物茉莉酸等次级代谢产物的产生和碳氮的代谢，从而增强植物对真菌病害的抵抗力。

丛枝菌根真菌对植物生长的贡献与土壤磷水平的关系分为 5 种情况，如图 4-3 所示。图 4-3A 表示随着土壤磷水平增加，丛枝菌根真菌对植物生长的贡献呈线性增加。随着磷水平增加，在不接种丛枝菌根真菌处理中，由于其根系直接吸收的磷极其有限，生物量对磷水平无显著响应，而在丛枝菌根真菌接种处理中极大地增加其生物量，并随着磷水平增加而增加，图 4-3A 所表示的植物种类对丛枝菌根真菌的依赖性极高。图 4-3B 表示在磷水平极低时，丛枝菌根真菌对植物生长无显著影响。随着磷水平增加，丛枝菌根真菌促进植物生长，并且对植物生长的贡献随磷水平增加而增加，当磷水平到达一定的阈值后，丛枝菌根真菌对植物生长的贡献保持不变，如豆科植物和铁架木。图 4-3C 表示丛枝菌根真菌和土壤磷水平对植物生长均没有显著影响，这类植物的根系直接吸收的磷养分能够满足本身的磷需求，丛枝菌根真菌与植物间形成偏利共生关系，即植物为丛枝菌根真菌提供光合产物，而丛枝菌根真菌对植物生长无显著影响。图 4-3D 表示丛枝菌根真菌与植物间形成寄生关系，丛枝菌根真菌抑制了植物的生长，随着磷水平增加，抑制作用降低。例如，C_3 禾草无芒雀麦（*Bromus inermis*）和偃麦草（*Elymus repens*）的生长受到丛枝菌根真菌寄生作用的危害，但是随着土壤磷水平增加，这两种植物极大地降低了根系的丛枝菌根真菌侵染率和土壤中的菌丝丰富度，即降低了对丛枝菌根真菌的光合产物投入，从而降低了丛枝菌根真菌寄生作用对植物生长的抑制。图 4-3E 表示随着磷水平增加，丛枝菌根真菌对植物生长的贡献先增加后降低。

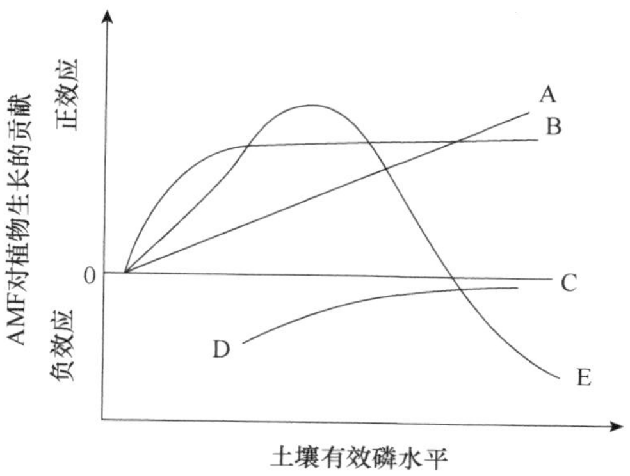

图 4-3　不同土壤有效磷水平下 AMF 对植物生长贡献的示意图（引自杨高文等，2015）

对于丛枝菌根真菌而言，土壤磷水平增加后，菌根植物会减少对丛枝菌根真菌的光合产物投入，降低植物根系的菌根侵染率和土壤的菌丝密度。而随着土壤氮水平的增加，植物对丛枝菌根真菌的光合产物投入也表现出相似的规律。虽然分析的结果表明施用氮肥比磷肥更能够解释植物的菌根依赖性，但是与氮缺乏相比，植物在磷缺乏时丛枝菌根真菌对植物生长的影响更大。只有在氮缺乏而磷充足的情况下，氮肥添加会降低植物对丛枝菌根真菌的光合产物投入，而在磷缺乏时，氮肥添加会增加植物对丛枝菌根真菌的光合产物投入。可见，土壤氮磷的相对比例，即土壤养分的生态化学计量比，影响丛枝菌根真菌与植物间的关系，进而影响植物的生长。

交易平衡模型（trade balance model）将土壤氮磷水平对丛枝菌根真菌和植物之间关系的影响总结为图 4-4 所示的 4 种情况。图 4-4 中第 1 种情况表示，当土壤氮磷均是限制因子时，丛枝菌根真菌对植物磷吸收的贡献较大，但是由于土壤氮的缺乏，限制了植物的光合作用，导致植物对丛枝菌根真菌的光合产物投入较低，形成氮缺乏型的互利共生关系。例如，最新的研究从分子水平和植物生理水平揭示了氮磷同时缺乏时蒺藜苜蓿（*Medicago truncatula*）与丛枝菌根真菌形成的互利共生关系。第 2 种情况表示，由于氮缺乏解除，植物光合作用未受到抑制，植物能够投入大量的光合产物给丛枝菌根真菌以获得磷养分，形成较强的互利共生关系，与第 1 种情况相比，丛枝菌根真菌对植物生长的贡献可能更大。例如，在磷缺乏时，氮肥添加会增加植物对丛枝菌根真菌的光合产物投入，符合图中的第 2 种情况。第 3 种情况表示，土壤中磷很丰富而氮缺乏时，植物根系直接吸收的养分能够满足生长的需求，植物不需要从丛枝菌根真菌获得磷，植物和丛枝菌根真菌均处于氮缺乏时，植物需要继续为丛枝菌根真菌提供光合产物，此时，丛枝菌根真菌与植物形成偏利共生关系，此种丛枝菌根真菌-植物共生体系对丛枝菌根真菌更有利。第 4 种情况表示，氮磷均不是限制因子时，丛枝菌根真菌与植物竞争光合产物，抑制植物生长。

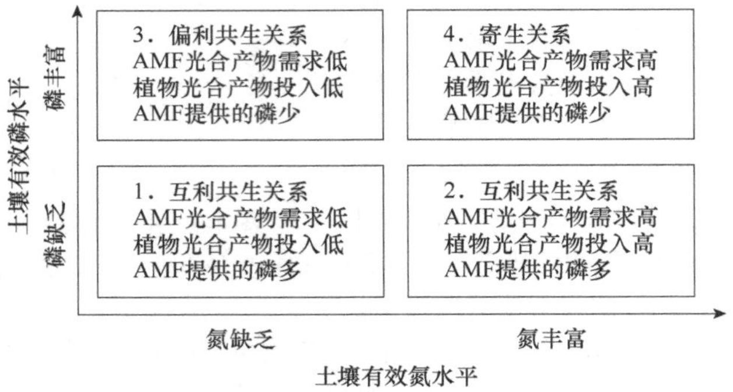

图 4-4　土壤有效氮磷水平对 AMF 和植物间关系的影响（引自杨高文等，2015）

4. 丛枝菌根真菌与植物群落的生产力　从枝菌根真菌种类及其多样性影响植物群落生产力。不同丛枝菌根真菌种类对群落生产力的影响不同。丛枝菌根真菌可能通过不同丛枝菌根真菌种类间的选择性效应和互补性效应作用于群落生产力。与接种一种丛枝菌根真菌相比，接种多种丛枝菌根真菌后植物的生物量显著增加，不同丛枝菌根真菌种类间通过选择性效应和互补性效应，对植物生物量的增加量的贡献分别达 82%和 85%。由于丛枝菌根真菌增加了群落中优势种的地上生物量，而降低了次优势种的地上生物量，丛枝菌根真菌对植物群落生产力无显著影响。可见，丛枝菌根真菌通过作用于物种间的相互作用关系从而影响群落生产力。

（三）固氮微生物与植物群落

固氮微生物（自生固氮菌、联合固氮菌和共生固氮菌）可以通过固定大气中的氮从而增加植物对氮素的吸收。尽管固氮微生物在非豆科植物以外的其他植物根际所占比例很小（1%），但对某些植物来说其根际固氮微生物所固定的氮素对其生长来说仍是重要氮源。

与固氮微生物形成共生体的植物，统称为固氮类植物，包括豆科植物、非豆科植物、藻类、地衣、苔藓和蕨类植物等。固氮类植物在生态系统中具有重要的生态功能，通过生物固氮，固氮类植物可以提高土壤肥力，促进植被演替，增加物种多样性，提高生产力，增强生态系统的稳定性和恢复力，从而使陆地生态系统产生更高的服务功能。根瘤是由有益细菌侵入根部组织所致，这种细菌称为根瘤菌。根瘤菌在根皮层中繁殖，刺激皮层细胞分裂，导致根组织膨大突出形成根瘤。根瘤菌能把空气中游离的氮转变为植物能利用的含氮化合物，这就是固氮作用。

陆地生态系统中的固氮类植物可以形成以下 4 种共生固氮类型：豆科植物/根瘤菌、放线菌根植物/弗兰克氏菌、榆科植物/根瘤菌及植物（隐花植物和根乃拉草属）/蓝细菌，各类固氮植物的固氮速率、包含物种数目及其主要分布区域各不相同（表 4-3）。

表 4-3　陆地生态系统中发现的固氮类植物的分类及其特点（引自宋成军等，2009）

固氮共生类型	固氮速率 /［kg N/（hm^2·a］	植物类别和固氮物种数量	主要分布区域
山麻黄/根瘤菌	850	山麻黄属（仅 5 种）	马来西亚和西太平洋热带低 pH 的环境
豆科植物/根瘤菌	300～400	云实亚科（550～660 种）	潮湿热带
		含羞草亚科（88～102 种）	热带亚热带（亚洲、非洲、澳大利亚和北美）
		蝶形花亚科（921～973 种）	木质个体主要在热带亚热带，草本多在温带和北方森林
放线菌根植物/弗兰克氏菌	15～90	桦木科、木麻黄科和杨梅科；蔷薇科、鼠李科和胡颓子科；马桑科和四树木（200 多种）	温带和北方高纬度地区
植物/蓝细菌	2～41	地衣、地钱（苔藓）、蕨类	极端环境（沙漠，草原和冻土）
	—	仅苏铁类（250 多种）	澳大利亚与南非的干旱疏林地
	72	仅根乃拉草属茎或根茎、叶柄部（约 50 种）	自然分布在南半球的热带湿润山区（夏威夷到美国中部和南部，新西兰，东南亚和南美洲最南部地区）

注：“—”为未测量

固氮类植物对群落和植被演替的影响，传统研究集中在它们对原生演替的推动作用上。演替的早期阶段，原生裸地没有土壤和植被，地表水土和养分流失严重，地表养分状况极差，氮素缺乏尤为严重，只有固氮类植物能适应并改善这类贫瘠基质。大量研究表明，原生裸地的早期定居者一般是具有固氮功能的微生物，或者是能够借助于这些微生物来获取它们所需氮元素的维管植物。尽管原生裸地不能提供足够的氮元素，但固氮类定居者能通过共生固氮获得，富氮凋落物分解后，氮素进入并积累在土壤中，为后来者的入侵和定居创造便利，进而加快植被演替，增加群落结构的复杂性。

固氮类植物除了减少水土流失和保持土壤养分外，还具有明显的植被恢复功能。土壤贫瘠是阻碍恢复的最重要因素，而固氮类植物可提高土壤肥力，有利于植被恢复。除了固氮外，固氮类维管植物具有耐干旱、耐贫瘠、速生高产的特性，有很强的适应能力和改善生境能力，可为其他植物的迁移、定居、生长创造条件，是各类退化生态系统进行恢复重建的最有效候选物种，并被广泛运用于恢复实践中。

总而言之，固氮类植物能够改善土壤结构及其营养组成和地表微生境，直接影响种子萌发和植株生长、演替速率和轨迹、凋落物组成及其分解与碳、氮和磷循环等关键生态过程，使群落结构复杂性、生物多样性和初级生产力随之提高，减少水土和养分流失，促进植被恢复，维持生态系统可持续发展。固氮类植物对地上地下生态过程有重要影响，是各类陆地生态系统中重要的一类功能型，甚至是陆地生态系统的关键种，是生态系统功能多样性的一个重要体现。

（四）植物根际有害微生物

根际有害微生物（deleterious rhizosphere bacteria，DRB）是指微小病原菌范围内，靠其代谢作用而非寄生来影响植物的一类根际微生物。由于 DRB 对植物的影响往往限于根或幼苗发育不良，生长缓慢，而不产生其他症状，它们在植物病害中的作用很难被定性描述。DRB 抑制植物生长的机制有以下两种。

1. 产生植物毒素　DRB 培养物释放的挥发性代谢产物氰化物可抑制植物生长，如连作番茄根际微生物产生的氰化物可抑制番茄生长。在无菌土壤中接种抑制植物生长的假单胞菌菌种时，大豆根际土壤的氰化物成分持续升高。当该菌种在体外培养时，其氰化物的释放量足以抑制植物生长。DRB 还可以产生非挥发性的植物毒素（nonvolatile phytotoxin）。假单胞菌 A313 培养物的滤出液可抑制大麦根系的伸长，且它的活性在 pH 为 4～10 或在煮沸条件下均不降低。DRB 与植物生长抑制的关系可归结为 DRB 密度越大，生长抑制作用就越强。

2. 产生植物激素　DRB 产生的吲哚乙酸（IAA）可抑制甜菜根生长，不产生吲哚乙酸的假单胞菌属则不抑制根的生长。遗传转移的根际假单胞菌产生过多的吲哚乙酸产物会抑制酸樱桃根的生长。泰勒肠杆菌（*Enterobacter taylorae*）可产生大量 IAA，其分离物在体外可抑制几种杂草和农作物根的生长，IAA 前体——色氨酸，可通过与 IAA 产生协同作用而使抑制作用增强。

此外，根系中同样存在着大量的细菌与病原体。根系病原体是制约生产力的主要因素，这是因为相比其他攻击植物地上部分的病原体，根系病原体更难以被发现和控制。根系病原体是一类可以感染寄主并影响其正常功能的生物体。虽然可以在不同类型的土壤中存活，但植物根系的分泌物是土壤微生物的主要食物来源，因此微生物相互作用最为集中的根际土壤成为影响微生物种群结构和活性的重要驱动力，同时也是病原体与植物建立寄生关系并完成主要生活史的关键场所。

细菌中除了少数丝状细菌能直接感染植物根系并在土壤中长期存活以外，其他土壤细菌侵染植物时大多要求其有创口或自然开口，如引起细菌性枯萎的青枯雷尔氏菌（*Ralstonia solanacearum*）和引起冠瘿病的根癌农杆菌（*Agrobacterium tumefaciens*），通常大部分土壤原生致病细菌由线虫或者真菌的游动孢子携带进入植物体。在经过大量调查后发现，真菌（包括狭义真菌和卵菌纲真菌）及线虫类在侵染植物时扮演主要角色。

根系病原体在构建植物群落和多样性方面扮演着重要角色，不同物种间甚至同一物种的不同个体受病原体的影响也不尽相同。例如，对草地研究发现，冠锈菌（*Puccinia coronata*）能使以黑麦草为优势种的草地向苜蓿演化，这种从禾本科到豆科的转变使得土壤碳和养分的循环发生变化。诸如此类的改变常常在种间竞争中发生，但病原体的调节作用往往被忽视。在部分生态系统中，病原体甚至成为植物演替动态的主要驱动因子。病原体能通过增强种间竞争来加速演替过程，也能通过改变优势种和建群种的竞争或减少初级演替中的生物固氮来推迟演替的进行。总体来说，从草本到木本的群落演替中都有病原体的调节作用，包括改变分解速率、碳循环、水循环及养分动态等。木质素、酚类物质及其他植物次生代谢物被发现对特定病原体具有良好的抗性，但病原体对植物寄主的选择机制仍未知。

（五）土壤动物与植被的关系

植物是生态系统的初级生产者，植被的存在形式及其发育状况决定了生态系统其他成分的组成和结构特征。已有大量研究证明，土壤动物群落组成结构与植被状况密切相关。植物首先通过地上部分的生物量直接影响土壤动物群落的变化。植物的凋落物是土壤有机质的主要来源，其进入土壤分解后的物质为腐食性土壤动物提供了食物，植物残体分解物的碳氮比逐渐有利于腐殖质的形成，从而影响土壤理化平衡。另外，植物群落演替过程中也引起群落生态环境的变化，这些变化通过改变土壤动物的食物源和栖息微环境，间接作用于土壤动物群落，从而导致土壤动物群落发生演替变化。一般认为，植物盖度和密度越大，枯枝落叶层厚，土壤有机质丰富，土壤动物数量也就越多。土壤动物对不同植被类型的响应指标不同，在草原地区，土壤动物密度与草本植物密度呈正相关；在林区则表现为土壤动物密度与植物总盖度呈正相关。同时，不同的植被类型下土壤动物的种类和群落组成也存在差异。例如，在热带雨林中，土壤动物的优势类群为鞘翅目（Coleoptera）、蜱螨目（Acarina）和弹尾目（Collembola）等；在亚热带常绿阔叶林中，优势类群则为蜱螨目（Acarina）、弹尾目（Collembola）和线虫类；在温带森林中，优势类群为甲螨亚目（Oribatida）和节跳虫科（Poduridae）。但也有研究者认为，在短期内不同林型的差异对土壤动物组成影响不大。

第三节　土壤生物与非生物间的关系

一、土壤微生物与土壤理化性状

（一）土壤微生物与土壤矿物

知识拓展 4-1

土壤是一种复杂的多相体系，其固相组分既有种类繁多、粒径大小不等的各种原生和次生矿物，又有数量庞大、生命代谢活动旺盛的各类生物。这些大小、形状、结构及性质不同的矿物和生物，常常具有较大的表面积，并带有丰富的电荷，是土壤中最具活性的固相组分。生活在土壤中的微生物，80%～90%黏附在各种矿物或矿物有机物复合体表面，形成微菌落或生物膜。土壤矿物不仅仅是支撑微生物生长的惰性载体，其组成和性质更是决定土壤微生物群落结构和多样性的重要因素之一。另外，土壤微生物直接或间接参与了土壤中各种矿物的风化和演变，控制着土壤发育与生化过程，如矿物形成演化、土壤结构稳定性、土壤病原菌传播、土壤养分及污染物形态和有效性等。研究土壤矿物-微生物相互作用，不仅有助于深入了解土壤微生物过程，丰富土壤生物学、土壤矿物学及土壤发生分类学等学科的理论内容，而且对评估和预测土壤体系中有机污染物降解、重金属转化特点与动态和提高土壤污染修复效率等具有重要的实际意义。

1. 微生物-矿物界面作用

（1）作用力　细菌与矿物间的界面吸附行为由物理和化学作用力共同控制，界面作用力强度取决于它们的表面特性，如疏水性（或接触角、表面自由能）、电动电位、表面电荷、比表面积等。例如，石英、钠长石、钾长石和磁铁矿表面鼠伤寒沙门菌（*Salmonella typhimurium*）的吸附量与细菌表面疏水性和正电荷量呈正相关。疏水作用比静电作用在高岭石和蒙脱石表面对恶臭假单胞菌（*Pseudomonas putida*）和枯草芽孢杆菌（*Bacillus subtilis*）的吸附贡献更大。吸附量和亲和力与矿物外比表面积一般呈线性正相关。除静电力和疏水力等物理作用力外，细菌与矿物吸附也有化学键合作用参与。细菌［大肠杆菌（*Escherichia coli*）、弗氏柠檬酸杆菌（*Citrobacter freundii*）、嗜麦芽窄食单胞菌（*Stenotrophomonas maltophilia*）］离体表面O抗原可与 TiO_2、Al_2O_3 和 SiO_2 等矿物表面羟基或结合水形成氢键而吸附。多黏类芽孢杆菌（*Paenibacillus polymyxa*）与石英、赤铁矿或刚玉间的吸附也有氢键的参与。在高岭石和蒙脱石表面，枯草芽孢杆菌（*B. subtilis*）离体胞外聚合物借助氢键而吸附，而在针铁矿表面则通过化学键P-OFe而结合。在赤铁矿表面，细菌［奥奈达希瓦氏菌（*Shewanella oneidensis*）、铜绿假单胞菌（*Pseudomonas aeruginosa*）、枯草芽孢杆菌（*B. subtilis*）］表面去质子化羧基和磷酸基可与其形成—COOH和P-OFe而键合。

（2）环境条件的影响　环境条件如溶液pH、离子种类和浓度、有机和无机配体等变化可引起细菌和矿物表面特性的变化，最终深刻影响细菌与矿物的吸附行为。通常环境pH的降低会促进细菌与矿物的吸附。如pH从11降至4，刚玉表面枯草芽孢杆菌（*B. subtilis*）的吸附率约从0升至80%。当pH从9降至4时，铁氧化物包被的石英表面枯草芽孢杆菌（*B. subtilis*）

的吸附率可由0～15%升至40%～65%，而门多萨假单胞菌（*P. mendocina*）的吸附率则从10%～15%升至20%～45%。与pH 10相比，在pH 3时，鸟分枝杆菌副结核亚种（*Mycobacterium avium* subsp. *paratuberculosis*）在石英砂、高岭石-石英砂、黏土-石英砂或砂土柱中，均有更高的滞留量。环境中的各种无机离子也是影响细菌与矿物相互作用的重要因素。已有研究表明，离子浓度的增加一般会促进细菌的吸附。例如，当离子强度从1.16mmol/L升至57.9mmol/L时，石英表面革兰氏阴性菌S1和革兰氏弱阳性菌W8的分配系数从0.55升至6.11，显示了离子强度增加对细菌吸附的促进作用。蒙脱石、高岭石和针铁矿等黏土矿物与恶臭假单胞菌（*P. putida*）的黏附量，随Na^{+}浓度从0升至100mmo/L，增加26%～348%，且Mg^{2+}（0～50mmo/L）的促进作用强于Na^{+}。在土壤、水体等环境中，低分子质量有机配体和无机配体普遍存在，其可通过配位作用结合在矿物表面，进而影响细菌吸附。

（3）细菌表面聚合物　细菌与矿物的初始吸附是一种界面相互作用过程，吸附发生时，细菌细胞壁上的蛋白质、脂多糖和胞外聚合物将率先与矿物进行接触，从而调控细菌与矿物的作用过程。目前，已报道的参与细菌吸附的聚合物见表4-4。

表4-4　有关细菌表面聚合物参与细菌吸附的研究（引自林迪，2018）

细菌	固相表面	细菌表面聚合物	参考文献
大肠杆菌（*Escherichia coli*）	氮化硅探针	脂多糖	Razatos et al.，1998
	云母和玻璃	脂多糖	Ong et al.，1999
	玻璃珠	脂多糖	Burks et al.，2003
	玻璃片	荚膜异多糖酸	Hanna et al.，2003
	石英砂	脂多糖	Walker et al.，2004
奥奈达希瓦氏菌（*Shewanella oneidensis*）	针铁矿	150kDa铁还原酶	Lower et al.，2001
	针铁矿	外膜蛋白	Lower et al.，2005
	赤铁矿	外膜细胞色素MtrC和OmcA	Lower et al.，2007
铜绿假单胞菌（*Pseudomonas aeruginosa*）	硅探针	脂多糖	Atabek and Camesano，2007
	玻璃片	胞外聚合物	Gómez et al.，2002
	玻璃珠	胞外聚合物	Liu et al.，2007
海藻希瓦氏菌（*Shewanella alga*）	水铁矿	50kDa、60kDa和31kDa蛋白质	Caccavo，1999
	水铁矿	59kDa鞭毛蛋白	Caccavo and Das，2002
恶臭假单胞菌（*Pseudomonas putida*）	氮化硅探针	胞外聚合物	Camesano and Logan，2000
	氮化硅探针	纤维素和类似多糖	Bell et al.，2005
洋葱伯克霍尔德菌（*Burkholderia cepacia*）	氮化硅探针	胞外聚合物	Camesano and Logan，2000
枯草芽孢杆菌（*Bacillus subtilis*）	石英砂	胞外聚合物	Tong et al.，2010
红球菌（*Rhodococcus* sp.）	石英砂	胞外聚合物	Tong et al.，2010
肠道沙门菌（*Salmonella enterica*）	石英砂	鞭毛	Haznedaroglu et al.，2010
肠球菌（*Enterococcus faecium*）	石英砂	表面蛋白	Johansond et al.，2012

2．生物成矿与矿物风化　土壤微生物在矿物的溶解过程中起重要作用。它们可以通过氧化还原反应或释放代谢产物加速矿物的溶解，其中包括质子、有机酸、铁载体、螯合剂及胞外聚合物等代谢产物。微生物催化的矿物风化速率通常比相应的化学反应高出几个数量级，特别是当矿物中含有限制微生物代谢的营养元素时。目前在土壤中分离到的对矿物风化能力较强的细菌多属于 β-变形菌中的伯克霍尔德菌属（*Burkholderia*）和山冈单胞菌属（*Collimonas*）。一般，微生物并不直接沉淀生成黏土矿物，但矿物风化的产物在适宜的条件下可沉淀形成黏土矿物。微生物溶解矿物后形成的产物通常为非晶型的纳米颗粒，如硅石、黄铁矿、菱铁矿及蓝铁矿等。

微生物对黏土矿物的溶解多由于其作用于矿物中的变价金属元素，如黏土矿物中的三价铁可被微生物还原，高价铁是电子受体，微生物或有机物可以提供电子。矿物铁的微生物还原有两种可能的机制：固相还原和溶解-沉淀还原。前者是指微生物对矿物的还原主要发生在固相，没有导致矿物的显著溶解，矿物阳离子交换量的变化是可逆的。后者则认为微生物驱动的矿物还原会溶解释放相当数量的 Si 和 Fe，这种还原方式带来的矿物阳离子交换量和比表面等性质的变化是不可逆的。

不同的微生物对黏土矿物铁的还原能力不同，通常铁还原菌和硫酸盐还原菌比产甲烷菌还原结构铁的能力更强。巴氏甲烷八叠球菌（*Methanosarcina barkeri*）可还原富铁蒙皂石（绿脱石）中的铁，生成高电荷蒙皂石和硅石。希瓦氏菌 *Shewanella putrefaciens* CN32 还原伊利石结构中的铁可导致矿物形貌从纤维针状显著变化为片状。在适宜的条件下，铁还原细菌 *Shewanella oneidensis* MR-1 可以将蒙脱石中的三价铁还原为二价铁，使矿物部分溶解，生成伊利石（图 4-5）。同样，硫酸盐还原菌脱硫弧菌（*Desulfovibrio vulgaris*）也可将蒙脱石结构中的高价铁还原生成伊利石矿物。

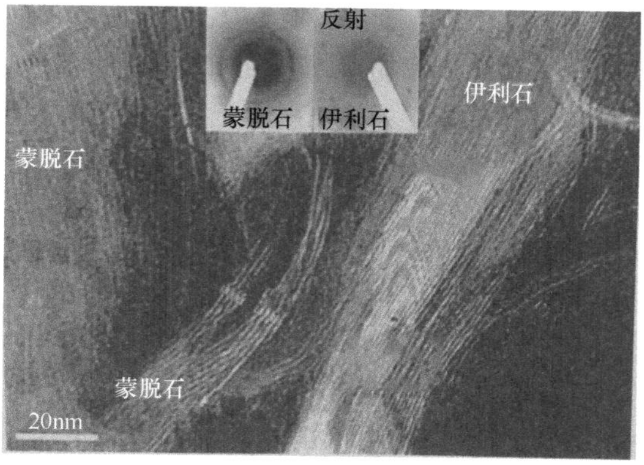

图 4-5　微生物催化的蒙脱石转化为伊利石反应的透射电镜图（引自 Kim et al.，2004）

地杆菌属（*Geobacter*）微生物不能产生电子传递化合物，需要与黏土矿物直接接触才能进行生物还原。因此，这类微生物对矿物结构铁的还原受到很大的限制。但是，当体系中有电子传递化合物存在时，这种层间平行电子转移对矿物的生物还原能力可以得到提高，如腐殖质可以显著提升硫还原泥土杆菌（*Geobacter metallireducens*）对蒙皂石的生物还原能力，这是由于还原态腐殖质分子可以较易接近矿物结构中的高价铁，而微生物细胞则不能（图 4-6）。

影响黏土矿物中铁的生物还原的因素主要有微生物/黏土比例、矿物表面积、溶液化学性质、电子传递化合物的存在与否及温度等。体系中二价铁含量较高或生物还原的铁离子增多时，由

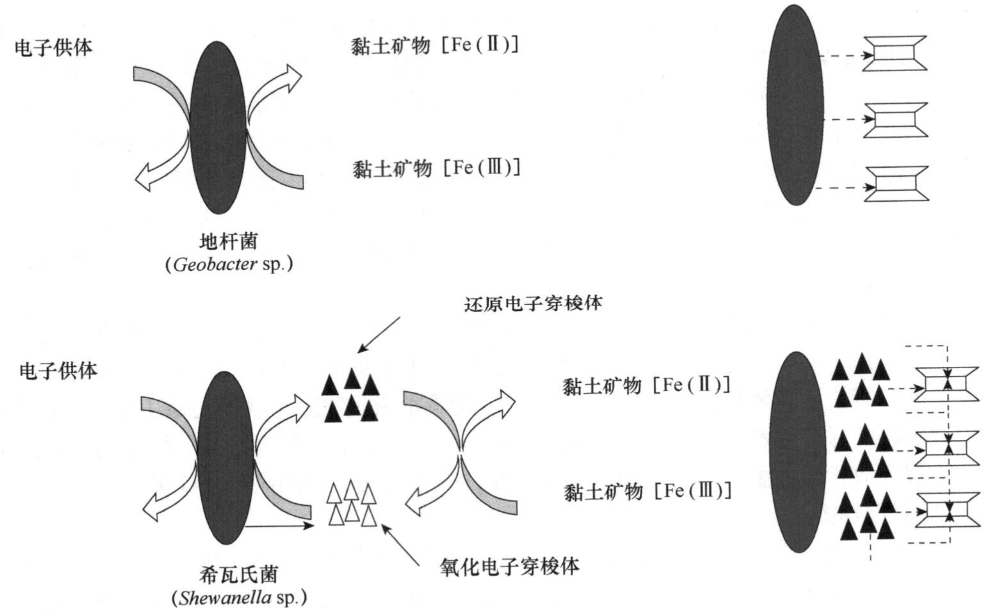

图 4-6　细菌向黏土矿物结构中的铁原子传递电子的两种模式（引自刘邓，2012）

于铁离子被黏土矿物或微生物吸附，都会阻碍二者间的电子转移，抑制生物还原的进行。移除黏土矿物和微生物表面吸附的铁后，会促进矿物铁的生物还原。矿物颗粒越细小、电荷量越低、比表面越大，越有利于生物还原的进行。例如，黏土矿物中的蒙皂石类矿物相对较易被还原，这是因为这类矿物的膨胀性更强、层间电荷更少及较大的比表面。黏土矿物结构中高价铁还原为低价铁后，矿物的比表面、层间距、膨胀性及水分传导性等降低，层间电荷和阳离子交换量增加，层间阳离子的可交换性降低。矿物的这些物理化学性质的变化对土壤肥力和污染物的活性会带来深刻的影响，如生物还原的蒙皂石结构崩溃后，比表面降低，吸附养分离子的能力下降，甚至加剧层间对钾和铵离子的固定。矿物生物还原也可以带来土壤环境方面的一些有利影响，如还原的蒙皂石可以更有效地降解残留的农药，层间固定重金属离子等污染物的能力增强，对重金属污染土壤而言，可通过添加某些微生物或增加营养刺激土著微生物的方式促进黏土矿物结构铁的生物还原，达到修复污染的目的。

（二）土壤微生物与土壤结构

知识拓展 4-2

1. 土壤结构异质性和生物多样性　土壤胶体、团聚体、孔隙、土壤剖面和景观等尺度的土壤结构作为土壤生物的物理生境，通过各种机制影响土壤生物的生活、运动及其多样性，使得土壤生态系统具有独有的特征并提供独特的功能。土壤中大约 50%的空间充满空气和水的混合物，并随着外部环境变化而变化。这些变化导致土壤中微环境条件（如含水量、温度、氧气含量）也具有空间和时间的异质性，影响土壤微生物多样性的时空变化和活动。微生物个体大小与土壤孔隙大小的匹配，不仅直接导致土壤中微生物栖息地的空间隔离，影响有捕食关系群落间的相互作用，而且间接影响细胞与细胞间的信号传递及基因的水平转移，从而影响微生物群落和功能的演变。土壤微生物在适应环境变化的同时改造土壤物理环境。例如，微生物通过产生各种多糖、多肽、酸基、碱基和配位体等代谢产物及其残留物等影响土壤表面性质，进而影响微生物与土壤表面的关系。

土壤矿物和有机物也对土壤微生物群落多样性及其结构产生重要影响。土壤中 90%的微生物位于土壤颗粒表面，但是仅仅占据着土壤固体物质有效表面积的 0.0001%，且在土壤结构中形成了众多的微生物聚集热点或微生物景观/地理。土壤物理生境对土壤生物的影响具有尺度效应。例如，在胶体尺度土壤含水量变化反映了土壤颗粒表面水膜厚度不同，进而影响土壤孔隙中土壤微生物运移。团聚体和土壤剖面尺度土壤含水量变化控制着土壤中氧化还原状态，决定了适应不同氧化还原条件的微生物群落结构。景观或区域尺度的母质、气候和利用方式决定的土壤异质性还影响土壤微生物群落结构的地理分布特征。因此，土壤结构异质性与土壤生物多样性存在复杂的相关关系。

土壤微生物群落结构的多样性或功能在宏观尺度上与土壤物理化学环境相关。当前，原位土壤结构二维（2D）薄片技术、X 射线衍射三维（3D）计算机成像技术（CT）及其与分子生物学或荧光杂交染色技术的结合推动了对土壤系统微观尺度特征的认识。20 世纪 90 年代以来，医用高精度 X 射线断层扫描技术被应用研究大型生物如蚯蚓对土壤孔隙结构的影响。近年来，同步辐射 X 射线断层摄影技术被成功地应用于表征不同大小孔隙间的连通性、观察不同水势下吸水和释水过程土壤-水界面的变化过程、描述植被恢复后土壤结构由致密到微孔结构的变化过程。Feeney 等利用台式 X 射线衍射 3D 计算机成像技术描述了根际土壤微生物生境的变化，结合统计分析首次描述了根际土壤-植物-微生物的自组织行为。新染色剂（Sytox，纳米量子点）的应用及与激光扫描共聚焦显微镜和计算机技术数据分析技术等新技术的结合，使荧光染色技术受土壤矿物、植物残体和土壤有机质影响的缺点得到较大改进。荧光原位杂交（FISH）技术与显微放射自显影术（MAR）、二次离子质谱法（SIMS）相结合，已经被应用于研究土壤结构中细胞水平的微生物分布、组成和代谢活动。荧光原位杂交技术与原子力显微镜（AFM）和垂直扫描干涉技术（VSI）被应用于研究黏土矿物或胶体表面土壤微生物的吸附性及其与微生物群落结构演化的关系。

2. 土壤物理和生物学过程互作　土壤系统虽然在微观尺度上具有高度的异质性和多样性，但是其功能在宏观尺度环境干扰下却表现出相对稳定性。越来越多的证据表明土壤生物与土壤物理生境间存在复杂的动态调控关系，土壤物理和生物学过程的互作使得土壤系统中具有自组织系统的特征。在环境变化和人工干扰的驱动下，土壤结构反馈控制土壤微生物活动，土壤微孔生物及其活动前馈促进土壤结构形成和稳定；土壤结构-土壤微生物群落-土壤有机质间的相互作用不仅决定了土壤结构的动态变化和稳定性，而且控制生态系统中碳循环、氮循环和水循环等关键过程，进而影响土壤系统土壤有机质贮存潜力、氮素和水分利用效率等生态服务功能。

土壤结构控制的土壤生物与土壤物理过程的相互作用是决定土壤系统的生态服务功能的关键控制因素。近年来，英国土壤物理学家 Young 和生物学家 Ritz 邀请相关领域科学家共同完成的著作《土壤结构和土壤生物：土壤内部的生命》，对土壤微生物、土壤动物和植物的生长特征、分泌物性质与土壤结构形成及其动态变化关系进行了系统总结。总体上讲，土壤细菌和真菌通过增强土壤颗粒的黏滞力、改变土壤疏水性或改变土壤孔隙的大小分布影响土壤结构及其稳定性。根际土壤结构的动态变化和稳定机制更加复杂：根系及其菌根不仅通过物理缠绕作用及在生长过程产生的土壤压实等直接过程改变土壤结构，而且通过吸水作用改变根际内部土壤水分含量的空间变异、根际沉积物影响真菌和细菌群落结构及其食物网关系、分泌物/死亡残留物及土壤原有有机质分解等间接过程影响土壤结构。目前主要通过模式系统模拟自然系统获得对这些过程的定性认识，未来的主要挑战是定量研究自然系统中土壤生物如何影响土壤结构，并将这些知识与土壤生物多样性、土壤微生物功能、土壤根界面作用研究相结合；更大的挑战在于从微观尺度的微生物学过程到宏观尺度——植物、田块或流域尺度的过程转化（图 4-7）。

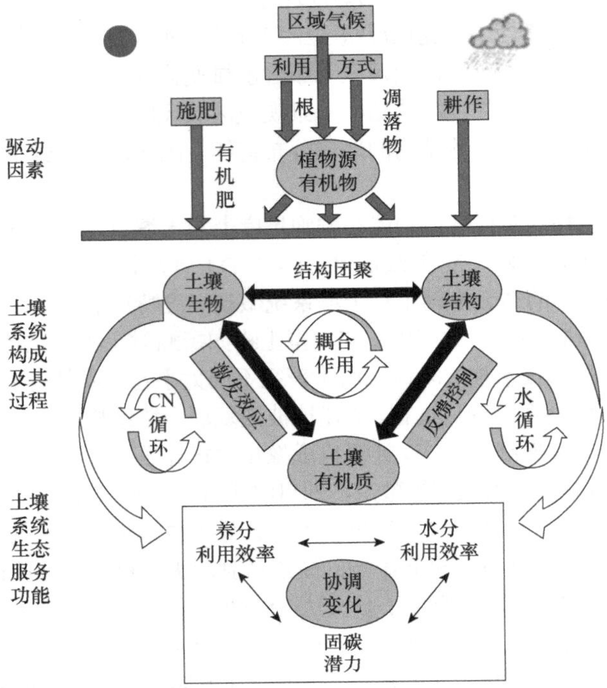

图 4-7　环境变化驱动下土壤系统中土壤结构和土壤生物互作及其控制的关键生物物理过程对土壤系统生态服务功能的影响（引自贺纪正等，2015）

土壤生物的多样性决定了土壤生物影响土壤物理过程的机制，不同尺度下作用机制对生态服务功能可能产生不同影响（图 4-8）。例如，土壤微生物活动能改变土壤表面性质，如增强土壤疏水性和改变土壤孔隙。在团聚体和土壤剖面尺度，土壤生物对土壤孔隙的堵塞及对疏水性

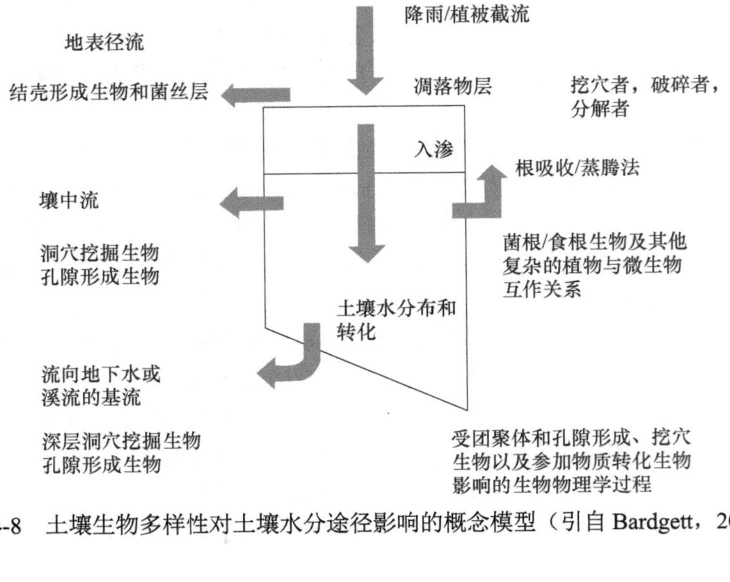

图 4-8　土壤生物多样性对土壤水分途径影响的概念模型（引自 Bardgett，2001）

的改变将影响降水入渗及其在土壤中的再分配，影响土壤氧化还原状态，从而影响微生物聚集热点或微生物景观，进而影响土壤有机质分解。

反之，高度异质性的土壤结构影响土壤生物分布及其活动，土壤结构的动态变化控制土壤生物学过程，进而影响土壤的生态服务功能。土壤孔隙大小和土壤团聚体大小均显著影响土壤微生物群落结构。土壤孔隙结构还影响土壤微生物在土壤中的运移，影响根系生长和分布。不同利用方式下土壤结构的改变影响团聚体中土壤微生物群落和食物网结构，影响土壤有机碳含量和组成。最新研究认为，土壤结构变化导致微生物、有机碳和黏土矿物的空间再分布是影响土壤中有机质分解和周转的重要原因。秸秆分解过程中随着大小团聚体周转，团聚体中的微生物群落结构也发生显著改变。通过同位素标记原状土壤，Ruamps 等发现了土壤孔隙大小变化影响微生物群落结构，首次报道土壤大孔隙中产生激发效应。这些研究表明土壤结构变化对土壤生物过程的控制是影响土壤有机质累积贮存的重要机制。

除了对土壤有机碳积累的影响之外，土壤结构与土壤生物的关系及相互作用还影响土壤系统的其他生态服务功能，如土壤形成、根系生长、土壤生物群落演替、土壤养分循环（土壤肥力）、土壤水分循环、温室气体排放、有机无机污染修复。Young 和 Ritz 最新出版的《土壤结构和土壤生物：土壤内部的生命》包括了将对土壤生物物理学过程相互作用的知识应用于农业生态系统管理、污染土壤生物修复及体育和军用退化土壤剖面修复。目前虽然人们逐步明确了土壤结构和土壤微生物是控制土壤有机质分解和积累的最重要机制，至今仍然没有一个有机质周转模型考虑土壤结构因素，很少有模型考虑土壤生物因素的影响，精确预测有机物分解过程中土壤结构和土壤有机质形成过程，特别是短时间内土壤激发效应的调控作用。更深刻地理解土壤结构中的生物学过程，为建立土壤生物物理学模型提供参数和标定数据，是深化理解土壤系统的生态服务功能的基础。

（三）土壤微生物与土壤化学性质

1. 土壤生物与物理化学 土壤物理化学是土壤化学与物理学的结合，土壤生物学与土壤物理化学的交叉融合集中体现在对土壤微生物调控的土壤胶体物理化学的研究方面。土壤微生物是土壤中最富活力的土壤相，它们与土壤矿物和腐殖质等构成了土壤中最为活跃的组分——土壤胶体。土壤胶体是土壤中所有物理化学反应和过程的物质基础，深刻影响着土壤中的矿物形成演化、土壤结构稳定性、土壤养分有效性、土壤污染物的毒性及污染土壤的修复等一系列物理、化学及生物学过程，一直是我国土壤化学的研究核心。

（1）*土壤胶体主导的界面吸附行为* 土壤微生物的代谢或其残体分解后，会释放出各种生物分子，如 DNA、蛋白质等，这些生物分子趋向于吸附在土壤胶体表面。新近研究主要围绕土壤胶体组分与 DNA 及蛋白质等生物活性分子相互作用的特点、机制及其对生物分子活性影响的原因等角度展开，这为揭示土壤质量的本质及合理调节土壤生物活性等提供了科学依据。土壤胶体组分对生物大分子的吸附量、亲和力等与它们对无机离子和低分子有机化合物的吸附明显不同。红外光谱技术结合透射电镜技术研究表明，苏云金芽孢杆菌库尔斯塔克亚种（Btk）杀虫蛋白很容易被红壤胶体吸附，且吸附态 Btk 蛋白的杀虫活性高于游离态蛋白。通过探讨磷酸盐和低分子质量有机酸盐对红壤胶体吸附 DNA 的影响，发现 DNA 的吸附与这些盐的类型和浓度有关，明确了土壤有机质在恒电荷和可变电荷土壤对生物分子吸附中的不同作用和贡献。运用微量热技术对 DNA 在不同类型黏粒矿物和土壤胶体作用的热力学特点进行研究的结果表明，固定在土壤有机黏粒和蒙脱石表面的质粒 DNA 抗核酸酶降解能力最强，而固定在针铁矿表面的 DNA 最易扩增。由于生物吸附在土壤有机污染物的微生物降解过程中发挥重要作用，围绕土壤中微生物细胞壁对污染物的生物吸附作用与机制的研究逐渐成为土壤生物学与土壤物理化学交叉研究的重要方向之一。研究表明，有机污染物与细胞壁的结合是由细胞壁中的脂类、蛋白质和各种多糖，如葡聚糖、甘露聚糖、几丁质和壳多糖等细胞壁组分上的羟基、氨基、羧基等各种官能团通过离子交换、络合、结晶化或分子吸引等机制而产生的，且细胞壁对污染物吸附、固定作用的大小同时受到微生物种类、细胞大小、细胞壁不同组分、细胞壁形态、细胞壁表面活性位点的数量和分布，以及 pH、温度、离子强度等环境因子的影响。此外，由于磷脂是构成微生物细胞膜双层骨架结构的重要生物大分子，研究土壤中有机污染物与磷脂间的吸附作用及其机制也引起了高度关注。

（2）土壤胶体主导的吸附作用对污染物增溶和迁移的影响　在土-水界面中，由于污染物经土壤细菌吸附后，迁移性明显增强，研究细菌对有机污染物或重金属的吸附机制对深入了解土-水界面中污染物的运移机制十分重要。细菌吸附染料、酚类化合物、杀虫剂等离子型极性化合物，在文献中有较多报道，吸附机制主要包括疏水分配、静电作用、氢键等。由于土壤胶体颗粒小到纳米尺度时量子效应、局域性、表面及界面效应将发生质变，从纳米尺度上结合常规 X 射线衍射（XRD）、傅里叶变换红外光谱、扫描电子显微镜（SEM，简称扫描电镜）、透射电子显微镜（TEM，简称投射电镜）等分析手段开展土壤胶体对疏水性有机污染物界面增溶和迁移的研究得到迅速发展（图 4-9）。

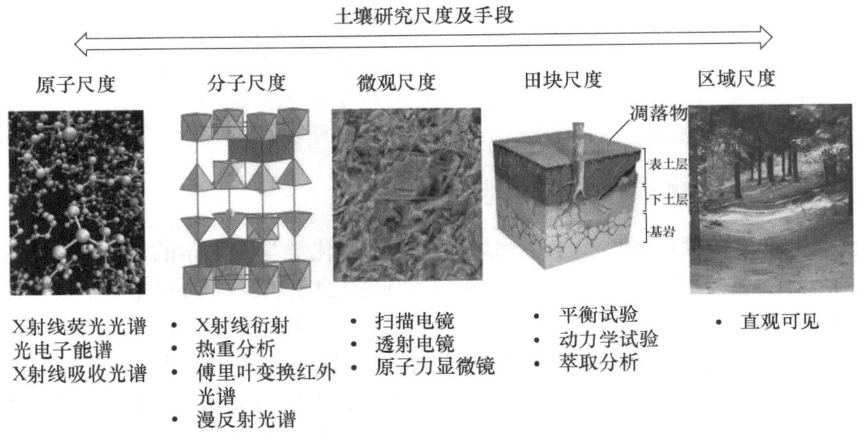

图 4-9　土壤研究尺度及手段（引自杨士等，2019）

（3）植物根系生长影响下根-土界面的物理化学作用　根-土界面是植物、微生物、土壤与环境交互作用的场所，是控制物质进出植物的关键门户（图 4-10）。由于根系分泌物的影响，根-土界面中土壤理化及生物学性状发生改变，促使其中离子（分子或自由基）的原有吸附解吸、络合沉淀、转化释放等物理化学过程趋于复杂化。Ma 等开展了多环芳烃（PAH）在根-土界面的分配规律、消减动态、空间变异及其微生物响应的研究，发现植物根际中主要组分对 PAH 的吸附能力表现为真菌＞植物＞土壤，水稻根表铁膜的形成抑制了植物根系对 PAH 的吸附，抑制效应随 PAH 疏水性增强而增大，去除根表铁膜后则根系吸附能力增强。PAH 降解细菌数量在水稻根际

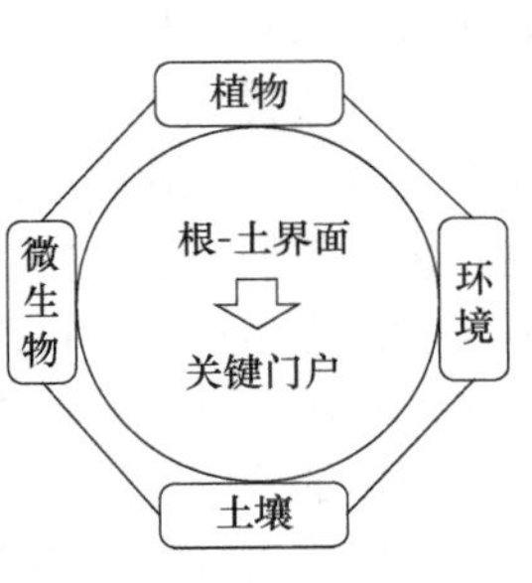

图 4-10　根-土界面：控制物质进出的关键门户（引自贺纪正等，2015）

界面空间中氧气含量高，但养分亏缺区域（距离根系1～2mm的根际空间）较多，并通过生态位错位竞争策略避开与其他细菌的竞争，从而导致PAH的消减行为在水稻根际不同空间产生差异分化。Hansel等利用原位同步加速器（XAS）结合基因、蛋白质组合分析等手段，采用X射线荧光微探针和微层面X射线照相技术研究了虉草（*Phalaris arundinacea*）和宽叶香蒲（*Typha latifolia*）根面的铁斑矿物和As的离子形态，发现芦苇草根面铁斑含水铁矿63%、针铁矿32%和菱铁矿5%，经X射线吸收近边结构（XANES）分析，吸附在Fe（Ⅲ）氢氧化物上的As主要是As（Ⅵ）和若干As（Ⅲ）。

总体而言，土壤生物（含微生物和植物）对土壤胶体特性及其对土壤中物质生物有效性存在重要影响。国际近现代分子生物学技术的创新、空间分辨力与灵敏度的提高，给土壤中界面反应机制的研究带来质的飞跃，使微观尺度上表征土壤微生物调控影响下的土壤物理化学过程成为可能，对土壤生物学和土壤物理化学交叉研究的发展起了重要的推动作用。但由于土壤是一个复杂的多相体系，现有研究对微观机制的揭示还存在不足和局限，未来研究还需要结合原子力显微技术、激光扫描共聚焦显微镜、X射线光电子能谱、高精度微量热技术、基于同步辐射的X射线吸收光谱技术等现代分析技术进一步研究地球关键带中微观矿物颗粒-有机质在土壤微生物活动下的土-水和根-土界面间的物理化学反应过程。

2．土壤生物与电化学　土壤电化学是土壤化学与电化学的结合，土壤生物学与土壤电化学的交叉融合促进形成了土壤学科中一个新的基础学科分支——土壤生物电化学。土壤生物电化学主要利用电化学方法深入研究土壤体系中微生物驱动电子产生和传递的过程及其相关化学表现，是土壤物理、化学和生物相互作用的集中体现（图4-11）。土壤中天然发生的氧化还原过程是土壤生物电化学研究的重点内容之一，该过程中电子产生和传递机制是土壤生物电化学最本质的科学问题之一。

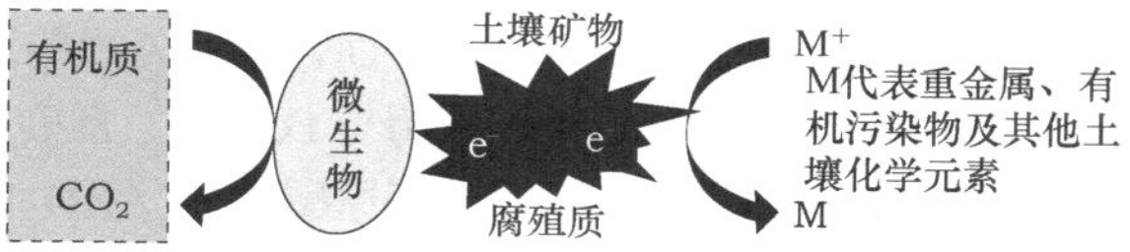

图4-11　微生物驱动的土壤电子转移过程（引自贺纪正等，2015）

（1）土壤生物电化学研究的关键要素

1）土壤微生物。1987年，美国科学家Derek Lovley首次从沉积物中分离获取了一株能够利用胞外固态物质为电子受体的微生物——*Geobacter metallireducens* GS-15。1988年，美国科学家Ken Nealson从纽约Oneida湖的沉积物中分离获取了另一株具有相同能力的微生物*Shewanella oneidensis* MR-1。这两株菌的共同特点是，微生物在胞内彻底氧化有机物释放电子，产生的电子经胞内呼吸链传递到胞外电子受体使其还原，并产生能量维持微生物生长。这种新型微生物能量代谢方式，被称为胞外呼吸。它与传统胞内呼吸最为显著的区别是：胞外呼吸菌氧化电子供体（有机碳）产生的电子可以“穿过”非导电性的细胞膜/壁传递至胞外受体（如土壤铁氧化物等矿物），从而影响碳循环、温室气体排放、有机污染物厌氧降解等关键生物地球化学过程。胞外呼吸菌在土壤中含量丰富，据报道，在某些湿地环境中，胞外铁呼吸菌占所有细菌总数的12%。微生物学术界已经将以胞外呼吸菌株的认识、发掘、调控和应用为一体的研究界定为电化学与微生物学的交叉方向，称为电微生物学（electromicrobiology）。电微生物学理论的出现，改变了对于微生物转移电子及与微界面环境相互作用的传统认识，更是开启了土壤电化学研究的新篇章。

2）土壤电活性物质。腐殖质是土壤中的主要电活性物质，对土壤微生物驱动的电子转移过程有重要作用。过去普遍认为腐殖质极难被微生物自然降解，不能参与微生物的生理代谢过程。1996 年，Lovley 发现铁还原菌——硫还原泥土杆菌（*Geobacter metallireducens*）能利用纯化的腐殖质为电子受体，将电子供体乙酸完全氧化为 CO_2，菌体在电子传递过程中获得代谢能量。后来，进一步研究证实腐殖质可通过电子穿梭机制加速 Fe（Ⅲ）还原等过程，在这一机制中，腐殖质中醌基首先从铁还原菌（也可称为腐殖质还原菌）中得到电子，被还原成氢醌基，氢醌再将电子传递给铁氧化物，氢醌本身被化学氧化为醌基，从而进入下一轮循环。腐殖质作为氧化还原介体强化微生物胞外电子传递及其耦合环境效应已成土壤生物电化学研究的重要组成部分，受到广泛关注。电活性矿物是土壤中的另一类电活性物质，可直接参与土壤微生物驱动的电子转移过程。这一过程主要体现在三个方面：一是氧化态矿物接受胞外呼吸菌代谢有机物产生的电子被还原，还原态矿物耦合其他生物化学过程，驱动电子的传递；二是电活性矿物利用其导体或半导体性质介导胞外呼吸菌传递电子至土壤其他电子受体；三是化能自养微生物通过氧化还原态矿物（如硫化物矿物、二价铁矿物等），获得电子能量。目前，土壤电活性物质在土壤电子传递过程中的功能与作用，已经成为土壤生物电化学研究的重要突破口。

（2）土壤生物电化学研究的核心问题　土壤微生物与矿物之间的电子传递过程是土壤生物电化学研究的核心问题，也是土壤中物质循环和能量交换的关键环节。铁还原菌能够利用固相电子受体，通过外膜酶、溶解性电子穿梭体等进行胞外电子传输，目前研究认为电子传输方式主要有以下三种（图 4-12）：①直接接触机制，通过细胞外膜上的活性蛋白将电子直接转移到 Fe（Ⅲ）氧化物表面，从而还原 Fe（Ⅲ）；②电子穿梭体机制，利用电子穿梭体，氧化态介体首先从胞内呼吸链末端的电子变成还原态，还原态介体再将电子转移到 Fe（Ⅲ）氧化物，本身转化为氧化态，电子穿梭体可以是铁还原菌自身分泌的，也可以是外源加入的；③螯合机制，外源加入的溶铁螯合剂通过扩散作用被输送到微生物表面，细胞外膜的还原酶传递电子给螯合铁，使 Fe（Ⅲ）还原。其中直接接触机制，即铁还原酶与 Fe（Ⅲ）直接反应，是最根本的电子传递方式，而电子穿梭体机制和螯合机制则能促进铁还原酶与 Fe（Ⅲ）间的电子传递，是电子传递的辅助方式。在由土壤微生物驱动的氧化还原反应过程中，能量经由电子供体（活性有机碳、无机化合物）的氧化及微生物耦合还原电子受体（腐殖酸、含铁矿物、过渡金属、类金属、锕系元素）的过程而被释放和存储。因此，电子传递过程会受到不同电子受体和电子供体的影响和调控，在新近研究中备受关注。

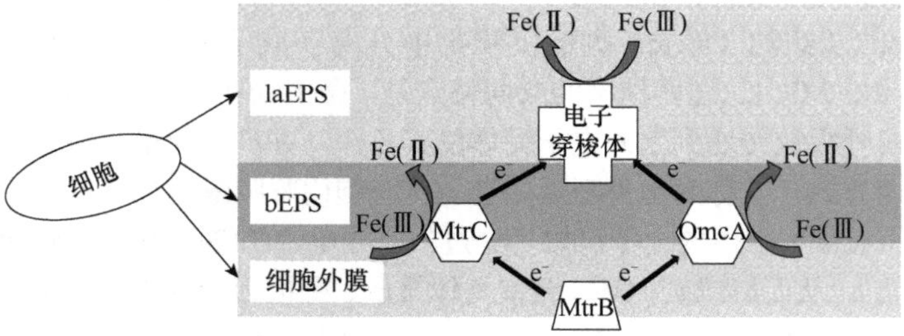

图 4-12　希瓦氏菌在异化铁还原过程中的胞外电子传递示意图

（引自贺纪正等，2015）

laEPS、bEPS 是两种类型的微生物胞外聚合物；MtrC、MtrB、OmcA 希瓦氏菌的外膜细胞色素，也是一种金属还原酶

二、土壤动物和土壤环境

（一）土壤动物与土壤物理性质

1. 土壤动物与土壤含水量　土壤含水量对土壤动物具有独特的作用方式。土壤含水量直接影响到土壤动物的区系、组成与个体密度，对线虫、弹尾类和涡虫类等优势类群的分布影响较大。土壤线虫以高湿度为基本生存条件，弹尾类和蜱螨类的无气门类只有在高湿条件下才能进行皮肤呼吸，所以随着土壤含水量的增加，土壤中耐湿动物数量增加，相应也会导致一些干生土壤动物数量减少。由于土壤动物栖息的土壤微粒间隙中经常充满着水分，故大多数土壤动物对水分的敏感性比土壤以外栖息的种类明显要高，能够比较直接地反映土壤湿度。在一定湿度范围内，土壤动物密度与土壤湿度呈正相关。同时，由于季节因素、气候条件、土壤环境和人为因素等的影响，土壤湿度的变化会导致土壤动物的垂直迁移，从而表现出垂直分布上的明显变化。土壤湿度的季节变化也制约着土壤动物类群数和个体数的总数变化，在中温带和寒温带地区，土壤动物群落的种类和数量一般在 7～9 月达到最大，与雨量和湿度的变化基本一致。而在亚热带地区，一般在秋末冬季达到最大。

2. 土壤动物与土壤结构　作为生态系统工程师，土壤动物还会影响生态系统特性，大大改变土壤剖面的物理结构，从而影响其他生物的栖息地、活动，以及物质通过土壤的途径。蚯蚓和白蚁等土壤动物，可以利用土壤表层的植物凋落物，并且通过摄食和挖掘活动，创造了土壤大孔隙和通道，进而改善土壤的孔隙度和排水系统。例如，蚯蚓对土壤孔隙度最主要的影响之一是增加了土壤大孔隙和通道的比例。这些结构共同作用，促进了水和可溶性养分在土壤中的流动，并连通了水的通路。事实上，通过使用杀虫剂从草地中去除蚯蚓的研究发现，与对照土壤相比，去除蚯蚓的土壤显著降低了水的渗透性，最高可达 93%。蚯蚓对水渗透性的这种影响，特别是深层穴居物种的渗透，会增加养分从土壤向地下水的浸出。例如，对粮食作物农业生态系统的一些研究表明，土壤中加入蚯蚓使其产生的浸出液体积增加了 4～12 倍，其中氮含量增加 10 倍。类似地，将蚯蚓加入石灰性针叶林土壤中，土壤溶液中的硝酸盐和阳离子浓度增加了 50 倍。

土壤中穴居蚂蚁的巢为土壤提供了大量的孔隙，这也影响了水和可溶性养分的渗透率。在干旱和半干旱环境中，沿着巢穴廊道的整体流动也为深层土壤水分的补充提供了一条重要途径。例如，在西澳大利亚的半干旱地区，当土壤饱和、水分积存在地表上时，蚂蚁形成的孔隙能够使水分向下运输。虽然没有进行量化，但上述蚂蚁对水分渗透的促进可能对水和养分向地下水的转移产生强烈影响，同时也会影响其向相邻生态系统中的流动。

土壤动物还可以通过改变有机质的积累速率间接影响生态系统的水文特征。一个很好的例子来自亚南极的马里恩岛，岛上有一种不能飞的通过土壤传播的马里恩无翅蛾（*Pringleohaga marioni*），其幼虫每年可以处理大约 1.5kg/m^2 的植物凋落物或泥炭，从而使氮和磷的矿化分别增加 10 倍和 3 倍。最近，家鼠（*Mus musculus*）被引入岛上，它们以这种蛾的幼虫为食，使得每年应由该蛾幼虫处理的凋落物减少了大约 60%。根据 Smith 和 Steenkamp 的说法，如果家鼠的数量持续增加，泥炭的积累速率将会增加，从而大大改变该岛屿的水文特征和植被。

（二）土壤动物与土壤化学性质

1. 土壤动物与土壤肥力　除了土壤有机质含量和养分含量等基本理化性质外，土壤动物是土壤肥力状况的有效指示者。研究者普遍认为，土壤动物的种类、数量和生物量与土壤肥力有密切的关系。凋落物消耗者包括微节肢动物和一些大型土壤动物等，它们能够消耗植物碎屑并将这些物质以粪便颗粒的形式排泄到土壤中。相比于初始的叶片凋落物，这些粪便具有更大的表面积与体积比，使得其分解速率更快。粪便颗粒也为微生物特别是细菌的生长提供了一个非常有利的环境，反过来微生物又提高了凋落物分解和养分释放的速率。许多土壤动物（如蚯蚓、等足目动物和白蚁）肠道内的内共生微生物的活动同样能够促进凋落物的分解。这些内共生微生物产生的胞外酶能够降解纤维素和酚类化合物，从而进一步促进对所摄入物质的降解。

蚯蚓能消耗大量的凋落物，促进土壤腐殖质形成（表 4-5）。凋落物等有机质和土壤矿物颗粒一起被消耗，并在蚯蚓肠道内被混合在一起，然后以表层或者地下层蚯蚓粪便的形式排泄出来。来自全球不同生态系统的估算表明，蚯蚓能产生 2～250t/hm^2 的粪便，而在温带生态系统通常能达到 20～40t/hm^2。大量研究表明，与周围土壤相比，蚯蚓粪便中所含的微生物数量更多，酶活性也更高，这是因为蚯蚓肠道内的有机质和微生物含量丰富，蚯蚓粪便为微生物生长提供了富含有机质和微生物可利用养分的底物。因此，蚯蚓的存在显著提高了土壤凋落物的分解速率和碳矿化速率。同样，与周围土壤相比，蚯蚓粪便的氮矿化速率更高，这主要是因为蚯蚓粪便中富含无机氮及含氮丰富的排泄物和黏液。据报道，蚯蚓粪便中磷的可利用性比周围土壤高得多，这主要是因为磷酸酶活性的提高。同样，土壤中的有机物质越多，肥力越强，土壤中蚯蚓的数量一般就越多，两者之间是相互促进的关系。

表 4-5　不同生境的蚯蚓种群消耗或排入土壤中的有机质（引自张宁等，2012）

生态系统	有机物类型	每年消耗或排入土壤的量/（kg/hm^2）
玉米田	玉米残渣	840
果园	苹果叶	2000
混交林	冠层树叶	3000
橡树林	橡树叶	1071
苜蓿田	苜蓿残渣	1220
高草草原	总有机质	740～8980
稀树草原	总有机质	1300

2. 土壤动物与土壤污染　土壤动物对土壤环境污染的响应尤为敏感，特别是无脊椎动物如线虫、蚯蚓、甲螨等，能够敏感地反映土壤中有毒物质的含量。当前研究者主要关注土壤动物群落特征与农药污染和重金属的相互关系。常见类群和稀有类群的土壤动物对农药污染反应敏感，是农药污染区的主要指示生物。土壤动物种类和数量随污染程度的加重呈明显递减变化，多样性指数也呈递减趋势。部分学者用可控制的模拟染毒试验研究土壤动物数量和农药浓度的关系，发现土壤动物个体数量和科（属）数量与农药浓度呈明显负相关。不同农药试验得出的敏感动物类型有所差别，例如，弹尾类的棘蛀属、图蛀属和球角蜱属对杀虫双最为敏感，蚯蚓则对敌敌畏较为敏感，因此，进行农药污染监测时需要结合污染类型选择合适的土壤动物类型。需要指出，蚯蚓是目前在生态功能和遗传生理方面研究较细的土壤动物，研究其对土壤环境要素的响应特征具有显著的现实意义。在实际的土壤生态系统中，土壤动物对农药污染的响应更加复杂，有研究表明，土壤动物多样性指数和均匀度指数与土壤有机氯污染程度呈非线性关系，这可能是由于污染的作用，导致优势类群数量减少，从而空

出生态位，以致较耐污染的常见类群及稀有类群的类群数增加；而当污染达到一定程度时，又使其有所下降。

随着我国经济的迅速发展和工业规模的不断扩大，土壤重金属污染也日益加剧。研究表明，土壤动物密度与重金属元素的浓度密切相关，接近污染源和污染物质富集的地区，土壤动物的种类和数量明显减少，同时，土壤动物群落多样性指数、均匀性指数也趋于减小，优势度指数趋于增大。与农药污染源的一元性不同，重金属污染大多是多种有害物质的综合作用，且会影响土壤动物对其他环境因素的响应方式。对大型土壤动物毒性毒理研究发现，很多生化指标（如动物机体同工酶活性、细胞组织超微结构、氨基酸组分含量等）也对土壤污染有明显的响应作用。可见，在土壤动物和土壤污染相互关系研究中存在着研究尺度多层性和方法多学科交叉性特征。

（三）土壤动物与土壤环境要素

1．土壤动物与地形地貌　地形地貌是影响土壤水热组合条件的重要因素，主要表现在海拔对温度的影响，坡度和坡向不同导致的太阳辐射分配差异，进而引起的土壤水分状况和植被覆盖差异。北半球一般南坡为阳坡，接收的太阳辐射和热量较多，土壤较为干燥；北坡则相反。小生境的差异是导致土壤动物区系变化的重要因素，由于坡向和微地形条件影响小生境的生物和非生物因子组合特征，因此可以决定大型土壤动物的空间分布格局。刘继亮和李锋瑞研究认为，在小尺度上，林地的坡向和地形部位对土壤动物群落的空间分布格局产生了显著的影响，但不同土壤动物类群对坡向和地形部位的响应模式存在明显差异。这种差异可能与不同类群土壤动物的生活习性和生物学特性等方面的差别密切相关。在山地环境下，由于自然景观具有明显的垂直地带性，土壤动物的组成和数量都比较丰富，且土壤动物数量随海拔增高和自然景观更替而逐渐减少。佟富春等则认为，土壤动物的垂直分布虽然与植被、土壤、气候等分布密切相关，但由于土壤动物本身的生态特性和其他影响土壤动物分布的要素作用，土壤动物的垂直分布并非完全与植被、土壤、气候等垂直分布高度吻合。

2．土壤动物与区域气候类型　区域气候类型是多种土壤环境要素的决定因素。气候主要影响土壤的湿度和温度，这二者是影响土壤动物群落变化的最直接环境因素。土壤湿度与降雨量相联系，土壤温度与气温相联系。土壤动物的群落结构等特征可以作为描述不同气候类型条件下水热组合差异的指标。热带雨林地区的土壤动物无论从动物类群数和单位面积个体数来看都极其丰富。我国亚热带林区土壤动物种类和群落组成也极富多样性，与中亚热带地区相比，南亚热带土壤动物具有更高的多样性和更多的热带成分，两地区的群落组成有巨大的差异。暖温带地区的土壤动物的种类和数量都明显小于热带和亚热带地区，土壤动物的种类也与前者相差较大，如亚热带浙江天目山以多足动物为主，而暖温带的北京小龙门地区却以腹足纲个体数量最多。青藏高原高寒区草甸生态系统土壤动物的种类和数量远少于森林生态系统。

课后习题

1．名词解释

共生；竞争；拮抗；寄生；捕食；根际促生微生物；菌根；丛枝菌根真菌。

2．简答题

（1）根际生防微生物有哪些？存在哪些生防机制？

（2）常见的根系分泌物有哪些？有何功能作用？请举例说明。

（3）土壤中存在哪些化感现象？常见的化感物质有哪些？请举例说明。

（4）AMF-植物共生体的生态学效应有哪些？对植物群落会产生什么影响？

（5）根际微型土壤动物怎样对植物根系产生影响？

3．论述题

（1）试分析土壤动物和微生物如何影响土壤肥力。

（2）试述土壤动物对植物群落结构和多样性的影响。

本章主要参考文献

曹志平．2007．土壤生态学．北京：化学工业出版社

丁娜，林华，张学洪，等．2022．植物根系分泌物与根际微生物交互作用机制研究进展．土壤通报，53（5）：1212-1219

贺纪正，陆雅海，傅伯杰，等．2015．土壤生物学前沿．北京：科学出版社

孔垂华．2020．植物种间和种内的化学作用．应用生态学报，31（7）：2141-2150

李琬，刘淼，张必弦，等．2014．植物根际促生菌的研究进展及其应用现状．中国农学通报，30（24）：1-5

梁文举，张晓珂，姜勇，等．2005．根分泌的化感物质及其对土壤生物产生的影响.地球科学进展，20（3）：330-337

林迪．2018．细菌胞外聚合物在土壤矿物和纳米颗粒表面的吸附及其驱动团聚机制．武汉：华中农业大学博士学位论文

刘邓．2012．不同厌氧微生物功能群对粘土矿物结构 Fe（Ⅲ）的还原作用及其矿物转变．北京：中国地质大学博士学位论文

刘永俊．2008．丛枝菌根的生理生态功能．西北民族大学学报（自然科学版），69（1）：54-59

荣兴民，黄巧云，陈雯莉，等．2008．土壤矿物与微生物相互作用的机理及其环境效应．生态学报，28（1）：376-387

荣兴民，黄巧云，陈雯莉，等．2011．细菌在两种土壤矿物表面吸附的热力学分析．土壤学报，48（2）：331-337

邵元虎，张卫信，刘胜杰，等．2015．土壤动物多样性及其生态功能．生态学报，35（20）：6614-6625

宋成军，马克明，傅伯杰，等．2009．固氮类植物在陆地生态系统中的作用研究进展．生态学报，29（2）：869-877

杨高文，刘楠，杨鑫，等．2015．丛枝菌根真菌与个体植物的关系及其对群落生产力和物种多样性的影响．草业学报，24（6）：188-203

杨士，卢陈彬，刘祖文，等．2019．土壤胶体对重金属迁移及生物有效性影响的研究进展．环境污染与防治，41（8）：974-978

张宁，廖燕，孙福来，等．2012．不同土地利用方式下的蚯蚓种群特征及其与土壤生物肥力的关系．土壤学报，49（2）：364-372

Bardgett R．2021．土壤生物学：群落与生态系统方法．周小奇，王艳芬，译．北京：高等教育出版社

Kim J, Dong H,Seabaugh J,et al. 2004. Role of microbes in the smectite-to illite reaction. Science, 303:830-832

本章思维导图

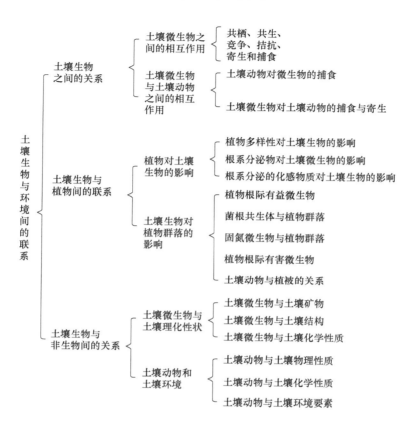

- 土壤生物与环境间的联系
  - 土壤生物之间的关系
    - 土壤微生物之间的相互作用
      - 共栖、共生、竞争、拮抗、寄生和捕食
    - 土壤微生物与土壤动物之间的相互作用
      - 土壤动物对微生物的捕食
      - 土壤微生物对土壤动物的捕食与寄生
  - 土壤生物与植物间的联系
    - 植物对土壤生物的影响
      - 植物多样性对土壤生物的影响
      - 根系分泌物对土壤微生物的影响
      - 根系分泌的化感物质对土壤生物的影响
    - 土壤生物对植物群落的影响
      - 植物根际有益微生物
      - 菌根共生体与植物群落
      - 固氮微生物与植物群落
      - 植物根际有害微生物
      - 土壤动物与植被的关系
  - 土壤生物与非生物间的关系
    - 土壤微生物与土壤理化性状
      - 土壤微生物与土壤矿物
      - 土壤微生物与土壤结构
      - 土壤微生物与土壤化学性质
    - 土壤动物和土壤环境
      - 土壤动物与土壤物理性质
      - 土壤动物与土壤化学性质
      - 土壤动物与土壤环境要素

第五章　土壤生物群落

本章提要

土壤生物是土壤生态系统中最重要、最活跃的组成部分之一，土壤生物数量庞大、种类繁多，但是各类土壤生物都不是独立存在的，而是以一定的方式结合在一起，形成一个个的生物聚合体，即生物群落。生物群落中的生物可能在分类地位或亲缘关系上相差甚远，但是它们之间具有极为复杂的相互关系，构成复杂的生态网络；同时，生物群落成员间生态功能的不同赋予了生物群落新的功能，使得生物群落具有与组成它们的生物种群所不同的静态、动态和功能特征。生物群落内各种生物并不是偶然集合在一起的，而是依靠生物之间的物质循环和能量流动联系在一起的有机整体，虽然生物群落的组成和功能具有发展和演替的动态特征，但是在发展和演替的过程中又具有相对的稳定性。土壤生物群落是土壤生态学中的重要概念和组成部分，研究土壤生物群落的目的在于了解土壤生物群落的起源、发展、组成、构建机制和时空分布特征等，从而深化对群落生态功能和运行机制的认知，为人类科学合理利用生物群落、保护和提高土壤生态功能提供理论依据。本章将系统介绍土壤生物群落构建机制及其影响因素、土壤生物多样性的概念及其重要意义和土壤生物群落空间分布与演替。

第一节　土壤生物群落构建

一、生物群落的基本概念

（一）生物群落的定义

环境中丰富多彩的生命并不是单独存在的，而是以一定的方式结合在一起，构成了一个个群体，即所谓生物群落。生物群落的定义并不是一成不变的，而是随着人们对环境生物认识的不断加深，逐步地完善和补充。关于生物群落的定义，主要经历了以下认识阶段。

1807 年，近代植物地理学的创始人 Alexander Humboldt 首先提出植物群落的概念。

1877 年，德国生物学家 Karl Möbiu 发现了不同动物种群的群聚现象：牡蛎在海底的分布并不是随机的，而是只出现在一定的盐度、温度和光照等条件下，而且总是与特定的其他动物（鱼类、甲壳类和棘皮动物）生长在一起，形成比较稳定的一个生物群体，Möbius 称之为“生物群落”。

1890 年，丹麦植物学家 E. Warming 出版了其经典著作《植物生态学：植物群落研究引论》。

1908 年，俄国对植物群落的研究有了较大发展，并形成一门以植物群落为研究对象的学科——地植物学（植物群落学的同义语）。

1911 年，生物群落生态学的先驱 V. E. Shelford 将生物群落定义为“具有一致的种类组成且表观一致的生物聚集体”。

1957 年，美国著名生态学家 E. P. Odum 在他的《生态学基础》一书中，对生物群落定义做了补充，他认为除种类组成与外貌一致外，生物群落还“具有一定的营养结构和代谢格局”“它是一个结构单元”“是生态系统中具生命的部分”，并指出群落的概念是生态学中最重要的概念之一。它强调了各种不同的生物能在有规律的方式下共处，而不是任意散布在地球上。

1974 年，比利时学者 P. Duvigneaud 在他的《生态学概论》中对生物群落做出了与 Odum 相似的定义，他认为（生物）群落是在一定时间内居住于一定生境中的不同种群所组成的生物系统；它虽然是由植物、动物、微生物等各种生物有机体组成，但仍是一个具有一定成分和外貌比较一致的集合体；一个群落中的不同种群不是杂乱无章地散布，而是有序且协调地生活在一起。

经过不断的发展，生物群落可定义为在特定空间或特定生境下，具有一定的生物种类组成，它们之间及其与环境之间彼此影响、相互作用，具有一定的外貌及结构，包括形态结构与营养结构，并具特定功能的生物集合体。也可以说，一个生态系统中具生命的部分即生物群落。简言之，生物群落就是指一定地段或生境里各种生物种群构成的结构单元。那么土壤生物群落即指土壤里各种生物种群构成的结构单元，也可以说土壤生态系统中所有具有生命的部分即土壤生物群落。

生物物种是生物群落的组成要素，但是群落中的各物种在群落中的地位是不同的，其中对群落具有关键作用的物种包括优势种和建群种。对群落的结构和群落环境的形成有明显控制作用的物种称为优势种。它们通常在数量上占据绝对优势。建群种是指决定群落内部结构和特殊环境条件而影响群落构建的物种。建群种在个体数量上不一定占绝对优势，但却是群落的创造者、建设者。如果群落中的建群种只有一个，则称为“单优种群落”；如果具有两个或者两个以上同等重要的建群种，则称为“共优种群落”或“共建种群落”。

生态学上的优势种对整个群落具有控制性影响，如果把群落中的优势种去除，必然导致群落性质和环境的变化；若把非优势种去除，只会发生较小的或不显著的变化；但是如果把建群种去除，则会导致整个群落的崩塌，而有时建群种并非优势种，所以物种对群落和生态系统稳定性的作用并不能单纯从物种数量上来衡量。因此，保持群落物种多样性对生态系统的稳定至关重要。

（二）生物群落的基本特征

土壤生物群落是生物群落概念的子集，因此土壤生物群落也具有生物群落的一般特征，概括起来，土壤生物群落具有以下主要特征。

1．具有一定的物种组成　每一个土壤生物群落都是由一定的生物种群组成的，通常包含了植物（低等植物和高等植物根系）、动物和微生物等各种生命体。物种组成是区别不同群落的首要特征。一个群落中种类成分的多少及每种个体的数量，是度量群落多样性的基础。

2．具有一定的群落结构　土壤生物群落是土壤生态系统的一个结构单元，它本身除具有一定的种类组成外，还具有一系列结构特点，包括形态结构、生态结构与营养结构。例如，生活型组成、种的分布格局、成层性、季相、捕食者和被食者的关系等。但其结构常常是松散的，不像一个有机体结构那样清晰，也被称为松散结构。

3．群落与环境的不可分割性　生物与环境的相互关系是生态学的核心思想。土壤环境特征在确定土壤生物群落上起着基本的作用，但是生物群落也会对土壤环境产生重大影响，并形成群落环境。

4．群落生物间具有密切的互作关系　群落中的物种有规律地共处，即在有序状态下共存。诚然，生物群落是生物种群的集合体，但不是说一些种的任意组合便是一个群落。一个群落必须经过生物对环境的适应和生物种群之间的相互适应、相互竞争，形成具有一定外貌、种类组成和结构的集合体。

5. 群落中各物种在群落中的重要性不同　群落中的各物种在数量上并不是均匀分布的，有在数量上占据大多数的优势物种，也有数量稀少的稀有物种，通常认为优势物种决定着群落的主要特征，但是当大量物种中的有些成员存在或不存在，就其相对意义而言，是无关紧要的。而在某些情况下，一个或几个物种可能就会决定群落的主要特征，这些物种存亡就直接决定了群落的状态或功能，这反映了各物种在群落中并不具有相同的重要性。

6. 群落处于一定的动态变化中　生物群落是生态系统中具有生命的部分，生命的特征是不同的运动，群落也是如此。其运动形式包括季节动态、年际动态、演替与演化。

7. 群落具有一定的分布范围　任何生物群落都分布在特定地段或特定生境上，不同群落的生境和分布范围不同。无论是水平尺度还是垂直尺度，不同生物群落都是按照一定的规律分布的。

8. 具有一定的边界特征　在自然条件下，有些群落具有明显的边界，可以清楚地加以区分；有的则不具有明显边界，而处于连续变化中。前者见于环境梯度变化较陡，或者环境梯度突然中断的情形。例如，海拔急剧变化的山地、林地土壤等。后者见于环境梯度连续缓慢变化的情形。大范围的变化如草甸草原和典型草原的过渡带、典型草原和荒漠草原的过渡带等；小范围的如沿缓坡而渐次出现的群落替代等。但在多数情况下，不同群落之间都存在过渡带，被称为群落交错区（ecotone），并导致明显的边缘效应。生物群落的边界受到人为活动的剧烈影响，如土壤利用方式的改变等。

二、土壤生物群落的构建机制

生物群落是如何形成，即生物群落构建机制一直是生态学研究的核心问题。传统的观点认为，各物种特征的权衡（trade-off）和组合的不同决定了其生活史对策的不同（如资源利用方式），由此决定了各物种在群落中所占有的生态位不同，进而决定了多物种的稳定共存。也就是说，物种在群落中的共存是以生态位的分化为前提的，生态位相同的物种可能因竞争共同的资源而发生竞争排除，不能稳定共存。然而，当解释生境中限制性资源不多，多物种生态位分化不明显，而依然稳定同存的现象（如热带雨林）时，传统的生态位构建理论遇到了巨大的挑战。并且，以生态位理论为基础的确定性因素无法有效地预测群落结构动态，使得许多生态学家开始考虑非确定性因子的作用。

（一）生态位理论的主要内涵

生态位是一个抽象的生态学基本概念。1866 年 Haeckel 定义的生态学一词就指研究居住地的学科，居住地的主体是指个体、种群和物种，甚至可扩展至群落有机体。随之，不同物种分离而居的现象及原因就成为生态学家关注的核心问题。1910 年，Johnson 用生态位（niche，可能源自法语 nicher，意为生态龛位 nest）表征不同物种对环境的不同需求；1917 年，Grinnell 正式提出的生态位概念更像是对生态学定义的具体化，他所定义的生态位是指物种或亚种在生境中存活所必需的一系列生物和非生物环境条件，强调物种存活对环境条件需求与环境对物种影响的匹配关系。生态位从正式定义至今，其主体指“物种”，但在实际应用中却指特定地区特定时间某物种的种群。与 Grinnell 提出的生态位不同，1927 年 Elton 将生态位定义为有机体（物种）在食物网（群落）中的地位和功能作用，强调了物种在营养级（群落环境）中的角色，如某物种与其食物和捕食者之间的关系。他甚至认为，动物生态位在一定程度上可用其个体大小和食性量化；同一物种在不同群落可能有不同的生态位，同一生态位又被不同的物种所占据。

经过不断发展、修订和扩展，生态位可定义为：生态位是指一个种群在生态系统中，在时间空间上所占据的位置及其与相关种群之间的功能关系与作用。生态位又称为生态龛，表示生态系统中每种生物生存所必需的生境最小阈值（图 5-1）。

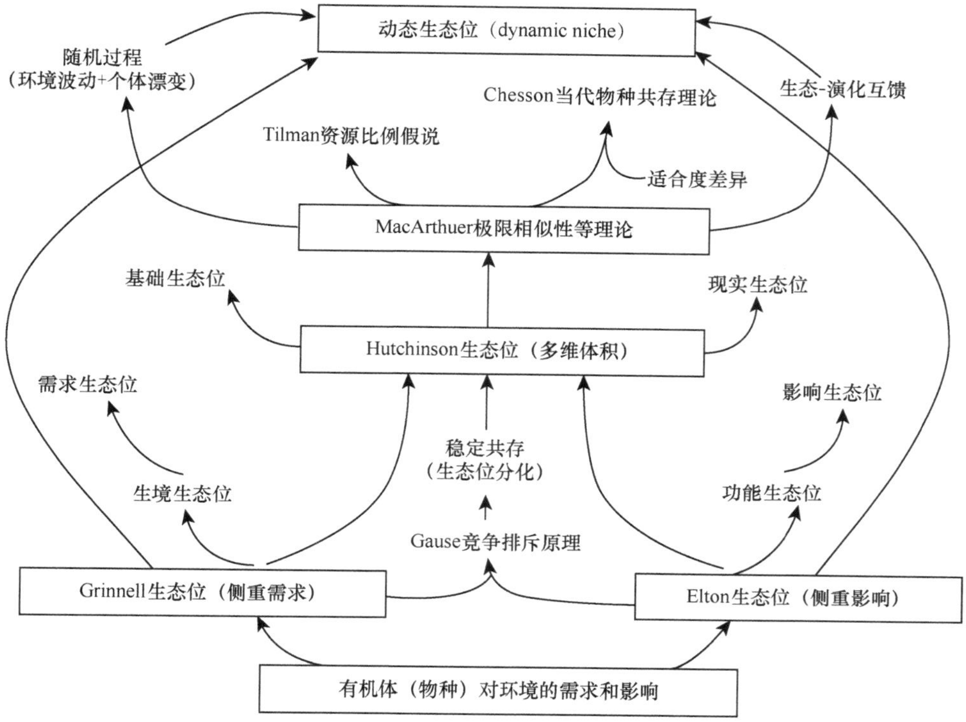

图 5-1　生态位主要概念及相关理论发展脉络示意图（引自牛克昌等，2022）

生态位的概念被提出时，就隐含着两个物种不可能占据同一个生态位的原理。生态系统中，任何资源都是有限的，所以占据特定生境生态位的物种的增长率不可能无限上升；同样，对任何生态功能的需求也是有限的，被多满足的部分会形成物质积累，而物质是有限的，所以满足特定功能生态位的物种的增长率不可能无限上升。如果只有一个物种占据特定生态位，则它的增长率达到极限时会形成负反馈，使它的增长率下降。如果有多个物种占据特定生态位，则必然有一个物种的增长率先到达极限。随着资源被消耗，对资源要求最高的物种先减少，最后退出竞争，这一现象称为竞争排斥。因此达到动态平衡时，每个生态位应当只被一个物种占据（即基础生态位可以重叠，实际生态位不能重叠）。生态位理论的很大一部分就是研究两个相似的物种或生态位相似的物种何以共存。

（二）中性理论的主要内涵

群落构建中性理论来源于揭示分子进化现象的学说——分子进化的中性学说，此学说由日本遗传学家 Kimura 提出。他根据分子生物学证据表明，在分子水平上发生的突变多是中性的，它们对生物的生存和繁殖既非有利、亦非有害，不涉及被保留或被淘汰的问题，所以自然选择对它们不起作用；这类中性突变在群体中的保存、扩散或消失，完全取决于随机的遗传漂变。

以 Hubbell 为代表的生态学家根据种群遗传学的中性理论，提出了群落中性理论。生态学中群落构建的中性理论认为相同的物种可以实现共存物种多度的变化是随机的，而非确定性的；

共存的物种数量取决于物种分化（或迁入）和随机灭绝之间的平衡；群落内物种的相对多度随时间表现为随机振荡的波动。之所以被称为中性理论是因为这一理论假定群落中所有的个体在生态学上都是完全等同的（或者对称的）：具有相同的出生率、死亡率、迁移率及新物种形成的概率。

群落中性理论以其简约性和可预测能力迅速赢得许多生态学家的青睐，成为近些年来最受关注的生态学理论热点。一些生态学家甚至认为，群落中性理论是将生物多样性和生物地理学相统一的理论。然而，大量的实验研究表明，群落各物种并非如中性理论所假设的那样在生态功能上等价，基于功能性状的物种生态位分化和种间作用在群落构建和多样性维持中有着决定性作用，而且由于中性理论的模型中群落大小难以界定，物种分化速率、迁移率和死亡率等各参数可变性很大，而模型模拟结果对这些参数设置的变化又极其敏感，因而该理论对群落结构的预测也只能是微弱的。因此，越来越多的生态学家认为确定性过程和随机性过程在群落构建中均发挥作用，二者是相容互补而不是绝对对立的，将生态位理论和中性理论整合可以更好地理解群落构建的机理。目前对于土壤生物群落构建机制的认识是在传统生态学群落构建机制基础上，根据具体研究的生物群落的特性进行了不同程度的修订和扩展。

三、土壤生物群落构建的影响因素

土壤生物群落整体上来讲是对环境条件的生态适应，但是生物群落也会强烈地改变土壤环境，从而引起群落的变化，所以土壤生物群落和土壤环境是相互作用的有机体，影响土壤生物群落构建的因素概括起来可分为生物因素和非生物因素两方面。

（一）影响土壤生物群落构建的生物因素

各种各样的生物是构成生物群落的基本元素，但是不同生物物种具有不同的特性，所以生物因素是决定土壤生物群落构建的关键。

1．物种特性　物种特性是决定生物群落构建的基础。生物群落是一个稳定的有机体并表现一定的生态功能，由于单个生物体不可能具有所有的功能，只有内部成员在个体大小、营养特性和功能特性等方面实现互补和协调才能保证生物群落中物质、能量和信息流动的稳定。

2．物种间的相互作用　生物群落中的物种并不是独立存在的，而是与其他物种存在密切的相互作用，包括中性作用、竞争、共生、寄生、捕食等（见第四章）。生物群落在各物种间相互作用达到相对平衡后才能形成稳定的生物群落。在土壤生物各种相互作用中，竞争作用和捕食作用对土壤生物群落的构建起着重大的作用。

物种间的竞争有两种形式：相互干涉性竞争和资源利用性竞争。相互干涉性竞争出现在两个物种直接相互作用时，如领地的争夺和防御。资源利用性竞争出现在一个物种和另一个物种将利用同一种资源时，如食物、空间或被食者，但两个物种间没有直接的联系。这种间接的利用竞争能够使一个物种对另一个物种保持一种竞争优势。

竞争的相互作用涉及空间、食物或者营养、光照、废弃物、对捕食者和病害的敏感性及许多其他类型的相互作用。物种间的竞争能够调节两个物种间的平衡，或者如果竞争比较激烈的话，会导致一个种群被另一个种群所替代，或者迫使另一个种群去占据其他空间或利用另一种食物（无论起初的竞争行动的基础是什么）；另外，如果两者竞争力相似，激烈的竞争则会导致两者生态位的分离（图 5-2）。

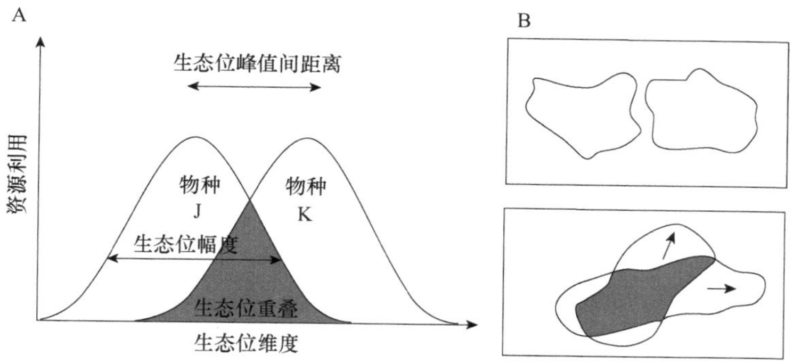

图 5-2 生态位概念示意图（引自 Odum and Barrett，2009）

A. 沿某个单一资源维度的两个物种活性曲线说明了生态位幅度和生态位重叠的概念；B. 上图中两个物种占据非重叠生态位，而下图中生态位在很大范围内重叠，从而激烈竞争导致生态位分离，如箭头所示

由于物种间竞争作用的存在，具有同样习性或生活方式的亲缘关系接近的物种通常不能在同一地方共存。假如它们在同一地方出现，它们通常利用不同的资源或在不同的时间活动。这种由竞争关系使亲缘关系密切或其他方面相似的物种之间产生生态分化的趋势称为竞争排斥原理。

竞争排斥原理又称为高斯原理，因苏联生物学家高斯首次在实验中观察到了亲缘接近物种间的生态分化现象而得名。大草履虫（*Paramecium caudatum*）和双小核草履虫（*Paramecium aurelia*）是亲缘关系相近的两类纤毛虫类原生动物，当单独培养时，它们表现出一种典型的“S”形种群增长，并且在保持一个固定的营养成分浓度的培养基中维持一种恒定的种群水平（细菌在培养基中不能自我繁殖，因此可以频繁添加营养成分以保持固定浓度）。但是，当把这两种原生动物混合培养时，16d 后只有双小核草履虫独自存活下来（图 5-3）。这两种生物既不相互攻

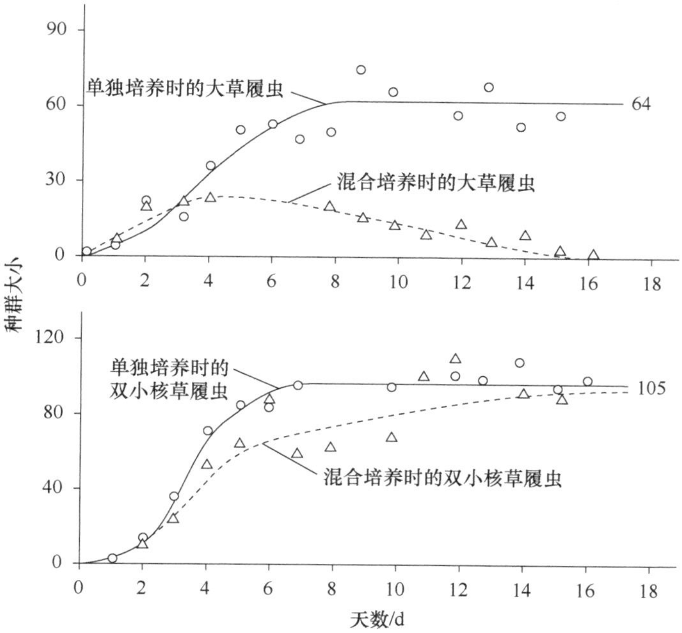

图 5-3 两种亲缘关系接近的、具有相似生态位的原生动物之间的竞争（引自 Odum and Barrett，2009）

当单独培养时，大草履虫和双小核草履虫都表现出正常的“S”形生长曲线；当混合培养时，大草履虫被消灭

击也不会分泌有害物质，只是双小核草履虫种群具有更高的增长率（更高的内禀增长率）。因此，在现存条件下因为食物有限大草履虫淘汰出局，这是一个明显的资源利用性竞争的例子。作为对照，大草履虫和袋状草履虫（*Paramecium bursaria*）共同培养时却能够生存并达到一个稳定的平衡。尽管它们也竞争相同的食物，但袋状草履虫占据了培养基的不同部分，在这里它可以以细菌为食而不用和大草履虫竞争。因此，尽管两个物种的食物相同，但栖息地的不同还是证明它们是可以共存的。

竞争不单存在于两个物种之间，可能存在于多个物种间，竞争激发了许多选择性的适应，这使得各类物种形成有别于其他物种的生态位，由此增强了特定土壤环境中不同物种的共存性，促使不同物种形成可共存的相对稳定的生物群落。

捕食作用是生物群落构建另一个重要的因素。捕食作用对生物群落构建的影响因捕食者是泛化种还是特异种而异。如果捕食者是泛化种，对被食者无选择性，则可削弱原本占据优势的被食者的竞争力而有利于竞争力弱的物种的生存，有利于群落物种多样性的提高。但是捕食压力过高时，所有物种都会受到捕食者的剧烈负向影响，导致稀有物种或竞争力低的物种的灭亡而引起群落物种多样性的降低。

与泛化捕食者不同，特异种的捕食者对群落构建的影响取决于被食者在群落中的地位。如果被食者属于优势种，则捕食有利于群落中低竞争力物种的生存，引起多样性的提高。相反，如果特异性捕食者的被食者是竞争力较弱的劣势种，则捕食会进一步降低被食者的竞争力，并最终导致其死亡，表现为生物群落物种多样性的降低。

3．地上生物对土壤生物群落构建的影响 土壤生态系统不是独立存在的，通常是更为复杂的生态系统的子系统，所以会受到其他子系统的影响。土壤生态系统受到地上生物的剧烈影响，有时甚至是影响土壤生物群落构建的主要因素。

知识拓展 5-1

影响土壤生物群落的地上生物因素主要是地上的植物和动物。地上植物强烈地影响着土壤生物群落的构建，地上植物影响生物群落的主要途径有：①影响土壤生物的食物（或底物）状况。植物根系（包括根系分泌物）和地上凋落物是土壤生物重要的食物（或底物）来源，如有些土壤动物直接以植物根为食物，土壤真菌则依靠植物残体获取生长所需物质和能量，地上植物的改变会引起土壤养分状况的剧烈波动，从而引起土壤生物群落的改变。②改变土壤环境。土壤环境的主要性状，如水分、温度、通气状况、pH、养分水平等，都受到植物的影响。植物根系直接生长在土壤中，根系对土壤水分、养分的吸收改变土壤的含水量和养分水平，同时根系也会向土壤分泌多种根系分泌物，改变土壤的 pH 等理化性状；同时，植物地上部一方面会影响土壤的阳光照射率，影响土壤温度、水分和酶活性等；另一方面凋落物（如落叶）也会覆盖土壤表面，引起包括温度、水分等性质的改变。③影响土壤植物共生型生物。有些土壤生物物种与植物具有密切的共生关系，而且有的是专性共生，只与特定的植物种类形成共生关系，因此地上植物种类或者生长状况的改变会影响这类生物在土壤生物群落中的比例。

地上动物是土壤生物群落构建的另一类调控者，其可以通过直接作用和间接作用来影响土壤生物群落构建。直接作用主要包括对土壤生物的捕食，如对土壤昆虫和原生动物的捕食，这会改变被食者在土壤生物群落中的相对丰度和竞争力。动物影响土壤生物群落的间接作用途径：一是通过影响地上植物来影响土壤生物群落，这种影响主要来自食草型动物对地上植物的捕食，影响程度与食草动物对植物的选择性和捕食强度有关。二是通过活动和排泄物来影响地下生物群落，主要包括地上动物通过活动对土壤环境的改变，如打洞或捕食过程中对土壤环境的扰动，通过排泄物对土壤环境和生物的影响。一方面动物排泄物会改变土壤的性质和养分条件，另一方面粪便中也含有多种生物，这些生物的输入也会对土壤生物群落组成和多样性产生影响。有研究发现，在农田土壤中，有机粪肥施用可以改变土壤 pH 和有机质含量等来影响土壤细菌和真菌群落组成，并促进腐生型真菌的竞争力，降低了植物致病菌的比例，同时粪源微生物随着有机肥的施用进入土壤并定殖，成为土壤微生物多样性的重要贡献者。

（二）影响土壤生物群落构建的非生物因素

早在20世纪初，植物学家 Bass Becking 就提出了“Everything is everywhere，but the environment selects”（一切皆无处不在，但都是环境的选择）的著名论点，强调了环境在生物群落构建中的重要作用。对于土壤生物群落，土壤是其能够存在的物质基础，所以土壤环境及影响土壤环境的各种因素都会对土壤生物群落的构建产生影响。影响土壤生物群落构建的非生物因素主要有以下几方面。

1. 土壤有机质的数量和化学组成　土壤有机质是土壤中异养生物的能源和食物来源。有机质的数量往往决定着土壤生物群落中物种数量和活性，同时由于土壤生物对有机碳种类的偏好性不同，土壤有机碳的组成会显著影响土壤生物群落的物种组成和相对丰度。例如，土壤细菌往往对简单的有机碳化合物（如淀粉、糖和氨基酸）反应最快，如果土壤中富含这些小分子的有机碳，那么细菌便会成为优势类群，同时以细菌为食的其他生物如线虫等的数量也会较大；而如果土壤富含复杂的有机碳化合物（如纤维素和木质素等），那么对此类化合物具有较强降解能力的真菌就会占据主导地位。

2. 土壤通气性和温度　大多数土壤生物都是好氧的，在其新陈代谢中使用氧气作为电子受体，但有些微生物是厌氧性的，使用气态氧以外的化合物作为电子受体，另外还有兼性微生物，可进行好氧或厌氧代谢。这三种代谢方式通常在土壤中的不同生境中同时进行，但是不同的土壤通气条件会影响这三种代谢生物的相对比例。例如，在淹水条件下，土壤生物中以厌氧和兼性厌氧型生物为主。土壤温度会影响酶活性，从而影响生物的新陈代谢活动，不同土壤生物种类对温度具有不同的敏感性，并由此决定了其在特定温度条件下的竞争力。当温度在20～40℃时，土壤生物的活力通常是最大的。除了某些嗜冷物种外，大多数土壤生物在低于5℃时停止代谢活动，这个温度有时被称为生物零度。

3. 土壤反应　土壤反应有助于确定哪些特定的微生物在特定的土壤中占主导地位并发挥作用。尽管在土壤的任何化学条件下，都会有特定的物种茁壮成长，但绝大多数土壤生物适合生活在 pH 接近中性的土壤中，所以在同等条件下，pH 偏中性的土壤中生物多样性最高。土壤微生物由于个体小，通常对于 pH 的敏感性更高，但是由于不同微生物对土壤酸碱性的耐受程度不同，所以不同 pH 条件下会形成具有显著差异的微生物群落。例如，土壤真菌对酸性的耐受力通常比细菌更强，所以真菌倾向于在森林土壤中占主导地位，而细菌通常在微酸性的草原和牧场土壤中占主导地位。土壤微生物作为土壤生物群落中数量最大、种类最多、功能多样性最高的物种，它们的改变会很大程度上影响土壤环境、物质转化等，同时影响以微生物为食的捕食者，从而对整个土壤生物群落产生剧烈影响，甚至重构。

4. 其他因素　由于土壤环境是个复杂的有机体，任何一个方面都会对其中的生物群落产生影响，其他条件如水分、颗粒组成、盐分等都会直接或间接地对土壤中的生物类群产生一定的选择性，导致生物群落组成的差异；另外，一些特殊气候或地质事件，如火灾、地震、洪水等，会在短时间内对土壤生物产生直接影响，并剧烈改变土壤环境理化性质，引起土壤生物群落的巨变。

（三）人类活动对土壤生物群落构建的影响

人类是自然的产物，人类社会是物质世界高度发展的结果，作为地球生物的一分子，人类文明受到自然环境的巨大影响。但是，随着人类科技爆发式的快速发展，人类活动对于自然生态系统的影响达到了前所未有的强度和广度，在特定的时空条件下，人类活动甚至成为生物群落构建的主导力量。由于土壤环境对人类生存和发展无可比拟的重要性，人类活动对土壤生物群落的影响自人类诞生的那一天起就正式拉开帷幕，并且随着人类社会的发展不断加强。

人类活动对土壤生物群落构建的影响首先表现在人类土壤管理措施的影响，主要包括施肥、农药施用、耕作、利用方式的转变等。施肥措施会改善土壤的养分状况，从而有利于富营养型生物生存，由此提高其在土壤生物群落中的比例；农药则会直接作用于某些土壤生物，降低其在土壤中的丰度；耕作则会对土壤结构产生剧烈的扰动，由此改变土壤的水、热、气等环境条件；利用方式的转变会改变地上部的生物和非生物条件，由此影响与其相关的土壤生物类群。另外，由于构成土壤生物群落的物种间存在密切的互作关系，所以即使对其中单个或少数物种产生影响都会通过物种的生态网络将这种影响加强和放大，最终导致土壤生物群落的巨变。

基于自身发展的需要，人类更多的是按照自己的需求和意愿来影响或塑造生物群落，最典型的例子就是人类对农业生态系统的构建。另外，由于人类的生产活动，人类也在无意识中改变了生物群落，如工业生产中废气、废液和废渣的排放等，这些都会通过一定的途径进入土壤环境中，并改变土壤生物群落的构建，而人类对土壤生态系统的影响大多是负面的，不利于土壤生物多样性和生态功能的稳定。但是，随着可持续和绿色发展观念的不断加深，土壤生物群落对人类生存十分重要的认识不断加强，所以，目前人类正在努力地减少对土壤生物群落的影响，并积极修复被破坏的土壤环境和生物群落；同时基于生物与环境、生物与生物间的互作原理，有望实现土壤生物群落的人工构建，为增强土壤生态系统功能提供新的途径。

第二节　土壤生物多样性

一、生物多样性的概念

生物多样性这一概念由美国野生生物学家和保育学家雷蒙德（Ramond. F. Dasman）于 1968 年在其通俗读物《一个不同类型的国度》（*A Different Kind of Country*）一书中首先使用的，是 biology 和 diversity 的组合，即 biological diversity。此后的 10 多年，这个词并没有得到广泛的认可和传播，直到 20 世纪 80 年代，生物多样性（biological diversity）的缩写形式“biodiversity”由罗森（W. G. Rosen）在 1985 年第一次使用，并于 1986 年第一次出现在公开出版物上，由此“生物多样性”才在科学和环境领域得到广泛传播和使用。

据《生物多样性公约》的定义，生物多样性是指“所有来源的活的生物体中的变异性，这些来源包括陆地、海洋和其他水生生态系统及其所构成的生态综合体；这包括物种内、物种之间和生态系统的多样性”。因此，生物多样性是一个多方面的概念。传统上，生物多样性研究考虑三种多样性形式：分类、功能和系统发育。生物多样性是生物及其与环境形成的生态复合体及与此相关的各种生态过程的总和，由物种多样性、遗传（基因）多样性和生态功能多样性三个层次组成。物种多样性是生物多样性在物种上的表现形式，也是生物多样性的关键，它既体现了生物之间及环境之间的复杂关系，又体现了生物资源的丰富性。遗传（基因）多样性是指生物体内决定性状的遗传因子及其组合的多样性。生态功能多样性是指生物圈内生境、生物群落和生态过程的多样性。

土壤是覆盖于地球陆地表面能够支持生命的一层疏松物质，犹如地球的皮肤。地球上至少有 1/4 的生物蕴藏于土壤中。作为最大的生物多样性库之一，土壤生物多样性远高出地上数个量级，1g 土壤中就可能含有多达 10 亿个细菌细胞、长达 200m 的真菌菌丝及大量的螨类、线虫、节肢动物等。如此巨大的土壤生物数量多样性在生态系统中具有重要功能，几乎所有的土壤过程都与土壤生物有关，土壤生物多样性是行使土壤生态系统功能的主体。

（一）土壤生物物种多样性

物种是生物多样性研究的基本单位。土壤生物物种多样性是指土壤生态系统中生物的物种丰富度和均一度，是生物多样性最直接的表现形式。传统上，物种被定义为一群相互间可产生有繁殖能力后代而与其他物种间由于生殖屏障而不能繁育后代的生物个体的集合，并根据一系列形态和表型特征的差异来认定不同的物种。然而，许多土壤生物（如微生物）可进行无性繁殖，而且可以通过水平基因转移在个体间进行基因的重组，所以传统物种的概念对许多土壤生物并不适用，而且由于许多土壤生物体型极小，单纯依据生物的形态和表型特征进行的分类往往也带有很强的主观性。随着分子生物学技术的发展，遗传物质被用来对微生物进行分类。例如，曾有研究者提出微生物物种（species）是指“具有一定程度表型特征一致性，DNA-DNA 杂交率大于 70%，或 rRNA（核糖体 RNA）基因序列相似度大于 97%的一组微生物”。之所以选择 70%的杂交率或 97%的 rRNA 基因相似性，是因为依据此标准进行的物种分类与形态和表型分类的结果基本一致。相对于大型生物而言，微生物的这种物种划分标准显得较为粗略。例如，按照 70%的 DNA-DNA 杂交率标准，所有的灵长类都将归为一个物种。后来，又有研究通过对已分离培养微生物的全基因组序列比较，来探讨新的微生物分类标准。但是不管是根据形态和表型特征分类还是根据遗传物质相似性分类，均需要实验室培养的分离菌株。然而目前实验室分离获得微生物不过几万种，绝大部分微生物都无法被分离培养。但是据估计，如果按照 rRNA 的序列进行分类，地球上微生物种类将有 10^{12} 种，远远超出其他高等生物的种类。

知识拓展 5-2

（二）土壤生物遗传多样性

土壤生物遗传多样性是指土壤生物在基因水平上所携带的各类遗传物质和遗传信息的总和，这是生物多样性的本质和最终反映。基因多样性代表生物种群之内和种群之间的遗传结构的变异。每一个物种包括由若干个体组成的若干种群。各个种群由于突变、自然选择或其他原因，往往在遗传上不同。在各类土壤生物中，微生物的多样性在基因水平上更为突出，不同种群间的遗传物质和基因表达具有很大的差异，即使是相同的物种，不同的个体在基因水平上都可能存在显著的差异；同时，虽然许多土壤生物（原生动物、微生物、病毒等）个体的基因组和基因数量远远低于高等生物，由于其数量巨大，同时易变异，其在遗传水平上的多样性可能也远高于高等生物。

（三）土壤生物生态功能多样性

土壤生物生态功能多样性是指土壤生物群落所能执行的功能范围及这些功能的执行过程。土壤生物极高的物种多样性和遗传多样性决定了其生态功能多样性。土壤生态系统中的几乎所有物质和信息流动都与土壤生物有关，如 CO_2 固定、有机质分解、元素转化等。同时，土壤生物既可以作为独立有机体存在（自由生活），也可与其他有机体共生，如慢生型大豆根瘤菌在部分植物的根部繁殖，与其建立共生关系，有利于氮素的固定；在森林土壤中，还有大量真菌，其生物量通常大于细菌生物量，这些真菌根据其功能，可分为腐生真菌、寄生真菌或菌根真菌。腐生真菌对于腐烂中的有机物质（如枯枝败叶）的降解非常重要；寄生真菌是植物、动物（多为无脊椎动物）和其他真菌等病害的元凶；菌根真菌则和植物根系形成共生关系，促进植物的生长。

土壤生物多样性涉及范围很广，同时具有不同的层次和水平，除了以上几方面外，土壤生物多样性还包括形态多样性、代谢多样性、生长繁殖速度多样性、结构多样性等多个方面。

二、生物多样性指数

由于生物多样性在生态系统中的重要地位，人们在生物多样性的研究过程中，陆续建立了许多生物学指数来表示生物群落的多样性，即生物多样性指数，用以对生物多样性进行量化。由于生物多样性包含了多个方面的信息，不同的指数具有不同的侧重。最常用的生物多样性指数包括以下几种。

1. Shannon 指数　源于信息理论，是历史悠久、使用最多的指数之一。在国内，这个指数通常有三种名称：Shannon（香农）指数、Shannon-Wiener（香农-维纳）指数和 Shannon-Weaver（香农-韦弗）指数。实际上，Shannon 和 Wiener 分别推导出了这个指数，国外倾向于称作 Shannon 指数。Shannon-Weaver 是个误解，因为这个指数当初发表在 Shannon 和 Weaver 的书里，并不代表 Weaver 参与了指数的研究。Shannon 指数的计算公式为 $H'=-\Sigma(P_i\times\log P_i)$，式中 $P_i=N_i/N$，N_i 为第 i 种生物的个体数，N 为总个体数。公式中对数的底数有 2、10 或者 e 三种情况。国内对于底数的使用并无强制要求，用 2 为底数的较多；国外学者则倾向于用 e 为底数。由于指数的结果常用来评价环境状况，比较不同结果时必须注意底数的情况。

2. Simpson 指数　Simpson（辛普森）指数是最有意义且稳健的多样性指数之一，许多文献表明该指数具有直观的意义和较好的评价效果。但是，它却不如 Shannon 指数流行。在众多参数中，Simpson 指数的表现形式多样，如 $D=\Sigma P_i/[N\times(N-1)]$；$1-D=1-\Sigma P_i/[N\times(N-1)]$ 等；式中，$P_i=N_i/(N_i-1)$，N_i 为第 i 种生物的个体数，N 为生物个体总数，。一些分类学多样性指数也是和 Simpson 指数相关的。

3. Margalef 指数和 Pielou 指数　Margalef（马卡列夫）指数和 Pielou（皮耶罗）指数分别侧重于生物多样性最重要的两个方面：丰富度和均匀度。Margalef 指数主要表示生物的丰富度，其公式为 $d=(S-1)/\log N$。这个指数关注了生物种类数量 S 和总个体数 N，需要强调的是分母为种类数减去 1。Pielou 指数则主要表征生物组成的均匀度程度，其公式为 $J'=H'/\log S$。它和 Shannon 指数是相关联的，表示不同物种间个体数量的差异程度。种类数目多，可增加多样性；同样，种类之间个体分配的均匀性增加，也会使多样性提高。这些公式的底数选择应该和 Shannon 指数相一致。

4. 优势度指数　优势度用来表示一个物种在群落中的地位与作用，其具体定义和计算方法意见不一。优势度指数的结果和均匀度指数是相反的，如果某样品中少数物种数量特别多，则优势度较高，而均匀度较低。常用公式 $D_2=(N_1+N_2)/N$ 和 $Y=(n_i/N)\times f_i$，前者中 N_1 和 N_2 为第 1 和第 2 优势种个体数，N 为样品中各物种个体总数；后者中 n_i 为第 i 种的个体总数，N 为各采样点所有物种个体总数，f_i 为该物种在各个采样点出现的频率，通常当 $Y>0.02$ 时，认为该物种为群落中的优势种。

5. Chao1 指数　Chao1 指数是 1984 年由 Chao 在 *Non-parametric estimation of the number of classes in a population* 中提出，其计算公式为 $S_{chao1}=S_{obs}+F_1(F_1-1)/2(F_2+1)$，其中 S_{obs} 为样本中观察到的物种数目，F_1 为丰度为 1 的物种，F_2 为丰度为 2 的物种。Chao1 指数是反映生物群落中物种丰富度的指标，它通过观测到的结果推算出一个理论的丰富度，这个丰富度更接近真实的丰富度。其计算基于以下假设：在一个群体中随机抽样，当稀有的物种依然不断地被发现时，则表明还有一些稀有的物种没有被发现；直到所有物种至少被抽到2次时，则表明不会再有新的物种被发现，因此，Chao1 指数和丰度、均匀度无关，但是对稀有的物种很敏感。

必须注意的是，所有生物多样性指数都属于单变量分析的范畴，相当于将复杂的生物组成情况降为一维的结果。在降维过程中肯定要损失很多信息，也就注定了每种指数都有其优点和不足。在使用中应该注意多种指数的综合分析。

三、土壤生物多样性的重要意义

土壤生物被认为是土壤养分的转化器、污染物的净化器和生态系统的稳定器，与人类生活息息相关，在解决农业生产、环境污染、气候变化及公共卫生等全球重大问题方面起着关键作用。

知识拓展 5-3

1. 土壤生物多样性与农业生产　土壤中有着丰富多样的生物类群，它们在有机质积累与周转、养分固定与转化、土壤结构改良、污染物分解转化，以及土传病害传播与控制等土壤生态功能中发挥着重要作用。土壤中既有对植物有益的生物，也有会致使植物发病的有害生物。健康的土壤-植物系统中的生物处在一个相互制约的动态平衡状态，而土壤生物多样性是这一系统保持平衡稳定的基石，但如今土壤生物多样性减退，这一平衡系统正遭遇着严重破坏。

知识拓展 5-4

导致这一局面的，一是不合理的集约化农业管理方式，尤指选择单一化密集种植，并在种植过程中大量使用化肥和农药等农用化学品的方式，这使土壤生态系统遭到了剧烈扰动甚至破坏，造成土壤生物多样性降低、系统功能多样性和稳定性下降。二是许多通过驯化选育方式培育的现代植物品种，失去了自己招募土壤有益微生物的能力，造成根际土壤微生物群落功能与植物的环境适应性脱钩，使其宿主植物抗病性和抗逆性等能力减弱。当土壤-植物系统生物群落动态平衡被打破后，环境会朝着有利于土壤有害生物的方向变化，有害生物（如病原细菌或真菌）通过根际入侵植物，引发土传病害。植物除了通过自身免疫抵御病原菌侵害之外，在其根系周围的土壤微域即根际中生活的细菌、真菌、病毒和原生动物等微生物，也发挥着重要作用，它们聚集形成一个相互作用密切的群落，成为保护植物免受土传病原菌侵害的第一道生物防线。而根际土著微生物多样性越高，占据的根际生态位越多，留给病原菌的生存空间就越少，并且，微生物群落互作网络越密集，形成的制约型互作就越强，抑制和除去有害病原菌的能力也越强，这为植物健康生长提供了保障。近年来，在减肥减药的政策推动下，增施有机肥和发展绿色生物农药等措施，对恢复土壤生物多样性有积极意义。值得关注的是，大量研究表明，接种功能微生物有助于提高土壤微生物群落的多样性，促进植物生长，提高植物抗逆性和抑制土传病害的能力。例如，在根际土壤引入专一靶向侵染病原菌的噬菌体，可大大降低病原菌数量，削弱其在根际的竞争能力，为其他微生物生长提供条件，恢复、提升根际微生物群落多样性，使一些竞争力强的有益微生物重新占据根际生态位，维持土壤-植物系统的健康。所以，恢复和提高土壤微生物多样性是实现土壤健康和农业绿色发展的根本措施之一。

2. 土壤生物多样性与环境污染　当前，土壤污染等环境问题打破了原有土壤生物多样性相对平衡的格局，对物种的生存与繁衍构成了严重威胁。

土壤污染对土壤生物多样性的影响体现为：一是污染物的直接毒害作用。土壤中重金属等无机污染物和有机污染物，往往对生物具有较强毒性，其中“三致效应”（致癌、致畸、致突变）和生殖毒性足以使生物丧失生存和繁衍能力。二是土壤污染引起周围环境变化，导致物种丧失生存环境。例如，矿区和电子废弃物堆置地等污染场地往往“寸草不生”，因为土壤中污染物在细胞层面破坏了生物的生理代谢过程并在其体内累积，造成土著微生物群落多样性改变甚至消减，蚯蚓、线虫和跳虫等土壤动物消亡，植物生长迟缓、生物量和品质下降，这些过程极大地破坏了物种原有赖以生存的环境，同样造成物种多样性丧失。三是土壤中的污染物可以通过生物富集作用，影响食物链后端生物的生存与繁殖。例如，甲基汞，作为日本水俣病的元凶，大多由无机汞经微生物或动植物的转化作用而形成，极易经过生物链富集。因此，即使在甲基汞含量很低的土壤环境，也可能在生物体中观察到高浓度的甲基汞。此外，土壤中持久性有机污染物因其化学性质稳定及高亲脂性，同样可经过食物链传递放大，对食物链后端生物具有显著毒性。

另外，土壤生物也能通过自身生理代谢过程，直接或间接地降解或转化土壤中的污染物，抵抗土壤污染带来的危害，同时恢复土壤质量。例如，土壤中微生物可以通过羟基化、甲基化和羧基化等途径，降解难以自然降解的有机污染物；通过静电吸附、表面络合等作用吸附固定重金属等无机污染物；通过细胞内外的酶反应，与金属离子发生直接氧化还原反应，如汞抗性细菌能将二价汞还原为毒性较低的汞单质，同时，还可利用生物成矿过程，间接氧化固定重金属，降低其生物有效性。与此同时，重金属超积累植物可以大量吸收转运土壤中锌、镉和砷等污染物，高效“提取”土壤中的污染物，提升土壤自净力。

3．土壤生物多样性与气候变化 化石燃料燃烧、树木砍伐、土地的不合理利用等人类活动，对全球气候产生了深远影响。气候变化直接或间接影响了土壤生物群落的稳定，威胁土壤生物多样性。气候变化对土壤生物多样性的影响主要为以下三方面。

（1）影响土壤有机质输入 CO_2浓度与氮沉降总量升高，可视为对植物的“施肥作用”，促进植物生长并改变凋落物与根系分泌物质量和组成，使以植物残体为食的土壤生物主导物种发生改变。降水格局的改变使大范围干旱时有发生，导致地上植物减产，降低土壤中有机质的输入量，造成土壤生物多样性组成地理空间差异。同时，氮沉降增加了土壤中氮素含量，土壤中氮素一定程度的增加能促进土壤中氮循环，使土壤生物高效利用土壤中的有机碳，提高土壤生物多样性。但氮素的大量增加也会对土壤生物产生毒害作用，降低土壤生物多样性。

（2）影响土壤生物生境 作为土壤中最活跃的组分，土壤生物对环境的变化十分敏感。CO_2浓度与氮沉降的增加导致土壤 pH 下降，降雨格局导致的干旱使土壤生物群落中物种丰度下降，促使群落向更适应环境的方向演替。农业生产中，气候变化使作物生长周期发生变化，导致种植者更频繁地施肥、翻耕，降低了真菌的竞争能力，使细菌在土壤微生物群落中占主导地位。

（3）影响土壤生物食物网 在农业生产中，种植者不得不使用更多的农药，去应对气候变化引发的更频繁的虫害；铺设覆盖物以应对极端天气的发生。这些强力的干扰使土壤生物群落不再稳定，土壤生态系统中部分食物链断裂，导致食物网简化，部分优势种缺少捕食者的制约，抢占更多资源，致使土壤生物多样性降低。同时，全球变暖的前提下，寒温带、高寒地区土壤中更加适应高温的生物中的有机质矿化基因表达水平升高，大量分解转化土壤中的有机物，释放更多温室气体，加剧气候变化。当前，气候变化对自然生态系统的威胁已初见端倪。在治理气候变化的道路上，我们暂时无法从根源上抑制气候变化的加剧。土壤生物与气候变化之间有着千丝万缕的关系，需要科学合理地利用土壤，协调土壤与大气间温室气体交换的盈亏，以缓解气候变化。

4．土壤生物多样性与公共卫生 许多引起动植物和人类疾病的生物体或它们的媒介生活在土壤中，虽然它们与人类疾病和环境的关系还没有完全被阐明，但土壤微生物与公共卫生的密切关系是毋庸置疑的。要解决土壤管理和公共卫生问题，需要了解土壤生物及其之间的相互作用，以及它们为何在土壤中普遍存在或持续存在。例如，一些土壤传播的病原体，如假单胞菌属和肠杆菌属，是可以感染和引起人类疾病的机会性物种，但其在土壤食物网中的主要功能是拮抗植物根性病原体、促进植物生长和作为分解者。其他土壤传播的病原体是专性寄生虫，它们需要寄主来完成它们的生命周期。这些生物大多能在土壤中存活数周至数年，如炭疽杆菌会引起一种人畜共患疾病炭疽热，其孢子可以在土壤中休眠数十年，但随着大雨的降临，它们会被带到土壤表面，附着在动物吃的草根和草上。此外，土壤中的细菌、真菌和一些无脊椎动物，如线虫和螨类，可以被风吹到几百到几千千米的地方，这可能会造成大面积疾病的暴发。例如，美国西南部地区的山谷热就是由一种土壤真菌——球孢子菌引起的，它在土壤中受到干扰时产生风孢子，可导致动物和人类肺部疾病，甚至死亡。这些引起人类传染病的土壤传播病原体可以是土壤的真正居民，也可以在通过接触、病媒或粪便传播给人类之前，暂时居住在土壤中。

土壤中的大多数生物对人类健康不构成风险，导致人类疾病的土壤传播病原体和寄生虫只占土壤生物的一小部分。相反，土壤生物多样性日益被认为对人类健康有益，如丛枝菌根、腐生真菌和蚯蚓，它们在稳定土壤方面起关键作用，减少了形成灰尘的可能性，清洁了空气；阴沟肠杆菌是一种在土壤和水中发现的肠道细菌，它可作为一种有效的生物修复被硒污染的农业用水的手段，继而可以净化水源。此外，有研究表明，接触土壤微生物可以减少过敏性疾病的流行（Ottman et al.，2019）。特别是有证据表明，我们的免疫系统需要接触土壤中可能存在的病原体，才能产生免疫力（Brevik et al.，2020）。

土壤生物多样性及其固有的复杂性（土壤生物体的类型、大小、特征和功能）不仅能够控制疾病，还会影响我们的食物、呼吸的空气和饮用的水的数量和质量。鉴于全球对有限的生产性土地日益增长的需求和可预期的传染病的增加，我们迫切需要将提高土壤生物多样性以维持人类健康的做法和保护战略，纳入全球和区域各级的土地、空气和水利用政策，并与世界卫生组织等公共卫生组织合作，将其作为应对未来公共卫生防控的储备。

第三节　土壤生物群落空间分布与演替

一、土壤生物群落空间分布格局

生物的空间分布格局是指在空间的不同位置分布的生物群落不同，并且可能受一定因素的影响呈现某种特殊的分布规律。土壤生物作为陆地生态系统的重要组成部分，直接或间接地参与几乎所有的土壤生态过程，在物质循环、能量转换及污染物降解等过程中都发挥着重要作用。对土壤生物时空分布与演变规律及其形成机制的研究，不仅是生物演变和进化的基础科学问题，也是预测土壤生物及其所介导的生态功能对环境条件变化响应、适应和反馈的理论依据。长久以来，由于研究手段的限制和理论的缺乏，土壤生物多样性分布与演变的研究远远落后于动植物的研究。近些年来，随着分子生物学技术的发展，土壤生物分布格局的研究实现了爆发式的增长，但是相关理论大多借鉴于动植物生态学。对于土壤生物群落空间分布的研究，首先起始于土壤微生物，然后是土壤动物，其他土壤生物的时空特征的研究也正在逐渐展开。

土壤微生物空间分布格局的探索经历了“从否定到肯定”的过程。在20世纪90年代前，依赖于显微镜和纯培养技术，科学家发现一些原生生物具有世界性分布的特点。但是由于绝大多数土壤微生物都不可培养，导致土壤微生物空间分布格局研究的发展十分缓慢。20世纪90年代后，聚合酶链反应（PCR）-变性梯度凝胶电泳（DGGE）等DNA指纹图谱技术的进步极大地推动了土壤微生物空间分布格局的研究，然而，DNA指纹图谱技术只能检测微生物中的优势类群，对稀有类群的检测略显乏力，同样无法准确评估土壤中微生物的多样性。进入21世纪以来，随着

知识拓展 5-5

高通量测序技术的突破和生物信息学的发展，土壤微生物空间分布的研究得到了空前发展，并逐渐形成了一个专门的学科——土壤微生物生物地理学。分子生物学技术提高了环境微生物的识别分辨率，这些微生物表现出的生物地理格局否定了以往认为土壤微生物群落是一个没有空间结构的“黑匣子”观点。

土壤微生物生物地理学的概念晚于动植物两个世纪，所以土壤微生物分布规律与机制通常借鉴动植物分布的理论体系。土壤微生物和大型生物（尤其是植物）常常密切相关，所以土壤微生物与大型生物的空间分布存在一定的联系：①从生物的分布格局来看，土壤古菌和真菌的多样性与许多大型生物表现出一致的趋势，且真菌的全球分布格局还符合动植物的 Rapoport 法则（拉波波特法则）。这可能是由于土壤真菌与植物之间具有更密切的联系（如共生关系），导致其地理分布受到植物分布的制约。②从生物的生态模式来看，常被用于大型生物生态学研究的“种-面积关系”和“共现模式”其实也适用于微生物。③从造成生物分布格局的原因来看，一些驱动微生物多样性模式的因素可能与解释大型生物多样性模式的一些基本过程类似。由此可见，土壤微生物与大型生物在生物地理分布上有一些共同点。

传统上，微生物的分布格局被认为是一种全球性的随机分布。对微生物全球性分布的一种解释是微生物强大的扩散能力，并认为微生物的这种基于强大扩散能力的全球性分布，是由其内在的生物学特性所决定的，主要包括以下四个方面：①微生物个体小，使之易于被大型动物（如鸟类和哺乳动物）携带或随大气或水流而发生被动扩散。②微生物个体数量巨大，进一步提高了这种被动扩散的可能性。③微生物可形成休眠体（如孢子），使之可抵御长距离传播过程中的极端环境条件并存活下来。④微生物世代周期短、繁殖能力强，使之可以在到达某地后迅速恢复种群。然而，也有证据表明某些微生物因扩散限制而呈有限的地理分布，表明并不是所有微生物都有全球性扩散能力。例如，Telford 等通过对不同地区硅藻的物种丰富度与环境因子（pH）之间关系的考查，来检验微生物（硅藻）是否会因扩散限制而呈有限的地理分布。其理论假设为，若硅藻的分布为全球性分布，则不同地区的物种丰富度与 pH 关系应符合一致的规律；反之，若硅藻的扩散受到限制，则在不同地区，其物种丰富度与 pH 关系应表现为不同的形式。研究的结果支持第二种假设，从而表明某些微生物的确会因为扩散限制而呈有限的地理分布。对这些观察的解释是：①微生物群落总的个体丰度较高并不意味着群落中每个物种的个体丰度都高，群落中绝大多数的物种可能是稀有种，这些稀有种发生被动扩散的可能性极低；②并不是所有的微生物都可形成休眠体，事实上大多数微生物对扩散的适应性并不为人所知，还没有关于微生物种群水平扩散格局的定量化研究；③对某微生物种群大小和分布范围的评估很大程度上取决于如何定义该“物种”，粗略的定义将导致过高估计其种群大小和分布范围。

另一对微生物全球性分布的解释是，由于其较低的灭绝率和分化率而限制了地方性物种的产生。支持低灭绝率观点的依据：微生物大的种群数量降低了随机性灭绝性事件发生的可能性；微生物可形成抵御不良环境的休眠体，从而降低了灾难性环境之后地方性灭绝的可能性。然而，正如前面谈到的，群落中绝大多数的物种可能是稀有种，并且人们并不知道究竟有多少种微生物可形成休眠体。一项将微生物多样性的实际测度与理论评估相结合的研究表明，重金属污染可造成 99.9%的多样性丧失，其中绝大多数为稀有种。支持低分化率观点的依据：缺乏明显的可阻止地方性分化发生的物理屏障（如地理分隔）。然而，Cho 和 Tiedje 对来自 4 个大陆 10 个样点的土壤样品中假单胞菌属（*Pseudomonas*）菌株的分析表明，在不同的样点和大陆间并没有重合的基因型，表明不同样点间显著的地方性分化。Whitaker 等对 5 个地理分隔的样点中分离获得的 *Sulfobolus* 属的菌株的系统发育分析表明，系统发育树上不同的进化分枝与 5 个地理区域相对应，表明同一取样区域的微生物具有同样的进化史，而不同区域的微生物其进化史不同。以上研究清楚表明微生物种群的地方性分化的确存在，从而削弱了微生物的地方性分化普遍较低这一假设的可信度。另一可能改变物种分化率的机制是水平基因转移，但事实上其作用是两面的，既可通过基因交换造成物种差异性减小（减小分化率），又可作为新基因的来源而促进新物种的产生（增加物种分化率）。并且，相对于大型生物而言，微生物较短的世代周期增加了其通过变异产生新物种的概率。

与传统的微生物全球性随机分布观点不同，现在有越来越多的证据表明土壤微生物群落组成、个体丰度或多样性随某种环境变量而在空间上呈某种规律性分布。这些环境变量包括植被、空间距离、土壤、pH 等。在对微生物空间分布格局实际观测的基础上，一些研究者试图用简单的数学模型描述微生物的这种非随机分布。这些模型包括“种-面积关系”和“距离-衰减关系”。

种-面积关系即物种丰富度随取样面积的增加而增大，是生态学中研究最多的物种分布格局之一。其可表示为 $S=cAz$，其中 S 为物种丰富度，c 为经验常数，A 为面积，z 为曲线的斜率，随不同的生境类别、分类群或空间尺度而变化，可用来描述物种在不同空间尺度上聚集的速度。经验证据表明，连续生境中动植物的 z 值大小通常为 0.1～0.2，而岛屿生境则高一些（0.2～0.39）。同植物和动物相比，有关微生物种-面积关系的研究很少，直到最近，才在不同生境（连续生境、不连续生境和岛屿生境）中观测到微生物的这一分布格局。在这些不多的微生物种-面积关系研究中，大多数报道了较低的 z 值（一般 $z<0.1$），尽管也有研究观测到同大型生物一致的较高 z 值（在岛屿生境中）；同时，z 值随研究对象体型的增大而增加。在微生物种-面积关系研究中，主要的挑战在于如何在不能完全取样的情况下正确评估某一面积内微生物物种数。在未获有关微生物物种-多度分布的准确图谱之前，依靠观测的物种数对种-面积关系的评估仍可能存在偏差。如果大尺度下真实的物种数高于大的面积范围内小面积取样的观测值，则观测到的种-面积关系斜率 z 值会低于实际的斜率。

距离-衰减关系是考察群落在不同空间尺度下的周转，即不同样点的群落组成相似性如何随样点间地理距离的变化而变化（β 多样性变化）。一种传统的假定认为，微生物的分布是各种随机因素（如风、水、动物载体及其他）综合作用的结果，从而导致其基本的随机空间分布及随后的种群在非随机的空间生态位上的增长。因此，一个可预测的结果是在相似的生境中存在相似的微生物群落，而不同的生境中则存在着不同的微生物群落。尽管普遍认为大型生物的群落组成随样本间距离的增加而衰减，然而对于微生物群落的周转率科学家则知之甚少。Cho 和 Tiedje 最先考查了自由生活细菌群落的遗传相似性与地理距离之间的关系。他们从 4 个大陆的 10 个取样点采集土壤样品，用 BOX-PCR（盒式聚合酶链反应）基因指纹技术考查了假单胞菌属（*Pseudomonas*）菌株基因型的空间分布，发现在区域尺度下假单胞菌属菌株的遗传相似性与地理距离呈负相关，但在更大尺度下并非如此。Whitaker 等对分离的 *Sulfobolus* 属的菌株的全球性研究也表明，*Sulfobolus* 属的物种的遗传相似性随地理距离的增加而减小。

土壤动物虽然在生物进化上与土壤微生物具有明显的差别，但是它们和土壤微生物也具有很多相似的地方，并且和土壤微生物存在密切的互作关系，所以土壤动物的空间分布格局与土壤微生物有诸多相似点，包括“种-面积关系”和“距离-衰减关系”；同时，由于土壤动物在营养方式、活动范围等方面与土壤微生物具有明显的差异，所以土壤动物的空间分布格局又有其独特性。

土壤动物常形成高密度（斑块）和低密度（孔隙）镶嵌分布的异质性空间格局，这里的斑块定义为局地物种密度显著高于平均密度，孔隙定义为局地物种密度显著低于平均密度。在小空间尺度，土壤动物群落的特定物种关系会形成斑块性空间格局，这些空间格局的空间范围取决于土壤动物的体型大小、生态系统类型和研究采样的空间设计。尽管这些空间格局有镶嵌性和复杂性，当实验数据充足时也可能发现一些普遍性特征。例如，不同类群的土壤动物常形成不同大小的集群，线虫和线蚓常形成几厘米的集群，蚯蚓常形成几米、几十米的集群。而蚂蚁巢穴的空间集群并不明显，形成过度分散的格局。群落内单个物种种群也可以形成聚集型空间分布格局，如两种内栖蚯蚓（*Glossodrilus* sp.和 *Andiodrilum* sp.）随时间呈现出稳定的集群格局，该格局可能由这些物种的种群繁殖率和生活史性状引起。这些蚯蚓的高种群繁殖率使它们快速增长，它们的内栖行为和中等体型意味着较低的扩散能力，因此两个物种有可能呈现出显著的聚集型分布。体型较小的蚯蚓（*Aymara* sp.和 *Ocnerodrilidae* sp.）也呈现出聚集型的空间分布格局，这些物种多聚集于有机质含量高的区域，如牛粪、粪堆和甲虫巢穴，这些物种的空间分布反映了营养资源可获得性对空间格局形成的重要性。

土壤动物的空间分布存在明显的空间自相关性。空间自相关性即空间邻近的群落比空间远离的群落有更大的相似性，被称为地理学第一定律。空间自相关性是生态学和地理学最常见的现象，该现象的存在意味着土壤动物群落分布具有内在的结构性，这是土壤动物群落特定空间格局形成的重要基础。大部分土壤动物群落具有显著的空间自相关性，在小于 100m 的尺度内很少有空间独立性。土壤动物群落的空间自相关性依类群和生境而异，如蚯蚓、跳虫、螨类和甲虫等主要土壤动物，在不同生态系统均具有不同的空间自相关性特征。不同土壤动物类群体型大小各异，其空间自相关性距离也不尽相同，通常体型较大的土壤动物会出现较大的空间自相关性距离。但尚没有研究明确提出不同体型土壤动物具有明显不同的空间自相关性特征，因为除了体型大小之外，土壤动物的空间自相关性距离还取决于具体的实验设计，如空间幅度、空间粒度。例如，研究发现马德里附近一个森林生态系统中，蚯蚓、跳虫和螨类具有不同的空间自相关性距离，但这些不同体型土壤动物的空间自相关距离并没有显著差异。因为较大空间尺度的研究需要大量的空间采样点数据，所以目前土壤动物群落空间自相关性研究多集中于较小的空间幅度，土壤动物群落在较大空间幅度是否存在空间自相关性还有待深入研究。

土壤动物群落的空间自相关性可以由内因性过程引起（固有空间自相关性），包括与距离相关的繁殖、扩散、物种形成、灭绝和地理范围扩展；也可以由外因性过程引起（诱导空间依赖性），包括地貌过程、风、能量输入和气候限制等空间结构环境因子。空间邻近的群落一般构建于更相似的环境条件，这些相似的环境因子能够导致物种种群形成某种空间结构。例如，Lamto 热带生态站的 2 个蚯蚓种群（*Chuniodrilus zielae* 和 *Sthulmania porifera*）的空间自相关性很相似，它们的空间分布至少部分取决于相同的生态因子，或者由那些在多种空间尺度起作用的不同生态因子调控。但即使在微空间尺度，两个空间邻近但环境并不相似的地点，其群落结构也会不同。

（一）土壤生物分布的尺度效应

空间尺度可以简单区分为大尺度、中尺度和小尺度，也可以根据具体的研究范围划分为微小尺度、局域尺度、生态系统尺度、区域尺度、洲际尺度、全球尺度等。土壤生物在不同空间上的分布具有明显的尺度效应。由于土壤生物的大小在微米至厘米级，因此其空间分布可以涵盖不同的研究尺度：在厘米以下的微小尺度范围内，土壤孔隙（团聚体）结构、生物间的相互作用、根际效应等就可以导致生物分布格局的差异；在米到千米尺度，土壤的异质性、植被的差异、地形等因素对微生物的分布产生影响；在几百乃至上千千米的更大尺度上，土壤发育条件、气候乃至地理隔离等条件都影响到土壤生物的空间分布。

不同空间尺度下土壤生物的分布特征可能不同。最典型的例子是局域尺度（几百到几千米）上海拔分布格局和区域尺度（几百到几千千米）上纬度分布格局的差异。海拔梯度和纬度梯度具有相似的环境条件，即随着海拔/纬度的升高，温度呈现线性降低并伴随降水、植被、土壤等环境条件的变化。海拔梯度上的植物多样性存在着降低或者单峰格局，而土壤生物随海拔梯度的单峰或者降低格局也被证实。在大的区域尺度上，生物多样性的纬度分布格局是生态学中一个重要的问题。物种丰富度由热带到寒带逐渐降低这一基本格局对于大型动植物是确定的，但是对无脊椎动物，包括蚯蚓、甲虫等则缺乏适用性。现有的证据表明，生物多样性的纬度分布格局似乎存在一种尺度效应，即体积小的生物在中纬度地区的多样性最高。由于缺乏在完整的纬度梯度上的翔实数据，土壤生物的全球地理分布格局尚不确定。但根据现有的部分结果推测，土壤生物的纬度分布格局很可能与大型动植物不一致。

从群落构建理论角度看，造成不同尺度下土壤生物群落空间分布格局差异的原因在于群落构建机制的差异。这一解释以生态位/中性理论的应用最为广泛：目前生态学家趋向于认为生态位理论和中性理论都对群落构建产生影响，但这种影响具有明显的尺度依赖性，即小尺度下生态位理论的作用大于中性理论，而大尺度下中性理论的作用大于生态位理论。在认可生物扩散限制的前提下，根据过程理论的体系，扩散过程在小尺度比在大尺度更容易实现。

（二）土壤生物空间分布格局的形成和影响因素

传统生物地理学和微生物生物地理学都认为当代环境因素（包括生物和非生物因素）和历史事件（包括距离分隔、物理屏障、扩散历史和过去的环境异质性等）是研究生物分布格局的两大主题。基于以上两个主题，Martiny 等构建了一个微生物生物地理学框架，其中包括 4 个假说：①微生物在空间中随机分布；②微生物的生物地理学反映了当代环境变化的影响；③所有的空间变化都来自历史事件的持续影响；④微生物的分布是历史事件和当代环境共同影响的结果。

1．当代环境因素　非生物因素包括气候和土壤特性，其中土壤特性对土壤微生物的组成和分布起着至关重要的作用。土壤 pH 是一个有效的生境“筛选器”：研究发现土壤 pH 与某些微生物类群的丰度密切相关，且被认为是土壤细菌群落的最佳预测因子。除了 pH，土壤养分变化也会在不同程度上影响土壤微生物的群落组成和多样性；除了土壤特性，气候（如气温和降水）则可能是通过改变土壤分解速率，从而间接地影响土壤微生物的地理分布。

生物因素包括微生物本身的特征和环境中其他生物的影响。微生物的定殖、物种形成和灭绝都直接受到其生活史特征的影响，它们庞大的种群规模和快速增长的特点为遗传多样性提供了巨大的潜力。土壤中不同生物群落（包括微生物和较大体积的生物）间存在相互作用，如真菌紧密联系的群落特点可能导致它们具有更强的环境变化抵抗能力；植物根系分泌物和凋落物不仅改变土壤养分条件，而且深刻影响土壤微生物与植物之间的共生关系。这些都是影响土壤微生物分布格局的生物因素。

2．历史进化因素　扩散是生物个体及其所代表的类群被动或主动地从一个地点移动到另一个地点并成功定居的过程。长远的扩散距离、不利环境条件及地理屏障等都会导致不同地理位置微生物组成和多样性的差异。

历史事件和当代环境因素并不相互排斥，它们共同驱动形成土壤微生物群落的空间格局，但它们的相对重要性仍存争议。

对于土壤动物，许多种类的个体也十分微小，与微生物有着相似的特性，所以当代环境因素和历史进化因素也是影响其多尺度格局和共存的重要机制。另外，研究表明土壤动物群落的空间分布还受到三个过程的调控，即生物间作用、环境过滤和随机扩散，它们在多尺度上调控群落物种共存和维持生物多样性。

（1）生物间作用　土壤动物多样性受相同营养级内生物间作用的潜在调控，尤其是那些受资源影响而不受消费者影响的群落，因为这些群落的结构最有可能受到竞争的调控。种内竞争影响个体表型性状，如体型大小和生长速率，这些性状是体现物种适合度的重要基础，进而可能影响群落水平的一些属性或特征。例如，种内竞争导致不同大小越冬幼虫的生长能力差异，而这种生长能力的差异可能会强烈地影响群落结构和组成。但种内竞争的调控作用在土壤动物群落研究中相对少见，如种内竞争调控食物和其他资源，进而影响蚂蚁巢穴的空间格局。

局地尺度内相同营养级的种间竞争对土壤动物群落构建也起重要作用。有研究者指出种间竞争会妨碍那些生态学特性相似的物种在群落内共存。生态位重叠度用来衡量两个或多个物种对相同资源的利用，那些在任何生态位维度都过度重叠的物种不能在相同斑块内共存，而那些在相同斑块内共存的物种必须在某些资源利用或生态位维度上（如体型大小或营养级形态）有所分化，才能利用不同的资源。

捕食是土壤动物群落的显著调控过程。与线虫、线蚓、微型节肢动物和蚯蚓等次级消费者相比，步甲、蜈蚣和蜘蛛等地表捕食者通常处于更高营养级，它们不仅调控螨类和蚯蚓等较低营养级的消费者，也调整局地营养级网络和维持群落内的碎屑功能单位。捕食对土壤动物群落的调控极其复杂，有的研究表明蜈蚣捕食显著地抑制跳虫数量，但也有研究表明蜈蚣并不影响跳虫数量，这可能与土壤生态系统中通常具有多个捕食种和被食种有关。

除了种间竞争和捕食这两个研究较多的生物间作用外，非营养级生物间作用也起正的或者负的调控作用。土壤动物通过改变物理环境和创造特定微生境来间接调控其他土壤动物群落。例如，微型土壤节肢动物将凋落叶转换成粪粒，蚯蚓产生蚓粪，白蚁建造土堆，蚂蚁产生土堆巢穴，这些结构会产生异质性的有机质斑块或促进空间结构的变异性，从而影响其他土壤动物群落的空间分布和构建过程。蚯蚓可以为其他土壤动物营造适宜生境，蚯蚓数量多的生境中微型节肢动物的密度也随之增加。因为蚯蚓活动增大土壤孔隙度，促进了其他土壤节肢动物扩散，优化跳虫躲避捕食的逃跑路线，如蚯蚓粪便的聚集堆积为跳虫提供躲避捕食者的场所，所以蚯蚓改善后的土壤孔隙度吸引了跳虫，蚯蚓洞穴和蚯蚓粪增加了跳虫数量和甲螨多样性。但是，不同营养级间的相互作用也可能会抑制其他土壤动物群落，如地下蚁巢降低食真菌线虫的密度，蚯蚓活动降低微型螨类和跳虫的丰富度和物种多样性。可能是因为蚯蚓取食了跳虫产在凋落物上的卵，从而抑制了其数量，也可能是因为蚯蚓与跳虫、螨类的取食凋落物行为产生微弱的竞争，或者蚯蚓的取食和掘穴行为干扰了真菌的生长，降低了作为跳虫食物资源的真菌总量，从而间接抑制了跳虫数量。

（2）环境过滤　土壤能提供三维的空间资源和高度异质的环境条件，环境异质性增加微生境多样性和资源分异性，允许群落物种共存。异质性环境比均质性环境能够维持更多的物种，即表现出较高的土壤动物物种多样性。但这种环境异质性也同时导致土壤动物群落在土壤不同空间中的显著差异。

土壤资源的空间异质性导致微生境的多样性，较大的资源分化促进物种共存。例如，在较小空间尺度的土壤和凋落物生境，小型节肢动物的物种丰富度随着微生境多样性的增加而增加。然而在土壤微宇宙实验中，小型土壤节肢动物多样性在 4 种资源充分混合的系统中很低，而在相同的 4 种资源构成的斑块系统中，其多样性却较高，这表明空间分化降低了竞争压力。可见，土壤资源的空间异质性不仅能促进微生境多样性，也会使竞争性土壤动物发生空间分化。

小尺度空间环境条件相对均质，通常认为环境异质性对小尺度群落构建不起调控作用，但是某些条件下小尺度空间内环境的异质性也会强烈影响土壤动物的空间格局。植物根系会强烈地影响局部微环境，由此引起根系周围土壤动物群落与非根际土壤的显著差异。例如，以植物根系为食的动物会聚集在根系周围，几厘米内的微地形变异起到了重要作用。即使地形和土壤环境相对均质，由于该生境同时镶嵌在更大的空间尺度内，土壤动物群落也在几厘米到几米的范围表现出斑块状分布。例如，多年耕作和单一栽培种植对农田土壤产生同质性影响，但主要线虫群落仍明显地聚集在6～80m的空间斑块内，说明人类耕种活动对胞囊线虫的群落构建具有明显的影响。

在局地尺度，土壤动物群落常在十几米到上百米的范围表现出群落组成的显著差异。首先，这种空间格局受土壤理化性质、营养状态和污染状态空间异质性的影响。例如，农田土壤跳虫在大于200m的范围内具有显著的空间格局，这受较大尺度的土壤有机质和农业活动影响。其次，土壤动物群落的空间格局也受到植物异质性的调控，包括植物大小、生长型和时间动态变化。例如，在混交林中，不同树种的凋落物质量差异能够促进微生境异质性，因而地表植被的分异是土壤动物群落格局和构建的关键驱动力。另外，土壤和植被等环境的异质性会同时调控土壤动物群落格局。美国科罗拉多州北部矮草草原的白蚁群落在330m的范围内形成显著的空间格局，这是由于受较大尺度地形和植被空间异质性的影响。擅长制造土堆的动物（如蚂蚁）会增加土壤环境异质性，其与植物交互作用进而影响土壤动物群落格局的斑块性。

在较大的景观尺度，土壤湿度、pH和资源可获得性的环境异质性强烈地影响温带森林土壤甲螨的群落组成和多样性。但也有研究发现在景观尺度，营养状态、水的可获得性、土壤类型和植被类型的环境异质性对甲螨空间分布格局的解释能力微弱，反而是地质年龄、气候和景观历史对其分布格局有显著的调控作用。

（3）随机扩散　大型土壤动物在土壤基质内的扩散能力相对较弱，而中小型土壤动物可能通过其他（土壤）动物、水和风等媒介长距离被动扩散。土壤动物沿着土壤基质的主动扩散一般非常受限，它们的每日移动距离为几毫米到几厘米，不同种类的移动距离有所差异。例如，线虫的移动受到土壤生境复杂性的影响，一些节肢动物在地下移动比在地上慢4倍。当物种的移动距离比资源斑块小很多时，许多物种能够在单一的资源环境中共存，土壤动物的多尺度空间格局便受到随机扩散过程的调控。即使在相对均质的生境，繁殖和限制性扩散等内在过程也会导致土壤动物的聚集分布。

扩散能力和扩散模式是决定群落物种共存的关键。扩散能力强的物种因为更容易到达适宜生境，所以较少受到生态位和空间结构的限制，而扩散模式（主动扩散和被动扩散）对群落结构的影响较复杂。土壤螨类移动缓慢，无论是主动扩散还是被动扩散的螨类，其空间格局均受扩散限制影响，因此螨类很难突破环境生态位的限制，其群落格局常受到环境异质性的调控。具短翅的步甲飞翔能力相对较弱，群落内不同生境间β多样性差异较大，而具长翅的步甲移动能力较强，不同生境间β多样性差异较小。不同于土壤螨类群落，地表步甲这种强扩散能力和主动扩散模式使其能够突破环境生态位的限制并到达适宜生境，从而削弱环境异质性对群落的调控。

长距离扩散是通过非常见扩散途径实现的低频率扩散事件，但其对土壤动物群落分布格局具有明显的作用。土壤食根线虫可以通过风媒和水媒进行长距离扩散；土壤螨类和跳虫可以在海水表面和水下存活2周左右，其被动扩散距离可达700km。这种强扩散能力和独特的繁殖模式使土壤动物广泛分布。另外，地质历史事件、地理障碍和空间地理距离等也会影响土壤动物的随机扩散，进而影响其空间格局和群落构建。

另外，由人类活动引起的物种扩散对动物群落空间分布的影响不可忽视，其中最重要的就是外来物种入侵，这种随机过程也对土壤动物群落空间格局起到重要的调控作用。一方面，人类活动引起的外来物种入侵可以扩大这些物种的全球的分布范围，另一方面，这些外来物种会改变本地土壤环境，从而引起本地土壤动物群落的变化。蚯蚓和蚂蚁是两类最主要的入侵土壤动物，二者可以改变土壤结构、化学属性、土壤微生物群落并加剧土壤动物间资源竞争。外来入侵蚯蚓可以显著降低土壤跳虫、螨类等小型节肢动物的密度和物种数量，但也可能通过改善微生境、提供避难所和提供食物资源等增加线虫、革螨的丰富度。外来入侵蚂蚁通过直接捕食或资源竞争降低本地蚂蚁、跳虫和螨类等土壤动物的丰富度，但在一些案例中，若时间充足，本地蚂蚁也会恢复到外来蚂蚁入侵之前的丰富度。外来入侵植物可能会改变进入本地土壤生态系统的植物资源的质量、数量、空间分布及土壤温湿度和根系分布等，进而影响土壤线虫、节肢动物、蚯蚓等群落的物种丰富度和个体数量。

生物间作用、环境过滤和随机扩散三个过程都可以影响土壤动物群落的空间分布，它们的调控能力依尺度而异：通常认为在较大的区域尺度，受气候条件和地理障碍影响的扩散过程决定群落格局，并决定区域物种库对局域群落物种组成的影响；在局域尺度，环境过滤可能决定个体的迁入和迁出；而在小尺度，生物间作用则更加重要。需要注意的是，土壤动物群落格局可能同时受到这三个过程的调控，只是在不同空间尺度，对不同土壤动物类群的调控强度不同。另外，任何一种过程对群落的调控都是依群落特定情况而异，如移除捕食者有时会引起群落格局变化。

（三）土壤生物空间分布格局的主要理论

由于微生物在土壤中数量庞大、功能多样，所以对于土壤微生物空间分布格局的理论研究较为成熟。由于土壤中大部分生物在体型上都较小，所以微生物空间分布格局的理论也基本适用于微型动物、藻类、病毒等生物。微生物群落空间分布格局的构建理论主要有三种，即生态位理论/中性理论、过程理论和多样性-稳定性理论。

1．生态位理论/中性理论 微生物群落构建的生态位理论和中性理论与生态学中的基本一致：生态位理论体现的是群落中不同生物对于各种环境条件和压力适应能力的综合表现的差别，其生理基础在于生物对于环境条件的耐受范围（生态幅）；中性理论忽略环境选择作用但强调中性突变对于群落内生物多样性形成的重要性，其生理依据是中性突变学说，即分子水平上无害的随机变异与漂变等过程产生生物多样性。前者强调的是确定性过程的作用，后者强调的是随机过程的影响。因此，尽管生态位理论和中性理论并非同时产生，但往往被放在一起进行比较，是矛盾对立但又互补统一的两个方面。

生态位理论和中性理论发展时间相对较长，与之相关的理论体系最为丰富。例如，微生物地理学中最著名的Bass-Becking假说“Everything is everywhere，but the environment selects”（一切皆无处不在，但都是环境的选择）强调环境条件对于微生物的选择作用，事实上就是生态位理论的体现。而中性过程可以被认为是均质环境下微生物群落产生种-面积关系或者距离-衰减关系的基础。以生态位理论/中性理论为基础，还进一步衍生出了生态-历史理论框架：以小的时空尺度（生态位过程起主要作用）定义“生境”（habitat）、以大的时空尺度（中性过程起主要作用）定义“域”（province）。生态-历史理论框架通过将微生物的地理格局归因于生境与域的组合框架，即单生境单域（零假设，即微生物无地理分布格局）、单生境复域、复生境单域和复生境复域，从而将 Bass-Becking 假设也纳入该框架之下（复生境单域）。多个研究中都利用这一框架对于微生物的地理格局成因做出解释，如在对三个隔离的站点（域）中不同施肥处理（生境）对土壤微生物群落多样性影响的研究中，发现历史因素的作用大于环境因子的作用。另一项针对水体微生物的研究则发现，趋磁细菌的分布格局与盐度呈显著相关而与空间距离无显著关系，即环境因子而非历史因素主导微生物的地理格局。历史-生态理论框架的广泛应用也表明了经典的生态位理论/中性理论在微生物生态研究中仍然充满活力。

2. 过程理论　生态位理论/中性理论从经典生物地理学的角度解释微生物的地理分布格局。这种由现象到理论机制的研究顺序贯穿了生物地理学发展的历史。虽然这是探究自然界的普遍模式，然而在解释生物多样性地理格局时，却造成了一种比较混乱的局面：对于同一种格局，可以存在不同的理论解释；格局的普遍性不断被确认，而理论解释却无法在同一种格局中通用，即理论的应用缺乏普适性。针对这一问题，2010 年，Vellend 根据种群遗传学的选择、漂变、突变和基因流动（扩散）这 4 种在基因水平上的演化动力的概念，提出了一个基于过程的群落生态学理论框架。他指出，群落的构建是由选择、漂变、物种形成和扩散这 4 个基本过程所决定的，所有的群落模式都可以用这 4 种过程不同程度作用的组合来解释。Hanson 等在原来的生态-历史理论的基础上融合了该理论框架，提出生态和进化尺度上的选择（selection）、漂变（drift）、变异（mutation）和扩散（dispersal）这 4 个过程是微生物地理格局产生与维持的原因，现阶段解释微生物地理格局的各种理论事实上都是对这 4 个过程不同程度上的强调。过程理论认为生态过程和中性过程的边界并不清晰，两者也不应该被完全隔离，选择、漂变、变异和扩散这 4 个过程在生态和进化水平上都发挥作用。选择决定了对环境适应性更强的变异被保留，也在群落内改变不同物种的相对多度并达到平衡状态；漂变的结果使得某一特定变异消亡，或者通过建立者效应而形成单一的优势种群；变异在基因、基因型和个体水平上发生，是生物多样性产生的基础；扩散通过减少种群群落之间的差异而抵消格局异质性的产生。基于这一框架，室内与室外空气微生物群落的差异被认为是由于局域尺度上的扩散限制导致的，而非室内环境条件的选择性；而区域尺度上对于土壤氨氧化微生物的研究强调了土壤 pH 作为环境选择条件对于其地理格局的驱动作用；针对淡水、沉积物、土壤等不同生境之间的微生物群落差异的研究也强调了选择过程对于微生物群落构建的重要性。

3. 多样性-稳定性理论　与过程理论拆分具体过程不同，群落构建的多样性-稳定性理论关注的是微生物群落整体所处的状态。群落的多样性-稳定性理论最早在 20 世纪 50 年代由 MacArthur 等提出，是指群落抵御外界压力而维持原来的稳定状态。根据该理论，土壤微生物群落可认为是一个动态变化的自组织系统，通过遗传来维持其组成的稳定性，通过演替而适应外界环境。而由于不同微生物对于环境条件的耐受程度不同，可以定义微生物表现出抵抗力（x）和恢复力（y）两种属性，分别指微生物群落抵御外界特定环境压力维持自身稳定的能力和恢复到原始稳定状态的能力。依据抵抗力/恢复力的高（＋）低（－），可将微生物分为 4 种类型，即抵抗力高恢复力高类型（＋，＋）、抵抗力高恢复力低类型（＋，－）、抵抗力低恢复力高类型（－，＋）和抵抗力低恢复力低类型（－，－）。基于这种设定，提出了时间和空间上微生物群落构建机制的概念模型（图 5-4）。在时间格局中，假定微生物存在一个相对稳定的初始状态，当环境条件发生改变时，由于不同类群对该压力抵抗力和恢复能力的差异，各自的响应也不相同：（＋，＋）在最终稳定的群落中会占据优势；（＋，－）保持不变；（－，＋）先减少后增加并恢复原状；（－，－）可能被新出现的适应性突变体取代。在空间格局中，则可以假定微生物在空间上的分布是均匀的，微生物不存在地理分布格局（零假设）。由于不同类群在同一环境梯度上的响应不同，因此稳定之后实际分布的群落中：（＋，＋）在最终稳定的群落中会占据优势；（＋，－）和（－，＋）的类群最终都能保持相对不变；（－，－）可能被新出现的适应性类群（突变体）取代。

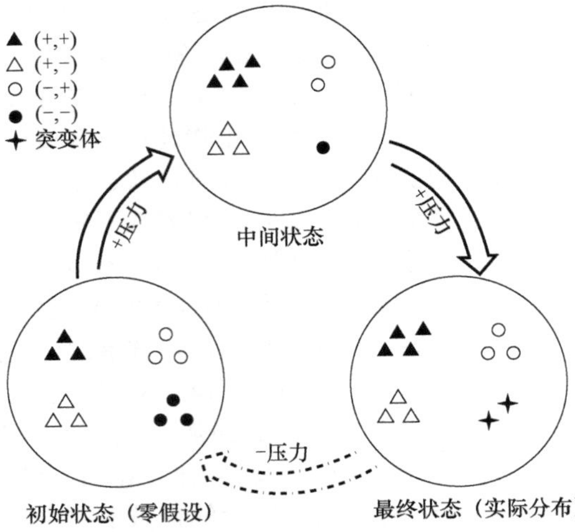

图 5-4　时空尺度上的环境压力下土壤微生物群落构建的概念模型（引自贺纪正和王军涛，2015）

这一概念模型解释了耐受性不同的微生物类群对同一环境压力的响应，而微生物群落整体的稳定则是不同类群的抵抗力和恢复力的加和。用多样性-稳定性理论解释微生物时空演变特征的最终结果：①在时间水平上，微生物的群落随着环境条件的变化而发生变化，如在经历了长期重金属胁迫的环境压力之后耐受性微生物类群明显增加；②在空间水平上，土壤微生物表现出与环境梯度密切相关的空间分布特征，如我们在对全国不同森林土壤微生物的调查发现，亚热带常绿阔叶林土壤中耐受低 pH 环境压力的酸杆菌类群比例高于其他森林土壤。

上述三种理论基础分别从不同角度阐述了微生物群落构建的机制，反映了自然科学研究“形而下”的发展规律。这三种理论基础在生态学发展过程中都占据了重要的位置。其中，又以生态位理论/中性理论发展历史最长、衍生的理论体系最为丰富，因此生态位理论/中性理论可以说是现代生态学理论的重要基石。相比而言，过程理论和多样性-稳定性理论用于解释群落构建机制的时间较短（2010 年以后），所以目前还没有很多的相关理论发展起来，但在将来相信会有更多的延伸。

二、土壤生物群落演替

（一）群落演替的基本概念和演替理论

同任何生命系统一样，生物群落也是处于不断变化中的，生物不断衰亡又不断繁衍新生，能量和物质也不停地在群落中流动和循环。由于环境条件等各种因素是不断变化的，所以生物群落也在不断地变化，随着时间的推移一个生物群落被另一个生物群落代替的过程就称为生物群落演替。

生物群落演替的概念来源于对植物群落的研究，首先是由植物学家 J. E. B Warming 和 H. C. Cowles 提出的，他们研究了沙丘群落的演替。后来，随着对生物群落研究的不断增多，逐渐出现了各种演替理论（图 5-5）。

最早也是最经典的演替理论是由 F. E. Clements 提出的，他认为群落是一个高度整合的超有机体，通过演替，群落只能发展为一个单一的气候顶极群落。群落的发育是逐渐的和渐进的，从一个简单的先锋植物群落最终发育为顶极群落。演替的动力仅仅是生物之间的相互作用，最早定居的动物和植物改造了环境，从而更有利于新侵入的生物，这种情况一再发生，直到顶极

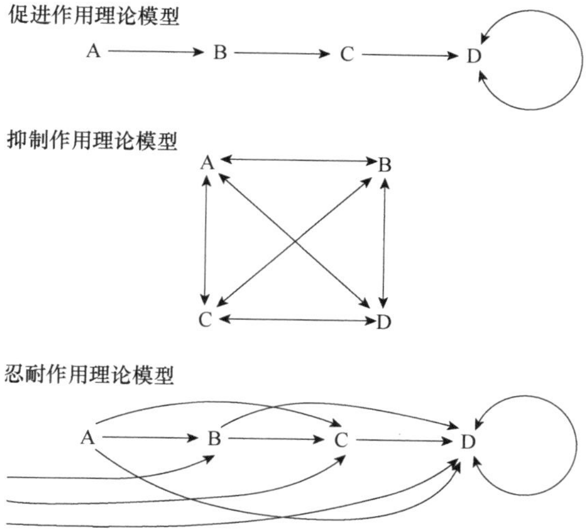

图 5-5　演替的三种理论模型（引自田大伦，2008）

A、B、C 和 D 代表 4 个物种，箭头指示被取代。在 Connell 的理论中，后来物种可以取代先来物种，但当后者不存在时，前者也可侵入。在 Egler 的理论中，彼此都有可能取代，主要取决于谁先到达演替地点

群落产生为止。这个理论的一个重要前提是物种之所以相互取代是因为在演替的每一个阶段，物种都把环境改造得对自身越来越不利而对其他物种越来越适宜定居。因此，演替是一个有序的、有一定方向的和可以预见的过程。这个理论又叫作促进作用理论。

演替的第二个理论是由 F. E. Egler 提出来的，他认为演替具有很强的异源性，以为在任何一个地点的演替都取决于谁首先到达那里。物种取代不一定是有序的，因为每一个物种都试图排挤和压制任何新来的定居者，使演替带有很强的个体性。又由于演替并不总是朝着气候顶极群落的方面发展，演替也就更加难以预测。该理论认为没有一个物种会对其他物种占有竞争优势，首先定居的物种不管是谁，都将面临所有后来者的挑战。演替通常是由短命物种发展成为长寿物种，但这不是一个有序的取代过程。这个理论又称抑制作用理论。

演替的第三个理论是忍耐作用理论，由 J. H. Connell 和 R. O. Slatyer 提出。该理论认为，早前演替物种的存在并不重要，任何物种都可以开始演替。某些物种可能占有竞争优势，这些物种最终在顶极群落中有可能占有支配地位。较能忍受有限资源的物种将会取代其他物种，演替是靠这些物种的侵入或原来定居物种逐渐减少而进行的，主要取决于初始条件。

以上三种演替理论都一致预测：在一个演替过程中，先锋物种总是最早出现，因为这些物种有许多适于定居的特性，如生长速度快、种子产量高和具有极大的散布能力等。但这些定居物种通常都是短命和易消失的，因为它们总是使环境变得对它们自己不利。三种演替理论的重要区别在于物种取代的机制不同。在促进作用理论中，物种取代是受前一个演替阶段所促进的。在抑制作用理论中，物种取代则受到已定居物种的抑制，直到这些定居物种受到损害或死亡为止。在忍耐作用理论中，物种取代则不受现存物种的影响。

以上三种演替的理论虽然最初就是根据植物群落演替而提出的，但是对于土壤生物群落来讲，同样适用。

群落演替通常具有以下特点：①演替是群落组成向着一定方向、具有一定规律、随时间而变化的有序过程。它往往是连续变化的过程，是能预见的或可测的。②演替是生物和环境反复相互作用、发生在时间和空间上的不可逆变化。③演替使群落的总能量增加，有机物总量增加；

生物种类越来越多，群落的结构越来越复杂。④顶极群落是演替达到的最终稳定状态，顶极群落并不是绝对稳定的，而是处于不断变化的相对稳定状态。

对于土壤生物群落来讲，除了上述特点外，还具有独特的特点，主要体现在土壤生物群落演替过程通常难以独立进行，通常会受到地上生物群落（尤其是植物群落）的剧烈影响，植物的出现会显著改变土壤动物群落的演替进程，只有在植物无法生长的极端环境（如极寒的高山和南北极地区）土壤生物群落才能够进行独立的演替过程。

（二）群落演替的模式

根据划分原则的不同，群落演替可以分为不同的模式。

1．按照演替的延续时间划分

（1）*世纪演替*　延续时间相当长久，一般以地质年代计算。常伴随气候的历史变迁或地貌的大规模塑造而发生及群落的演化。

（2）*长期演替*　长期演替是指生物群落在相对较长一段时间内的变化，通常可延续达几十年，有时达几百年。

（3）*快速演替*　快速演替是指生物群落在短期内的快速变化，通常延续几年或者十几年。

2．按照演替的起始条件划分

（1）*原生演替（或初生演替）*　开始于裸地或者完全没有土壤生物及其繁殖体存在的裸露地段的群落的演替。一个典型的土壤生物原生演替过程是冰川融化后土壤生物群落的建立和发展。通常情况下，冰川消融后，首先定殖的是一些自养类的微生物，如蓝细菌，这些微生物群体的不断发展和衰亡，提高了土壤的稳定性，并产生了有机物，而后异养型微生物开始出现，土壤中的酶活性进一步提高，并改造土壤结构和养分状况，而后光合型生物开始出现，并进一步提高土壤有机物含量和养分含量，尤其是氮素含量，随后一些蕨类植物、地衣等低等植物开始出现，如果所处地区光照、温度、水分等条件合适，则后期会有草类、灌木和树木等高等植物出现，土壤微生物也会随着植物群落的演替进行演替，如果光照、温度、水分等条件无法支持高等植物的发展，则生物群落会进入相对稳定的状态，如高寒地区的苔原。

（2）*次生演替*　经典的次生演替是指在次生裸地上发生的植物演替系列。次生裸地是指由于砍伐、火烧、放牧、农业开垦等原生植被受到破坏的地段，这时，原生植被只是受到不同程度的干扰，并未彻底消灭。次生裸地的土壤具有较好的物理、化学和生物性状，适合植物（也包括乔木树种）的定居和生长。对于土壤生物群落来讲，次生演替通常指伴随着地上植被的次生演替而进行的演替过程。

（三）土壤生物群落演替的影响因素

由于植物的群落演替表观现象极为明显，所以对于生物群落演替的影响因素的研究多集中于植物群落，土壤生物群落相对较为隐秘，而且前期研究手段较为匮乏，导致土壤生物群落演替规律研究较为滞后，对于其影响因素更是缺少系统的研究，但是随着不可培养技术的发展，土壤微生物群落机制研究有了长足的进步，同时结合植物群落演替的影响机制，土壤生物群落演替是各种生物因子和环境因子综合作用的结果，影响土壤生物群落演替的主要因素有以下几方面。

（1）*土壤生物本身的迁移、扩散和定殖能力*　生物的迁移和扩散是生物界的普遍现象，这正是地球各个环境都有生物群落存在的重要原因。当土壤生物具有较强的迁移、扩散能力时，其分布范围往往较广，当生物通过一定方式迁移到新的环境时，其定殖过程就开始了。如果生物体扩散到原生环境并成功地定殖下来，那么群落的初级演替就开始了；如果生物体扩散到已有生物群落存在环境，若其能够很好地定殖并具有较强的竞争力，那么它可能改变原有的土壤生物群落的演替进程，典型的例子就是外来生物入侵；若其无法定殖，或者说能定殖但竞争力极小，那么它可能不会引起原有生物群落演替的改变，或者影响较小。

（2）*群落内部环境的变化*　生物群落内部环境的变化是由群落本身的生命活动造成的，与外界环境条件的改变没有直接关系；在有些情况下，内部环境的改变是群落内物种生命活动的结果，为自己创造了不良的生存环境，使原来的群落解体，而为其他物种的生存提供了有利的条件，从而引起群落的演替。另外，由于群落中的优势种引起群落内环境条件的改变也是引起演替的重要原因。在裸地率先定殖的自养型细菌群落，其死亡后会变为有机物，从而提高环境有机质的含量，为后续异养型微生物的定殖提供条件，引起由自养型群落向异养型群落的演替。

（3）*群落内物种互作关系的改变*　生物群落中的相同物种及不同物种间都存在特定的互作关系，这种关系的稳定是群落保持稳定的重要因素。但是这种关系会随着外部环境条件和群落内环境的改变而变化，互作关系的变化导致物种在群落中的竞争力发生改变，导致群落结构的变化。

（4）*外界环境条件的变化*　虽然决定群落演替的根本原因在于群落内部，但群落外部环境条件的变化常常也可引起群落的演替。自然条件下，生物群落的外部环境条件也不是一成不变的，气候条件、降水、火灾等时常发生。由于土壤生物群落物种间具有不同的环境适应性，所以外部环境条件的变化对物种的影响是不均一的，这就导致原有的物种互作关系的平衡被打破，适应环境变化的物种逐渐成为优势种群，而不适应的物种逐渐减少甚至灭绝，从而引起群落的演替。

（5）*人类活动*　虽然自然界的环境条件处于复杂的变化之中，但是人类活动对生物群落的影响远远超过自然因素。人类活动通常是有意识、有目的的，可以极大地改变原有的生态环境。一方面，人类活动可以直接影响和改变土壤环境，如矿山开采、道路修建等都会直接扰动土壤环境；另一方面，人类活动也可以通过改变地上环境条件和生物因素等间接影响土壤环境，如刀耕火种、砍伐森林、农业耕种等引起地上植物群落的变化；同时，人类甚至可以通过人工构建生物群落，将群落演替的方向和速度置于人类的控制之下，如人工造林等，但由于土壤生物群落中物种的高度多样性和物种间互作关系的极度复杂性，虽然土壤生物群落的构建目前尚处于探索阶段，但是已有研究者在土壤微生物群落的人工构建上取得了巨大的进展。人类特定的活动通常都是局部性的，对土壤生物群落演替的影响也都是局部性的，但随着人类活动的加强，产生了一系列的全球性影响。例如，全球变暖，这种全球性的改变可能会引起整体地球生物群落演替的改变，包括土壤生物群落在内。

（四）土壤生物群落演替的时间尺度效应

土壤微生物群落随着时间的演变同样具有明显的尺度效应。时间尺度上的研究跨度可以从小时、天、月到季节、年乃至更久。在小的时间尺度上，微生物群落动态的驱动因子是间歇性脉冲式的，从而引发微生物的快速响应。例如，在经历了长期的干旱之后，降水导致的土壤含水量的增加会发生在几分钟到几个小时或者几天的时间里，这使得某些亲缘关系密切的特定的微生物突然复苏并持续增多，这种快速响应与氮矿化和土壤二氧化碳释放等的变化密切相关。而在稍长的时间内，土壤微生物群落对环境条件的响应具有明显的季节性差异：春季和秋季对土壤养分的响应最为积极，而夏季与植被之间关系密切。由于大的历史时间具有不可重复性，因此单从生态学的角度看，对于土壤微生物群落时间演替的研究只能在较短的时间尺度（天、月、年）上进行，而无法对土壤微生物群落在大的时间尺度上的演变规律进行直接研究。这种思路和技术上的限制阻碍了对大尺度上微生物群落的时间演替规律与驱动机制的理解。土壤学理论为这种困境提供了部分解决方案。道库恰耶夫的成土理论指出，土壤是由特定地形下的成土母质，经过气候和生物长时间的作用而形成的。而微生物是土壤发育初始阶段的主要生物驱动力。因此，可以用空间代替时间的方法，通过对不同的土壤演替序列中微生物群落的分析来反映其在大的时间尺度上的演替规律。例如，可以把冰川退缩后暴露出来的母质作为土壤发育初始过程的起点，通过测量冰川的退化距离而计算土壤的发育时间，通过对不同发育程度的土壤中微生物群落的分析来揭示微生物群落在大的时间尺度上的演替规律与机制。鉴于土壤发育的基本过程，可以推测大致上存在这样的时间格局：在演替的初始阶段，土壤食物网络由简单的异养微生物、光合及固氮微生物组成；随着时间推移，群落越来越复杂并趋于稳定，伴随食物链延长，植物对通过菌根真菌获取养分的依赖性增加。对一些具有特殊地质历史背景的生境的研究在一定程度上也能反映出大的时间尺度上土壤微生物群落的演变特征。例如，在地质历史上青藏高原南部大概在700万年之前从海底隆起，是非常年轻的山脉。对青藏高原南部色季拉山土壤微生物群落组成的研究结果表明，土壤古菌中海洋底栖微生物类群（marine benthic group，MBG）A的相对多度非常高（平均大于60%），表明经历几百万年之后土壤微生物群落可能仍然遗存了部分对于海洋环境的适应特性，历史效应可能在当代仍得以保留。这一结果暗示了在长期进化历史中，中性过程对微生物群落演替的影响仍然很大。此外，对古老冰芯的研究也是反映微生物群落在地质历史时期演变特征的有效途径，由于与外界环境之间缺乏基因交流，这一生境是反映微生物进化的比较理想的模式。

在陆地生态系统中，土壤作为地上和地下生物群落联系的枢纽，是各种复杂生态过程发生的场所。动植物与微生物群落之间、微生物群落内部、微生物群落与土壤环境之间的相互作用，以及生物与环境条件本身在时空尺度上的变化，都会对微生物群落的时空演变产生影响。从哲学角度上说，我们永远不可能准确而完整地认识微生物群落时空演变的所有特征。因此，根据当前微生物群落演变的理论及其在时空尺度上的驱动机制，发展相关生态模型来简化研究问题并突出主要矛盾就显得尤为迫切，如通过对决定微生物时空演变的因子解析，建立物种分布模型，最终实现对大的空间尺度和时间尺度上的微生物群落演变规律的预测。

课后习题

1. 名词解释

生物群落；生物多样性；群落演替。

2. 简答题

（1）土壤生物群落构建的主要理论有哪些？

（2）影响土壤生物群落构建的因素有哪些？

（3）土壤生物多样性有哪些重要意义？

（4）影响土壤生物群落演替的因素有哪些？

3. 论述题

人类活动对土壤生物群落构建和多样性有何影响？影响的作用机制是什么？

本章主要参考文献

褚海燕，刘满强，韦中，等. 2020. 保持土壤生命力，保护土壤生物多样性. 科学，72（6）：38-42

高梅香，林琳，常亮，等．2018．土壤动物群落空间格局和构建机制研究进展．生物多样性，26（10）：1034-1050

贺纪正，王军涛．2015．土壤微生物群落构建理论与时空演变特征．生态学报，35（20）：6575-6583

靳一丹，陆雅海．2022．大数据时代土壤微生物地理学的研究进展与展望．生态学报，42（13）：5152-5164

李博，杨持，林鹏．2000．生态学．北京：高等教育出版社

牛克昌，储诚进，王志恒．2022．动态生态位：构建群落生态学理论的新框架．中国科学：生命科学，52：403-417

田大伦．2008．高级生态学．北京：科学出版社

Brevik E C, Slaughter L, Singh B R, et al. 2020. Soil and human health: current status and future needs. Air, Soil and Water Research, DOI:10.1177/1178622120934441

Odum E P, Barrett G W．2009．生态学基础．5 版．陆健健，王伟，王天慧，等译．北京：高等教育出版社

Ottman N, Ruokolainen L, Suomalainen A, et al. 2019. Soil exposure modifies the gut microbiota and supports immune tolerance in a mouse model. J Allergy Clin Immunol, 143(3): 1198-1206

本章思维导图

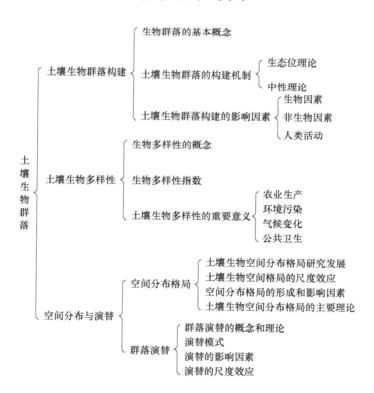

- 土壤生物群落
  - 土壤生物群落构建
    - 生物群落的基本概念
    - 土壤生物群落的构建机制
      - 生态位理论
      - 中性理论
    - 土壤生物群落构建的影响因素
      - 生物因素
      - 非生物因素
      - 人类活动
  - 土壤生物多样性
    - 生物多样性的概念
    - 生物多样性指数
    - 土壤生物多样性的重要意义
      - 农业生产
      - 环境污染
      - 气候变化
      - 公共卫生
  - 空间分布与演替
    - 空间分布格局
      - 土壤生物空间分布格局研究发展
      - 土壤生物空间格局的尺度效应
      - 空间分布格局的形成和影响因素
      - 土壤生物空间分布格局的主要理论
    - 群落演替
      - 群落演替的概念和理论
      - 演替模式
      - 演替的影响因素
      - 演替的尺度效应

第六章　土壤生态系统

本章彩图

本章提要

本章重点围绕土壤生态系统的功能与特征等展开，着重介绍了土壤生态系统的能量流动和物质循环过程中的主要特点和影响因素，解析了能量在土壤食物网、功能群和营养级中流动的途径，说明了土壤生态系统的分解过程对物质循环的重要意义，了解土壤主要元素（碳、氮、磷、硫和铁）的循环过程。

第一节　土壤生态系统的功能与特征

一、土壤生态系统的功能

生态系统是指在特定空间中共同栖居的所有生物（即生物群落）与其环境之间，由于不断地进行物质循环和能量流动过程而形成的统一整体。地球上不同的生态系统，不仅外貌有别、生物组成也各有特点，并且其中生物和非生物构成了一个相互作用，物质不断循环、能量不停流动的生态系统。

什么是土壤生态系统？简而言之，即土壤同生物与环境间的相互关系网络，也有定义说是物质流与能量流所贯穿的一个开放性网状系统。目前学者正从不同侧面剖析这一系统。大家都承认，土壤生态系统是由土壤、生物及环境因素（如水、光、热等）三个层次构成。从宏观来看，整个陆地表面，除裸露而坚硬的岩体、水体及某些极端干旱与寒冷地区无生物着生的地表外，都属于土壤生态系统。土壤、生物与周围环境相互作用，以物质流和能量流相贯通的土壤环境的复合体，它具有一定的结构、功能与演变规律。在任何一个土壤环境复合体中生物种群、数量、环境条件同土壤的相互作用构成土壤生态系统的结构，特定的物质和能量的输入、输出与转化，水分与养分的吸收与循环及转化构成该系统的功能。

陆地生态系统的范围也就是土壤生态系统的研究范围，如果把生物包括进来，自然就构成生物圈或生态圈。所以，土壤生态系统不只是陆地生态系统的基础条件，也是生物圈中物质流与能量流的枢纽。所以下面分四方面予以解析，即土壤生态系统是陆地生物所需水分的枢纽，是能流（能量流动）转化机、生物养分库与消毒净化器。

知识拓展 6-1

（一）土壤生态系统是陆地生物所需水分的枢纽

水是生物必需的生命物质之一，从全球而言，一部分的水是储存于海洋与河湖之中，通过水分流动方式构成水在海洋与陆地间循环框架。如图 6-1 所示，海洋蒸发量占水汽化的 84%，陆地蒸发仅占 16%，降落海洋的降水占 77%，陆地降水占 23%，蒸发的水分有 70%存于大气，而降于陆地的水有 7%成为地表径流，潜入地下或进入海洋。

这些降于陆地的 23%的降水，运行比较复杂。据研究，地球上的水资源估计有 150 亿 m^3，有 75 亿～90 亿 m^3 存储于陆地，这一部分水量虽小，但对陆地生态系统却起着至关重要的作用。除淡水水域、固体水与生物体内储存的水外，土壤中所含的水量更少，但是这一少部分水却维系了土壤生态系统中众多生物的生命活动。从水循环的特点来看，地表径流与地下径流导致固体

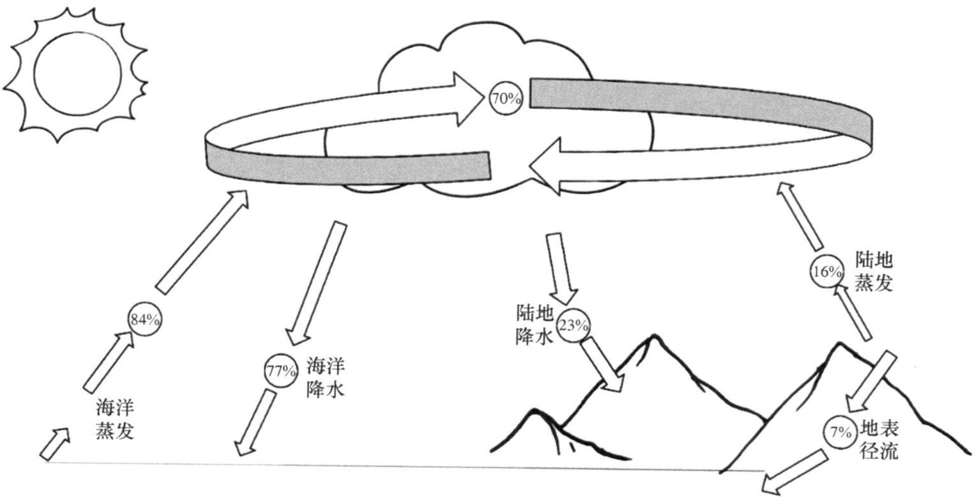

图 6-1　全球水循环（引自李博，2000）

与化学物质的流失与沉积，特别是固体物质的搬运在历史长河中则引起了海陆变迁。

随着森林面积逐步缩小，地表径流量增加，加速了固体物质的流失、搬运与沉积。Judson 曾对此进行过统计，由表 6-1 可以看出，每年流失的物质，除部分在陆地沉积外，绝大部分进入海洋。与海洋、湖泊的水不同，土壤中的水分存在形态多种多样，大体可分为固态水、液态水与气态水，而液态水又可区分为毛细管水、自由水与重力水等，不同形态的水分既左右了土壤中矿质元素的淋溶与沉积，也为植物与微生物的生长提供了保证。已有研究发现，植物体中 95%的重量是水，禾本科植物含水量为 79%。$1hm^2$ 森林每天蒸发量因树种与地区不同而有较大差异，为 20～5000L。在生长季节内 $1hm^2$ 小麦需水 3750t，相当于 375mm 的降水量，可供生产 12.5t 的干物质，而水稻的需水量就更大了。

表 6-1　固体物质由大陆向海洋的沉积估算（引自 Park，1980）

运输者	沉积量/（10 万 t/a）	合计
陆地沉积		0.46～9.76
河流	9.3	
风蚀	0.06～0.36	
冰川	0.1	
海洋沉积		6.2～11.2
浅水（<3m 深）	5～10	
深水（>3m 深）	1.2	

水分在生态系统中的运行可由几部分组成，即截取、渗透、蒸发蒸腾、地面径流与经河湖流入海洋。降水时，一部分为地面植被所截取，而后蒸散，这一部分水量因雨量多寡而不同；另一部分降水直达地面，部分渗入土壤，并补充地下水，部分形成径流进入集水区。渗入土壤中的水因土壤类型不同而异，但都可形成土壤水库，滞留于土壤中，供植物吸收或蒸发。有资料表明，如在降水量为 771mm 地区，有 301mm（39%）水成为径流，由河湖入海，80mm（占 10%）水分渗入地下，形成潜流，290mm（占 38%）渗入土壤及其下岩层，100mm（占 13%）为植物截取蒸发，部分渗入土壤而后通过土壤蒸发蒸腾及为人类生活所利用。部分进入潜水层的水分既能通过地下径流进入湖海，也有部分成为水资源被再度开发利用（图 6-2）。

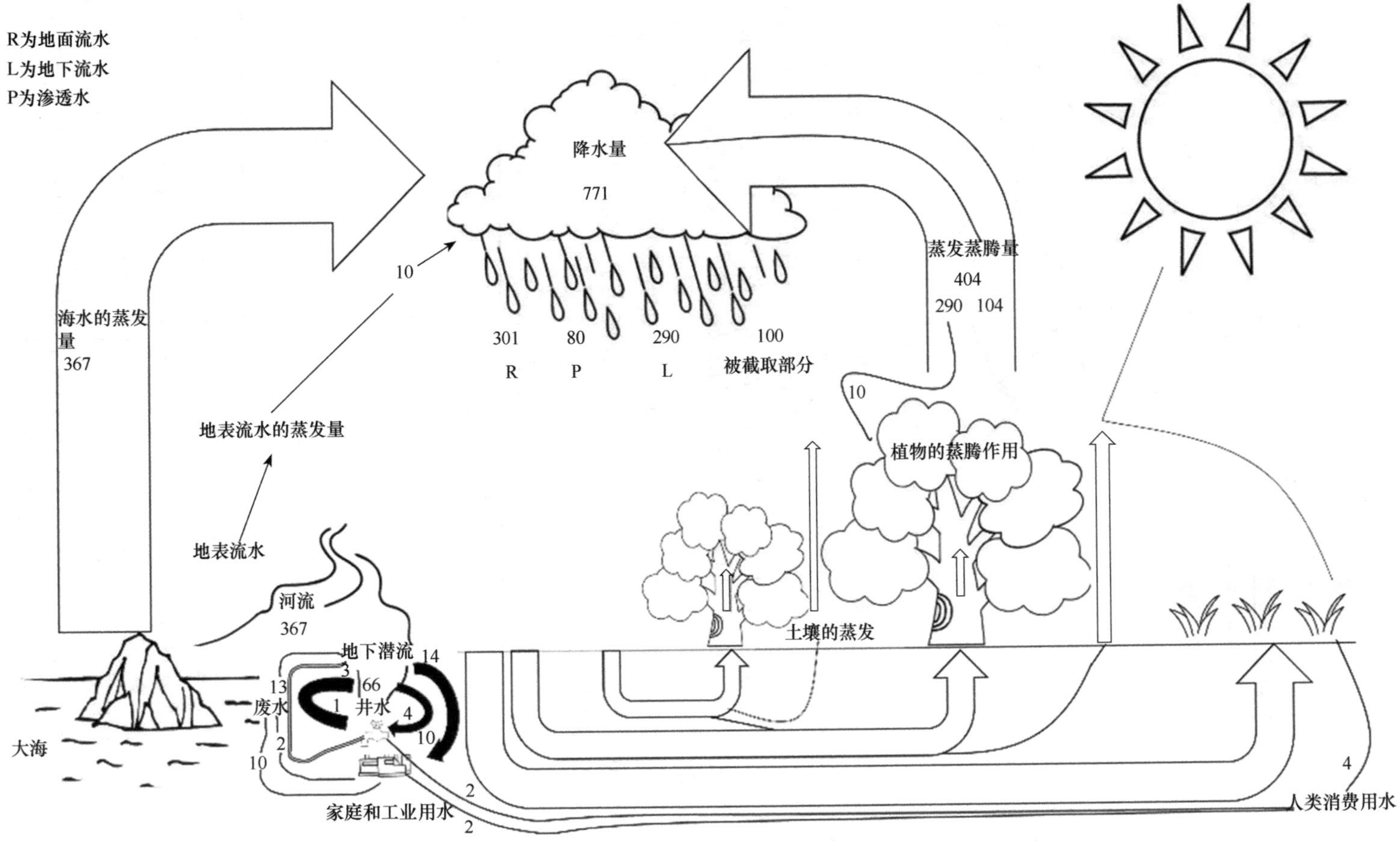

图6-2　水循环示意图（引自Duvigneaud，1987）

图中的数值单位为mm

（二）土壤生态系统是能流转化机

碳是生物重要的生命物质，碳源在自然界存在的形式是多种多样的，但为绿色植物光合作用所用的碳素只有空气中游离 CO_2 及溶于水中的 CO_2，这为初级生产者的生产力提供了物质基础。据 Duvigneaud 与 Barbezat 研究，在地球上生物处于平衡状况时，维系现状则需 200×10^9t 有机物质，这些有机物质分别为初级生产者、次级生产者与消耗者所需求，如图 6-3 所示：

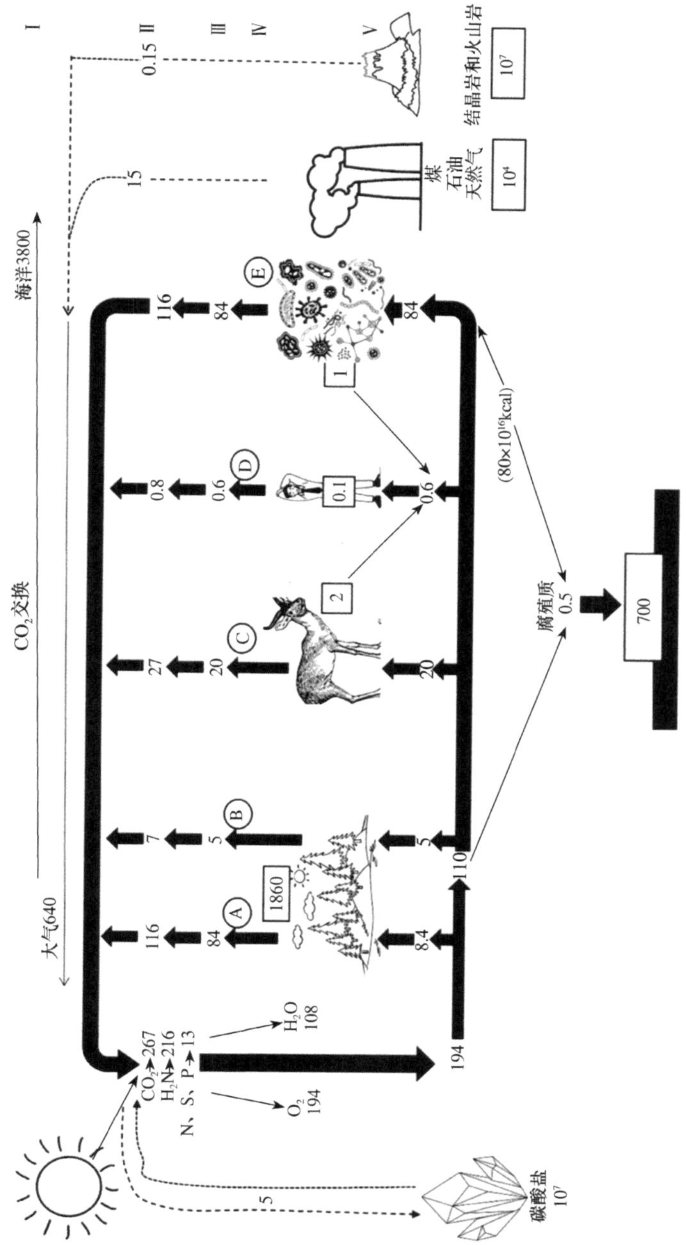

图 6-3 自然界中的碳循环（引自 Duvigneaud，1987）

1kcal=4.184kJ；图中数值单位为$\times10^9$t；虚线表示经过复杂过程

①生产者（森林与草类植物）需要 1860×10^9t 有机物质作为呼吸消耗（图 6-3A）；②5×10^9t 用来补偿火灾的损失（图 6-3B）；③动物生活所需为 20×10^9t（图 6-3C）；④人类生活所需为 0.6×10^9t（图 6-3D）；⑤84×10^9t 为腐生生物呼吸所需（图 6-3E）。Ⅰ～Ⅴ分别表示大气与海洋中的碳量；Ⅰ与Ⅱ是被氧化作用排入大气的 CO_2 数量，其中包括呼吸、火灾、烧炼与发酵工业等；Ⅲ为动植物与人类及细菌和真菌等所需的碳量；Ⅳ为各类生物所利用的营养物料的重量；Ⅴ为石质化的碳源。由此不难看出，在生态系统各组成分中储藏于土壤表层或土壤剖面中的腐殖质量，一部分氧化进入大气，一部分储藏于土壤中，成为维系土壤肥力的基质之一。

据 Whitlakek 与 Likenms 研究，全世界的植物量总和为 1855.84×10^9t，其中陆地生态系统为 1852.54×10^9t，海洋初级生产力甚低，仅 3.3×10^9t。在森林生态系统中以热带森林最高，为 900×10^9t，其次为温带森林，再次为北方森林；热带稀树干草原为 60×10^9t，温带草原为 14×10^9t，耕地与温带草原植物量干重相等，也为 14×10^9t，沼泽植物产量较高，达 24×10^9t（表 6-2）。

表 6-2　不同生态系统中生产力变化（引自 Duvigneaud，1987）

项目	面积 /×10^9hm²	单位面积上的净初级生产力 / [kg/ (m² · a)]		全世界的净初级生产力 / (×10^9t/a)	单位面积上的植物量 / [kg/ (m² · a)]		全世界的植物量 / (×10^9t/a)
		一般的数值范围	平均值		一般的数值范围	平均值	
热带森林	20	1～5	2	40.0	6～80	45	900
温带森林	18	0.6～3	1.3	23.4	6～60	30	540
北方森林	12	0.4～2	0.8	9.6	6～40	20	240
稀树灌丛林	7	0.2～1.2	0.6	4.2	2～20	6	42
热带稀树干草原	15	0.2～2	0.7	10.5	0.2～10	4	60
温带草原	9	0.15～1.5	0.5	4.5	0.2～3	1.5	14
冻原和高山牧场	8	0.01～0.4	0.14	1.1	0.1～3	0.6	5
半荒漠	18	0.01～0.25	0.07	1.3	0.1～2	0.7	13
石质冰漠	24	0～0.01	0.003	0.07	0～0.2	0.02	0.5
耕地	14	0.1～4	0.65	9.1	0.4～10	1	14
湖泊及河流	2	0.1～1.5	0.5	1.0	0～0.1	0.02	0.04
沼泽	2	0.8～4	2	4.0	3～15	12	24
陆地	149		0.73	109.0		12.5	1852.54
大海	332	0.002～0.4	0.125	41.5	0～0.005	0.003	1.0
大陆高原	27	0.2～0.6	0.25	9.5	0.001～0.04	0.01	0.3
潮汐带及河口区	2	0.5～4	2	4.0	0.04～4	1.0	2.0
海洋	361		0.255	55.0		0.009	3.3
全地球的总和	510			164.0			

柯夫达研究表明，陆地上的生物量腐解后的腐殖质为 2.4×10^{12}t，折合能量为 1.3×10^{19}kcal，森林植被生产的生物量与生成腐殖质之比为 2～10，能量比为 2～4，腐殖质生成量与草本植物生物量反之，腐殖质生成量还大于森林，其比值为 10～30，能量比达 20～

30（表 6-3），可见草本植物生成的腐殖质质量较高。在植物生长的同时，也有不少凋落物归还土壤，随凋落物归还土壤的氮素数量大约为 1×10^9t，而随水进入江湖的固体物质总量为 1.6×10^9t；从光合作用年产量与灰分物质的归还及进入江湖中的化学固体物质总量的对比不难粗略地看出，陆地生态系统中物质循环的概貌及土壤生态系统在陆地生态系统中的地位。

表 6-3　陆地上的生物量与腐殖质生成量（引自柯夫达，1983）

项目	质量/t	能量/kcal
大陆生物量	3×10^{12}～5×10^{12}	1.5×10^9
腐殖质	2.4×10^{12}	1.3×10^{19}
森林生物量：腐殖质	2～10	2～4
腐殖质：草本生物量	10～30	20～30

柯夫达研究了三种土壤生态系统类型的物质循环与能量转化特点，从生产者、消费者与腐解者食物链的转化对比了森林土壤生态系统、草甸草原土壤生态系统与农田生态系统土壤中物质生成、转化与消耗状况，同时也对比了相应的能量传递状况，进而指出森林光合作用形成的有机碳量为 2.50×10^4kg/hm^2，除自身消耗一半外（1.25×10^4kg/hm^2），换成能量单位为 1.25×10^8kcal，草甸草原生产的生物物质为 1×10^4kg/hm^2，能量为 1×10^8kcal，农田较低，分别为 200kg/hm^2 与 2×10^7kcal。每年产生的凋落物也随之有所不同，森林中凋落物为 3×10^3kg/hm^2，折合能量为 3×10^7kcal，草甸草原略低，分别为 2.5×10^3kg/hm^2、2.5×10^7kcal；农田更低，分别为 1×10^3kg/hm^2、1×10^7kcal，而凋落物与残留土壤中的有机物料所形成的腐殖质三个土壤生态系统分别为 1.2×10^3kg/hm^2 与 1.2×10^7kcal，2.6×10^3kg/hm^2 与 2.6×10^7kcal 以及 4×10^2kg/hm^2 与 4×10^6kcal。土壤中累积的腐殖质分别为 4.8×10^2kg/hm^2 与 4.8×10^6kcal，1.04×10^3kg/hm^2 与 1.0×10^7kcal，以及 1.6×10^2kg/hm^2 与 1.6×10^6kcal。腐殖质中累积的能量仅占光合作用能量的 1.9%、5.2%与 4.0%。

碳源是多种多样的，包括以碳酸盐形态存储的碳（生物固定的碳、水中溶解的碳及空气中游离的 CO_2，以及植物动物呼吸与生物物体分解所生产的 CO_2）。这些碳一部分溶于水进入海洋，形成石灰质暗礁，而化石燃料燃烧与石灰烧炼又使石质化的碳释放于空气中。之后被植物系统固定 CO_2 形成生物质，供动物食用，动植物残体一部分为土壤动物与微生物消耗，一部分进入土壤形成腐殖质，储藏于土壤中，当土壤进行呼吸时一部分 CO_2 又进入大气，这种周而复始进行的循环，体现了土壤生态系统是能量转化机的作用。

（三）土壤生态系统是生物养分库

古语云“万物生于土”；虽然从科学上讲并不十分确切，但在古代以初级生产为主的世界，目光所及，万物皆生于土也不无道理。植物生长发育不断从土壤中吸收矿质养分。植物所需养分不下 10 种，其中主要的有 C、H、O、N、P、K、Ca、Mg、S、Fe、Mn 等（表 6-4）。通过植物的生生死死，动物与人类的利用及微型动物和细菌的分解：一方面维系着生物圈的生命循环；另一方面通过选择吸收不断改变着土壤环境，使之更利于生物的繁育与进化。通过物质循环过程使主要的植物营养元素在土壤库中不断富集，而一些植物不需要或需要量甚少的矿质元素及某些易溶性元素则通过淋溶而丢失，导致贫化，从而引起植物缺素，使地壳表层的土壤圈变得十分复杂。

表 6-4　植物生长所需的主要营养素

养分	主要特点	缺乏症状	过度症状
氮（N）	负责叶子的快速生长和绿色 在植物中移动，移动到新的生长点	生长放缓 浅绿色至黄色叶片（黄化） 一些植物会加重红色和紫色 症状首先出现在较老的生长点	多肉生长 叶子是深绿色，厚实，脆 果实不好 过量氨氮会诱发钙缺乏症
磷（P）	促进根系形成和生长 影响种子、果实和花的质量 提高抗病性 在植物中移动，转向新的生长点	生长放缓 叶子深绿色；较老的叶子呈紫色或红色，特别是在叶的下侧叶脉 叶子变形 茎变细 根系生长受限	表现为锌、铁或钴的微量营养素缺乏
钾（K）	帮助植物克服干旱胁迫 提高冬季耐寒性 提高抗病性 改善秸秆的硬度	生长放缓 节间缩短 老叶的边缘褪绿 老叶上出现坏死斑点 容易枯萎 根系发育不良 茎秆变弱	导致氮缺乏，并可能影响其他营养素的吸收
镁（Mg）		生长放缓 较老的叶子呈黄色、青铜色或红色，而叶脉保持绿色 叶缘可能向下或向上卷曲，具有起皱效果	干扰钙的吸收 老叶中的小坏死斑点 老叶中较小的脉络可能会变成棕色 晚期可能会发幼叶
钙（Ca）	对芽尖和根尖的生长至关重要	抑制芽生长 根部变黑并腐烂 嫩叶扇形且异常绿色 叶尖可能会粘在一起 果实末端腐烂 蔬菜根茎结构脆弱 果实和芽过早脱落	干扰镁的吸收 高钙通常会导致高 pH
硫（S）	有助于某些蔬菜的气味和味道	很少缺乏 幼叶普遍变黄，然后是整个植物 叶脉颜色比相邻的脉间区域浅 根和茎小，坚硬	硫过量通常以空气污染的形式出现
铁（Fe）	积聚在最老的叶子中，相对不容易移动 维持叶绿素所必需	脉间黄化主要发生在幼嫩组织，可能会变成白色 即使土壤中含有铁，也可能出现缺铁	罕见，除非在淹水土壤上
硼（B）	对光合作用很重要 在植物中非常不易移动	播种后不易发芽 水果或蔬菜的内部腐烂 顶芽死亡，产生丛枝 根尖无法正常伸长 幼叶变厚，革质，褪绿 在幼芽的基部发生腐烂	叶子的尖端和边缘表现出坏死斑点，凝聚成边缘焦灼 老叶首先受到影响 可能发生在低 pH 土壤中 植物很容易因过量施用而受损 看起来像 Mg 缺乏症，黄叶上有绿色脉络

续表

养分	主要特点	缺乏症状	过度症状
锌（Zn）	酶活性所需	幼叶非常小，有时缺少叶片 节间短 叶缘扭曲或起皱 脉间黄化	严重的发育迟缓，变红 发芽不良 老叶子枯萎 整个叶片受到黄化病的影响
铜（Cu）	酶活性所需	植株小，畸形，甚至枯萎 某些品种的幼叶可能出现脉间黄化，而较老的叶尖则保持绿色	可在低 pH 下发生 表现为缺铁
锰（Mn）	酶活性所需	脉间失绿，幼叶仍然绿色 出现灰色或棕褐色斑点 死斑可能会从叶子中掉落 花朵大小和颜色差	生长减缓，叶子上出现褐色斑点 显示为 Fe 缺乏症
钼（Mo）	酶活性所需	较老或中间叶片上的脉间黄化 叶子边缘焦化，卷曲 可能出现氮缺乏症状	叶子呈强烈的黄色或紫色 很少观察到
氯（Cl）	酶活性所需	枯萎的叶子，变成青铜色，然后褪色，最后死亡	叶子灼伤 可能会增加肉质
钴（Co）	固氮必需	人们对其缺乏症状知之甚少	人们对其毒性知之甚少
镍（Ni）	对种子发育至关重要	人们对其缺乏症状知之甚少	人们对其毒性知之甚少

植物要吸收元素，它们必须以植物使用的化学形式溶解在土壤水中。除了那些已经溶解在土壤水中的养分外，养分还以这些形式存在于土壤中：未溶解或颗粒状，如新施用的肥料；与土壤颗粒结合的化学物质；微生物分解释放的土壤有机质的化学结构。未溶解或颗粒状的养分，以及那些与土壤颗粒化学结合的养分，不会立即有用，尽管它们有可能使植物受益。对于许多植物养分，土壤充当“银行”。“取款”是从土壤溶液中进行的，就像从“支票账户”中提取“资金”一样。未溶解的土壤养分池就像一个“储蓄账户”。当“支票资金”较低时，从“储蓄账户”转账到“支票账户”。当“支票账户”资金充裕时，有些可以转移到“储蓄账户”中长期保留。同样，对于许多植物养分，当土壤溶液中养分过多时，有些与土壤结合变得暂时不可用，有些与其他化学元素反应形成不溶性矿物质，以后可以再次溶解。

（四）土壤生态系统是消毒净化器

生物所需矿质元素不下 10 种，能为植物吸收的元素可达 50 种，通过生物的选择吸收，致使生物体与土壤中累积的某些元素或高于或低于岩石中相应元素的含量，譬如说植物、动物与微生物所需的大量元素，在土壤中有一定程度的富集，如 C 与 N，而某些为生物所需的中量元素有的随水淋失，致使土壤库中逐渐贫乏，需要通过施肥予以补充，有些微量元素的富集或贫化，除影响植物生长外，还可能引起动物甚至人类发生缺素病症。

在工业不发达的过去，由于地质原因某些地区缺乏或富集某些元素，往往引起地方病，如氟牙、大骨节病与克山病等。随着工业的发展，现在冶炼业与化工业空前发达，而某些重金属元素（如汞、铅）或者危害人类健康的有机化合物，如六六六与 DDT 等，通过饮用水或食物链进入人、畜或鱼、禽、兽体内，从而危害动植物个体，进而又影响人类。这种实例已经很多，已有研究者发现在水域或湿地中残存的六六六、DDT 与汞等为鱼、蛙等吸收，再通过水鸟觅食，在成鸟个体中累积的污染物可以遗传给下一代，太湖地区已禁用 DDT 与六六六 20 多年，在白鹭幼鸟中仍可检出。鱼类遭受汞中毒后，会变形，甚至死亡。有鉴于此，绿色食品成为人类喜食乐饮的商品之一。

这些污染物进入土壤可以通过生物与物理化学过程逐步降解，当然大量的植物残渣与动物的死亡肢体一般都是通过土壤中的生物腐解而净化的，所以土壤库应该说也是污染物的净化器与消毒机。总之，土壤生态系统位居陆地生态系统的核心，如土壤生态系统功能降低或因严重退化而使功能丧失，必然导致生态系统的衰亡，所以保护土壤生态系统是保护陆地生态系统与生物圈的关键。

二、土壤生态系统的功能类型

土壤生态系统可分为森林土壤生态系统、草原土壤生态系统、农田土壤生态系统、荒漠土壤生态系统与冰原土壤生态系统。然而，就生态系统面积而言，森林生态系统与荒漠生态系统最大，分别占 29.2%与 29.2%；农田与冰原生态系统最小，分别为 10.4%与 5.6%。系统生产力则从森林、草原到农田生态系统依次降低，荒漠与冰原低至 1.5t/（hm^2·a）与 1t/（hm^2·a）（表 6-5）。土壤生态系统的功能主要由两类相互联系而又有所区别的过程构成，即能量在系统中的转化与营养元素在系统中的循环，这都为地球上的生物界的滋生繁衍奠定了基础。

表 6-5　不同土壤生态系统的面积与生产力（引自 Duvigneaud，1987）

生态类型	面积/×$10^6$$km^2$	百分比/%	生产力/［t/（hm^2·a）］
森林	42	29.2	13
草原	37	25.7	8
农田	15	10.4	7
荒漠	42	29.2	1
冰原	8	5.6	1.5

（一）能量在系统中传递

太阳能被绿色植物吸收利用，经光合作用生成大量有机物质，这些有机物质一部分构成生物体，一部分消耗于生命过程，一部分则凋落地面进入土壤，经微生物分解成气体回归大气，部分则以腐殖质形式累积于土壤中或以碳形式深埋地下，从而形成碳素循环框架或能量的转化，因此土壤生态系统具有固碳的功能。

研究表明，陆地生物物质估计为 3×10^{12}～1×10^{13}t，陆地上生物年光合作用产物为 1.5×10^{10}～5.5×10^{10}t，而以凋落物归还的氮素量为 12×10^8～12×10^9t，每年由植物吸收的矿物质为 30～70t；另一研究资料表明，全球土壤碳库为（1300～2000）$\times10^9$t，土壤呼吸的 CO_2 为（50～70）$\times10^9$t。在湿地土壤中泥炭大量累积，该类碳库约为 455×10^9t。我国农业用地初级生产力为 5411×10^{13}J/a，其中农田为 1944×10^{13}J/a，草原为 343×10^{13}J/a，林地为 3129×10^{13}J/a。

我国土壤类型中有机质储量变化随纬度与经度而变化，地处温带东北平原上的黑土与白浆土最高，分别为 235.0t/hm^2 与 178.9t/hm^2；其次为南方红黄壤丘陵水稻土为 174.0t/hm^2；最低的为黄绵土、草甸盐土及碱土，分别为 70.6t/hm^2、59.2t/hm^2 与 56.4t/hm^2（表 6-6）。水稻土中有机质储量较高，但类型间有较大区别，水稻土中有机质含量一般高于相应的旱地。从太湖地区水稻土中有机碳储量来看，在 1m 深的剖面中有机碳量多在 6～9t，以漏水型较低为 6.1t，以囊水

型最高达 15t。如果换算为潜能，最低为 3.0×10^8kcal/hm^2，最高为 5.6×10^8kcal/hm^2，与有机碳量一致（表 6-7）。土壤有机质储量多寡与土壤潜在肥力有关，对于有机质储量少的土壤，如欲使作物高产稳产，则对肥料的用量需增加。

表 6-6　各农区主要土壤 0-100cm 有机质储量（引自沈善敏，1998）

农区	土类	有机质储量/（t/hm^2）	潜能/（10^8kcal/hm^2）
东北平原	黑土	235.0	9.9
	白浆土	178.9	7.5
	潮土	84.4	3.5
黄淮海平原	砂姜黑土	116.4	4.8
	草甸盐土	59.2	2.4
	碱土	56.4	2.4
长江中下游平原	水稻土	165.8	7.0
	灰潮土	127.9	5.4
	红壤	158.7	6.6
南方红黄壤丘陵	黄红壤	161.2	6.8
	水稻土	174.0	7.3
	黄绵土	70.6	3.0
西北黄土高原	黑垆土	125.8	5.2
	楼土	112.8	4.7
新疆绿洲	灌淤土	104.0	4.4

表 6-7　太湖地区水稻土有机碳的储量与潜能（杨林章和徐琪，2005）

类型	有机碳储量/（kg/hm^2）	潜能/（kcal/hm^2）
侧渗型	$8.6\times10^4\pm3.7\times10^4$	$4.3\times10^8\pm1.9\times10^8$
滞水型	$7.5\times10^4\pm2.6\times10^4$	$3.7\times10^8\pm5.2\times10^6$
爽水型	$9.2\times10^4\pm3.0\times10^4$	$4.6\times10^8\pm1.5\times10^7$
囊水型	$1.50\times10^5\pm1.9\times10^4$	$5.6\times10^8\pm9.6\times10^6$
漏水型	$6.1\times10^4\pm1.6\times10^4$	$3.0\times10^8\pm7.9\times10^6$

（二）营养元素输移类型

土壤生态系统属于开放性系统，各亚系统之间，因结构不同，其元素输入类型有一定区别，可分为高度开放人工调节型、中度开放人工调节型与弱开放人工调节型。

1．高度开放人工调节型　主要是农业生态类型，具有因时因地而变化的特点。但总体来看，其生物产品大部分均移出田界，只有落叶或部分根茬残留。当然生物产品的日还量因农田生态系统生产力与组成不同而有很大差异，在低产地区不仅作物秸秆与秸穗全部收获，而且连根茬也被带走。例如，高粱、玉米、棉花均如此，所归还土壤的生物量仅仅是落花与部分落叶。然而，有些作物如小麦、水稻、油菜等除落叶落花外，根茬也归还土壤，归还量是生物量的 10%～20%。随着单产提高，生物物质也增加，在燃料已解决的地区，机械收割作物留残的渣较手工收割要多些。当前有些地区作物秸秆堆置田间不用，燃烧或废弃，成了农田污染源之一。

一般农产品进入农户与城镇后不断为人们所消耗，部分成为废弃物或排泄物。在传统农业生产时期，多数是不均匀地归还土壤，形成瘦田与肥田等微域分布。而今生物归还量已远不能满足作物的消耗，多以化学肥料替代，由于资源上的丰缺不一，从而造成氮、磷、钾三大养分元素盈亏参差不齐的局面，成为影响土壤肥力建设的障碍因子。从全国多年统计资料看，氮素在 1966～1970 年由亏缺转变为盈余，磷素在 1961～1965 年由亏缺转变为盈余，而钾素在 40 年间一直亏缺，土壤库中钾素正在耗竭。然而，由于地区差异也造成局部特殊分布，如黄土高原西缘的陇西地区，1979～1983 年统计表明，土壤中氮、磷、钾素都呈现严重亏缺（表 6-8）。水稻高产地区的试验表明，稻田中氮素是盈余的，磷素是盈余的，而钾素是亏缺的（表 6-9），这种营养格局可代表大多数稻田状况，至于涉及其他营养元素如 Ca、Fe 在太湖地区是盈余的，S、Mg、Mn 与 Si 在太湖地区是亏缺的。

表 6-8　鹿马岔农田生态系统中营养元素平衡状况（引自蔺海明，1986）　（单位：kg/hm^2）

年份	单产	N			P_2O_5			K_2O		
		输入	输出	平衡	输入	输出	平衡	输入	输出	平衡
1979	648.0	27.75	36.0	−8.25	12.0	37.5	−25.5	22.5	34.5	−12.0
1980	990.0	24.75	43.5	−18.75	11.25	41.25	−30.0	18.0	39.75	−21.75
1981	356.2	28.50	42.75	−14.25	10.50	48.75	−38.25	27.75	44.25	−16.50
1982	445.5	27.75	40.50	−12.75	12.75	47.25	−34.50	25.50	42.75	−17.25
1983	1110.0	30.75	66.75	−36.0	17.25	73.50	−56.25	30.75	67.50	−36.75
1984	709.95	27.9	45.9	−18.0	12.75	49.65	−36.9	24.9	45.75	−20.85

表 6-9　几种作物系统养分平衡状况（引自秦祖平，1989；徐琪等，1998）　（单位：kg/hm^2）

作物系统		N	P	K	S	Ca	Mg	Fe	Mn	Si
单季稻＋小麦	输入	464.6	92.4	94.3	153.8	463.4	134.0	34.1	4.45	387.4
	输出	408.2	37.0	238.6	180.5	372.3	143.4	10.1	6.55	648.8
	平衡	+56.4	+55.4	−144.3	−26.7	+91.1	−9.4	+24.0	−2.10	−261.4
单季稻＋油菜	输入	465.1	92.5	99.2	154.7	467.2	134.7	34.3	4.46	388.5
	输出	415.6	36.7	207.5	188.9	399.7	144.3	8.2	6.35	587.9
	平衡	+49.5	+55.8	−108.3	−34.2	+67.5	−9.6	+26.1	−1.89	−199.4
双季稻＋大（元）麦	输入	616.3	96.6	120.0	191.2	558.4	166.6	46.2	5.37	466.1
	输出	517.9	45.1	285.9	215.0	524.5	200.4	18.8	8.89	740.2
	平衡	+98.4	+51.5	−165.9	−23.8	+33.9	−33.8	+27.4	−3.52	−274.1
双季稻＋油菜	输入	616.9	96.6	124.7	192.1	562.0	167.1	46.3	5.38	467.0
	输出	544.9	47.9	266.3	226.4	552.9	202.6	15.9	8.69	722.9
	平衡	+72.0	+48.7	−141.6	−34.3	+9.1	−35.5	+30.4	−3.31	−255.9

2．中度开放人工调节类型　属于这种类型的生态系统包含毛竹林类型和草原生态类型。毛竹林在我国浙江、江苏、安徽、江西、湖北、湖南、四川、贵州、云南、广东、福建、台湾等省均有成片分布，毛竹林作为多种用途的经济林，除每年冬春采摘竹笋外，可定期采伐作为建筑用材、工艺品原料及造纸原料。研究表明，毛竹可吸收多种营养元素，已分析的营养元素除 N、P、K 外，还有 Ca、Mg、Si、Fe、Mn、Cu 与 Zn，其中 Si 含量高

于一般农作物。毛竹 N 输出速率为 9.30%，P 为 30.33%，K 为 20.85%，Ca 为 9.79%，Mg 为 18.66%（表 6-10）。

表 6-10　毛竹林营养元素循环特征（引自陈灵芝，1997）

项目	N	P	K	Ca	Mg
年净存留量/（kg/hm^2）	159.26	15.45	176.15	25.41	11.64
年归还量/（kg/hm^2）	7.90	0.57	5.10	5.01	0.72
年输出量/（kg/hm^2）	640.22	6.98	47.75	3.30	2.84
年吸收量/（kg/hm^2）	807.38	23.0	228.99	33.72	15.20
输出速率/%	9.30	30.33	20.85	9.79	18.66

草原生态类型中主要的牧草群落有两种类型：一类是羊草草原群落，另一类是大针茅群落。这两类草地因载畜量过多已造成草原退化，为恢复草原生产力进行了轮牧与围栏两种处理。在围栏中羊草与大针茅生产力有明显差异，而且年际变化率各有不同（表 6-11）。由于载畜量不同，在放牧或割草情况下每年有不等量的牧草被牲畜吃掉，所以植物地上生产量、立枯量与残落物量均以割草强度或载畜量而定。由表 6-12 可见，除 Ca 外，大部分矿质元素在冲积性湿草甸割草与不割草处理中的周转率明显不同，无论植物库中元素储存量、年植物吸收量及年凋落物归还土壤量如何，割草与不割草处理均有数倍的差异。

表 6-11　围栏中羊草与大针茅草原生态系统（引自张小川，1990）　（单位：g/m^2）

项目	羊草			大针茅		
	1985 年	1986 年	年际变化率/%	1985 年	1986 年	年际变化率/%
地上生物量	210.13	203.5	97	141.48	171.11	121
立枯量	42.74	18.25	43	72.93	125.99	173
残落物量	83.67	98.70	118	25.82	23.16	90

表 6-12　矿质元素在冲积性湿草甸中的周转率（引自陈灵芝，1997）　（单位：kg/hm^2）

项目	N	P	K	Na	Ca	Mg	注
植物库	122	8.0	44	8.0	9.0	5	割草
	359	27.0	256	24.0	15.0	9	不割草
年植物吸收	187	19.0	135	82	80	8	割草
	325	33	281	15	72	13	不割草
年凋落物归还土壤	59	5	21	5	44	2	割草
	297	33	281	15	45	13	不割草

3．弱开放人工调节型　属于这种类型的生态系统有森林生态系统。我国幅员辽阔，从北到南有多种多样的天然林，也有不同类别的人工林。前者营养元素循环平衡特点主要受自然因素影响，如岩石风化释放的养分量、干湿沉降、径流与地下水等；输出元素主要有降水淋溶、

挥发和鸟兽采食。例如，人工油松林中，N、P 是盈余的，而 K、Ca、Mg 均呈亏缺，这主要是受淋溶作用影响，使这些元素由生物小循环进入地质大循环，而 N、P 等元素主要在土壤有机物质累积层中富集，淋溶作用影响较弱，所以呈盈余状态（表 6-13）。不言而喻，元素的循环与能量传递使植物所需求的营养物质在土壤库中不断丰富，不仅为生物的演化，也为生物多样性奠定了基础。

表 6-13　油松林分养分的平衡（引自陈灵芝等，1997）　（单位：kg/hm^2）

元素	N	P	K	Ca	Mg	合计
输入	3.04	0.61	0.80	2.43	0.20	7.08
输出	0.26	0.36	2.96	4.25	1.75	9.58
平衡	2.78	0.25	−2.16	−1.82	−1.55	−2.50

三、土壤生态系统的结构特点

知识拓展 6-2

土壤生态系统在陆地生态系统中处于核心位置，在结构上呈现三维空间结构特征，在时间上延续了整个第四纪。众所周知，任何一个系统无论是有生命的，还是无生命的，大如宇宙，小如植物群落都是有序的，并处在不断变化之中。当系统处于量变阶段时，处于相对稳定状态，其结构呈有序性，即系统内各组分之间呈现稳态，在三维空间格局上也出现有规律的更替与时序上的延续性。

（一）土壤生态系统垂直分异性

土壤生态系统具有三层性，即近地面大气层、植被层与土壤层。细分之，近地面大气层的垂直分异，如气体组成与湿度方面，如表 6-14 所示，大气浓度与土壤气体浓度在氮气上几乎相同，而二氧化碳在土壤气体中浓度比大气高几倍到几十倍；氧气与二氧化碳气体的扩散系数相同，氮气较小；在水中的氮气与氧气溶解度相同，而二氧化碳高达 87.8%。

表 6-14　大气与土壤空气的异同（引自 Killham，1994）

项目	氮气	氧气	二氧化碳
大气浓度/%	79	20～21	0.035
土壤气体浓度/%	79	18～20	0.1～1.0
空气中扩散系数/（cm^2/s）	1.6×10^{-6}	1.8×10^{-4}	1.8×10^{-4}
水中溶解度/%	1.5	1.5	87.8

土壤水分与土壤空气关系密切，降雨之后土壤中大孔隙先充水，接着中等大小的孔隙也进入水分，但由于蒸发和植物的利用，土壤水分将逐渐被移去。土壤干燥后，土壤空气又占据了大孔隙和中等孔隙。土壤空气含量和成分是迅速变化的，这不仅影响农作物的生长，也可影响土壤微生物和动植物的活动。土壤剖面垂直变化从表层起可分为三层，即 A、B、C 层。A 层可分为粗腐殖层、腐殖层与腐殖层污染的矿质层，主要是养分富集层，特别是碳氧富集的层段，植物根系密集，微生物种群众多；B 层是黏粒与某些矿质元素的淀积层，也是水分保蓄层；C 层是母质层或者半风化的岩石层，是矿质元素补给层，随着土壤剖面从 A 层起下伸，植物根系与微动物分布也发生变化。正如表 6-15 所示，长白山针阔混交林土壤原生动物垂直分布十分明显，所检测的 4 种原生动物中鞭毛虫与纤毛虫类在凋落物层中数量较多，分别达 73%与 52%；

变形虫类在凋落物层、腐殖质层与过渡层中基本上是均匀分布，在三层中分别为32%、37%与31%。土壤剖面中营养元素的垂直分异更为明显，氮与磷素均与有机质含量呈正相关，A 层含量高，次为AB层，B层与C层有机质含量降低，氮素也随之降低。

表 6-15　针阔混交林土壤原生动物垂直分布（引自崔车振，1992）　（单位：个/g）

类别	凋落物层（0～6cm）	腐殖质层（6～13cm）	过渡层（13～20cm）
鞭毛虫	220 000（73%）	51 000（17%）	29 000（10%）
变形虫类	15 000（32%）	17 000（37%）	14 500（31%）
壳变形虫类	4 560（41%）	2 000（18%）	4 560（41%）
纤毛虫类	3 500（52%）	1 700（25%）	1 500（23%）

（二）土壤生态系统的空间分异性

土壤是陆地表面一个疏松层，除石质山地与水域外一般是连续的，并随气候、母质地形起伏在空间格局上有规律的变化，故称为土被结构。土壤生态系统的空间格局同土被结构有重叠性，也有错开性。土被结构的最小单元称为单元土区，其面积大小不一，小到几平方米，大则上千公顷，在自然因素与人为活动影响下，土壤生态系统所占的空间，既可与单元土区重合，也可能发生变形，如在平原地区原始条件下随微地形起伏，土壤类型与植被类型在空间上有规律地分布，两者重合；而在古老农业地区经过开沟排水，平整土地，原始土壤在空间上的差异缩小；反之，在丘陵山区，经过人为耕垦，坡顶、坡中与坡麓土壤的自然分异性可能再分化，辟田种稻，形成水旱作物轮作的水稻土，有的地区则形成田与地、田与梯地的插花分布，比原始土被格局更趋破碎。

土壤生态系统在空间上的分化受自然因素与人为因素制约，陆地表面出现了森林或草原土壤生态系统，经过人类长期耕垦又出现了农业土壤生态系统，农业土壤生态系统因长期种植、耕作和施肥又分化成稻田、旱地与田园土壤生态系统。农业土壤生态系统同森林或草原土壤生态系统的最大区别在于人为干扰程度，人类栽培农作物通过不断改良与培肥土壤，以满足高产、稳产的要求，对于树木与草类而言，与土壤环境的关系遵循适者生存原则。原始森林一旦破坏与草原一旦被垦殖，有的难以恢复，有的需要较长时间恢复原貌，农作物经过品种改良，一方面适应性增强，另一方面作物与土壤环境协调程度大多体现在生产力上，即出现高、中、低产量水平分异。例如，水稻与小麦耐肥，荞麦耐瘠，高粱耐涝，玉米怕水，花生、甘薯适生于砂土与砂壤土，茶树喜酸性土壤，而棉花耐盐等，土宜性不同对作物的高产稳产措施有较大影响。

（三）土壤生态系统的时序性

地球表面的岩石从植物着生起，开始形成土壤，土壤生态系统随之发展。由于不断的造山运动，地质史上所形成的土壤多呈现岩石化。只在第三纪末与第四纪初，地壳渐趋稳定之后，现代土壤在陆地表面形成，陆地生态系统随之演化。地质学家对地球表面第四纪以来形成的沉积物分别以层序命名为Q_1、Q_2、Q_3与Q_4，是现代土壤发育的主要母质之一，在某些地区也被认作古土壤的遗存，在未经历近代冰川影响地区，这些母质上发育的土壤构成了现代的土被，如Q_1类同砖红壤，Q_2类同红壤，Q_3类同黄棕壤或黄褐土等，Q_4则为冲积土。而在冰川覆盖地区，随着冰川退却土壤开始形成。在深厚的黄土沉积层中也发育多层沉积的土壤类型。这种土区也经常被发现，如江淮平原是地壳下沉地区，下沉幅度达数百米，钻心发现多个土壤剖面，剖面中有众多铁锰结核与石灰结核累积层更迭（表 6-16），这既反映在第四纪以来气候的变化与相适应的土壤生态系统的演变，同时也说明该区土壤形成的特点，即石灰结构与铁锰结核并存的区域特征，在喀斯特潜水补给下湿生与半湿生植被导致了在石灰结核累积层混有铁锰结核，而土壤生态系统的时序遗存在火山间歇喷发与地壳铁锰结核层以下即出现石灰累积层。在第四纪冰川消退地区及火山间断喷发地区，这种时序性变化更为清晰，这在日本的土壤形成研究中已有较多论述。

表 6-16　淮北宿东一带古土壤特征（引自杨林章和徐琪，2005）

剖面号	埋深/m	性质	盐酸反应	时代
1	220	棕红砂质黏土中含大量钙质小结核及小砾石	强烈起泡	N_2
2	190～200	砂质或钙质黏土少量铁锰结核之下，钙质结核成层	强烈起泡	
3	170	砂质或钙质黏土少量铁锰结核之下，钙质结核成层	强烈起泡	Q_{1+2}
4	130～140	少量铁锰结核之下有大量钙质结核	上层微起泡 下层强烈起泡	
5	110～120	砂质黏土 砂盘	上层微起泡 下层强烈起泡	
6	80～90	致密黏土有灰色斑，大量铁锰结核之下有钙质结核	上层微起泡 下层不起泡	Q_2
7	45～50	砂质黏土，但铁锰结核少	上层强烈起泡 下层不起泡	
8	35～40	砂质黏土，钙质结核多	上层不起泡 下层起泡	Q_{3+4}
9	30	砂质黏土，钙质结核多	上层不起泡 下层起泡	

第二节　土壤生态系统的物质循环

物质循环的动力来自能量，物质是能量的载体，保证能量从一种形式转变为另一种形式。因此，土壤生态系统中的物质循环和能量流动是紧密相连的。

生命的维持不但需要能量，而且也依赖于各种化学元素的供应。如果说生态系统中的能量来源于太阳，那么物质则是由地球供应的。生态系统从大气、水体和土壤等环境中获得营养物质，通过绿色植物吸收，进入生态系统，被其他生物重复利用，最后，再归还于环境中，此为物质循环。在生态系统中能量不断流动，而物质不断循环。能量流动和物质循环是生态系统中的两个基本过程，正是这两个过程使生态系统各个营养级之间和各种成分（非生物和生物）之间组成一个完整的功能单位。

一、土壤物质循环的主要特点

（一）生命与元素

对于大多数生物来说，有 20 多种元素是它们生命活动不可缺少的，称为大量元素。另外还有大约 10 种元素，称为微量元素，在生物体内一般不超过体重的 0.01%（有铝、硼、溴、铬、钴、氟等），而且并不是在所有生物体内都有。

（二）物质循环的过程

土壤生态系统中的物质（主要是生物生命活动所必需的各种营养元素），在各个营养阶层之间传递并连接起来构成了物质流。

生态系统中的物质循环是个复杂过程，这主要是因为：①介质多样。物质在不同土壤生态系统中的循环存在着明显差别。②涉及的元素众多，形态变化大。在不同的条件下，金属元素有多种形态。形态不仅决定该元素在环境中的物理化学稳定性，而且具有不同的生物学意义。③有多种化学作用。物质在循环中不断氧化、还原、组合、分解，常受到温度、湿度、酸碱度及土壤母质等物理化学性质的作用，从而影响物质的转化过程。

（三）物质循环的模式

在物质循环中，周转率越大，周转时间就越短。物质循环的速率在空间和时间上是有很大的变化，影响物质循环速率最重要的因素有：①循环元素的性质，即循环速率由循环元素的化学特性和被生物有机体利用的方式不同所致；②生物的生长速率，这一因素影响着生物对物质的吸收速度和物质在食物链中的运动速度；③有机物分解的速率，适宜的环境有利于分解者的生存，并使有机体很快分解，迅速将生物体内的物质释放出来，重新进入循环。

（四）生物地球化学循环的类型

生态系统中的物质循环，在自然状态下，一般处于稳定的平衡状态。也就是说，对于某一种物质，在各主要库中的输入和输出量基本相等。碳和氮的循环，由于有很大的库，它们对于短暂的变化能够进行迅速的自我调节。例如，由于燃烧化石燃料，当地的二氧化碳浓度增加，则通过空气的运动和绿色植物光合作用对二氧化碳吸收量的增加，使其浓度迅速降低到原来水平，重新达到平衡。硫、磷等元素的循环则易受人为活动的影响，这是因为与大气相比，土壤中的硫、磷蓄库比较稳定和迟钝，因此不易被调节。所以，如果在循环中这些物质流入蓄库中，则它们将成为生物在很长时间内不能利用的物质。

不同元素在整个生态系统中输入和输出，以及在生态系统中主要生物和非生物成分之间的交换构成了地球的化学循环过程，如在生产者、消费者和分解者等各个营养级之间及与环境的交换。这类物质或元素对于生命的重要性，以及人类对生物地球化学循环的影响，使这些研究更为必要。

二、土壤中的物质分解

（一）分解过程的性质

土壤生态系统中的分解作用是有机物质的逐步降解过程。在分解过程中，有机质被转化成简单的无机物质，被微生物、土壤动物和植物同化，同时伴随着能量的释放和气体排放，也称为矿化过程。它与光合作用时无机营养元素的固定正好是相反的过程。从能量而言，分解与光合也是相反的过程，前者是放能，后者是贮能。

从名词上讲分解作用似乎很简单，实际上它是一个很复杂的过程，是碎裂、异化和淋溶三个过程的综合。由于物理的和生物的作用，动植物残体被分解为颗粒状碎屑的过程称为碎裂；有机物质在酶的作用下分解，从聚合体变成单体，如由纤维素变成葡萄糖，进而成为矿物成分，称为异化；淋溶则是可溶性物质被水淋洗出，是一种纯物理过程。在动植物残体分解中，这三个过程是交叉进行、相互影响的。所以分解者亚系统，实际上是一个很复杂的食物网。

分解过程的特点和速率，取决于待分解资源的质量、分解者的生物种类和分解时的理化环境条件三方面。三方面的组合决定分解过程每一阶段的速率。下面分别介绍这三者，从分解者生物开始。

（二）分解者（参与者）

1. 细菌与真菌　参与土壤有机质分解的微生物多种多样，土壤中有机质的主要组分包括纤维素、半纤维素、木质素、胶质等一系列有机物，分解这些有机物的微生物各不相同。表 6-17 列出了分解土壤有机质中不同组分的微生物常见属。

表 6-17　利用有机质中不同组分的微生物属（引自 Rao，1999）

有机质	微生物	具体属
纤维素	真菌	链格孢霉属（*Alternaria*），毛壳菌属（*Chaetomium*），镰刀菌属（*Fusarium*），青霉属（*Penicillium*），根霉属（*Rhizopus*），单端孢霉属（*Trichothecium*）等
	细菌	芽孢杆菌属（*Bacillus*），梭菌属（*Clostridium*），假单胞菌属（*Pseudomonas*），弧菌属（*Vibrio*）等
	放线菌	微单胞菌属（*Micromonpora*），诺卡氏菌属（*Nocardia*），链霉菌属（*Streptomyces*）等
半纤维素	真菌	链格孢霉属（*Alternaria*），镰刀菌属（*Fusarium*），曲霉属（*Aspergillus*），根霉属（*Rhizopus*），接合霉属（*Zygorhynchus*），毛壳菌属（*Chaetomium*），青霉属（*Penicillium*）等
	细菌	芽孢杆菌属（*Bacillus*），假单胞菌属（*Pseudomonas*），乳杆菌属（*Lactobacillus*），弧菌属（*Vibrio*）等
	放线菌	链霉菌属（*Streptomyces*）
木质素	真菌	珊瑚菌（*Clavaria*），杯伞属（*Clitocybe*）等
	细菌	假单胞菌属（*Pseudomonas*），黄杆菌属（*Flavobacterium*）
胶质	真菌	镰刀菌属（*Fusarium*），轮枝菌属（*Verticillium*）
	细菌	芽孢杆菌属（*Bacillus*），梭菌属（*Clostridium*），假单胞菌属（*Pseudomonas*）
菊粉	真菌	青霉属（*Penicillium*），曲霉属（*Aspergillus*），镰刀菌属（*Fusarium*）
	细菌	假单胞菌属（*Pseudomonas*），黄杆菌属（*Flavobacterium*），微球菌属（*Micrococcus*），梭菌属（*Clostridium*）
角壳素	真菌	镰刀菌属（*Fusarium*），毛霉属（*Mucor*），被孢霉属（*Mortierella*），木霉属（*Trichoderma*），曲霉属（*Aspergillus*）
	细菌	芽孢杆菌属（*Bacillus*），色杆菌属（*Chromobacterium*），黄杆菌属（*Flavobacterium*），微球菌属（*Microccoccus*），假单胞菌属（*Pseudomonas*）
	放线菌	链霉菌属（*Streptomyces*），诺卡氏菌属（*Nocardia*），小单孢菌属（*Micromonospora*）
蛋白质和核酸	细菌	芽孢杆菌属（*Bacillus*），假单胞菌属（*Pseudomonas*），梭菌属（*Clostridium*），沙雷氏菌属（*Serratia*），微球菌属（*Micrococcus*）
角质	真菌	青霉属（*Penicillium*），红酵母属（*Rhodotorula*）
	细菌	芽孢杆菌属（*Bacillus*）
	放线菌	链霉菌属（*Streptomyces*）
单宁	真菌	曲霉属（*Aspergillus*），青霉属（*Pencillium*）
胡敏酸	真菌	青霉属（*Penicillium*）
富里酸	真菌	茯苓（*Poria*）

不仅参与新鲜有机质残体分解的微生物是多种多样的，而且在分解的不同过程中，先后出现的微生物也是不一样的。有机质分解的不同时间，发育着不同类型的微生物，其优势类群不断交替变化。

2．原生动物、线虫及土壤微节肢动物 原生动物生物量有时候能超过蚯蚓（表 6-18）。其对分解过程的影响主要是通过调节微生物群落结构和大小来实现的。

表 6-18 几个地点土壤无脊椎动物生物量（引自 Bardgett and Griffiths，1997） （单位：kg C/hm^2）

地点	原生动物	线虫	蚯蚓	其他*
青冈林	6.1	4.3	39	—
牧场	2.1	3.3	15	22
小麦地	1.8	2.2	4.0	0.7
大麦地	31	0.9	14	4.3
混耕地	13	1.2	15	1.2

*其他包括小型和大型节肢动物，线蚓和昆虫卵；原始数据单位为 mg/m^2，假定碳含量为 0.4g/g

线虫是土壤动物群落中最丰富的多细胞动物，也是土壤生物区系里最重要的组成部分。土壤线虫对分解过程的影响也主要是通过调节微生物群落结构和大小来实现的。线虫的食性多样，在自然系统中，食细菌和食真菌线虫占据着优势地位，对微生物的调节起着重大作用。

3．大型土壤无脊椎动物 生态系统工程师主要包括蚯蚓、白蚁等大型土壤无脊椎动物。它们通过粉碎和消化直接影响分解过程，通过影响微生物活性间接影响分解过程。具体而言，对有机质动态的影响可以在时间和空间上分为 4 个不同的层次：①自身内部的转运（h）；②增进新鲜排泄物中微生物的活性，释放来自新鲜排泄物中的易分解养分（d）；③保护半分解有机质（几周）；④在整个土壤剖面中，重新分配和调节土壤有机质的周转（几年到几十年），如图 6-4 所示。

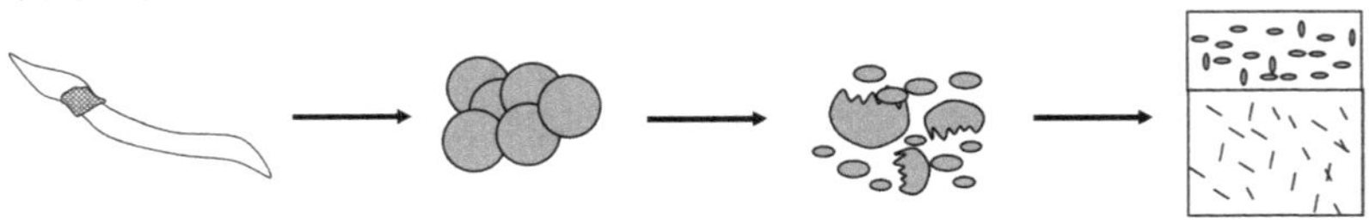

图 6-4 不同时间和空间水平上蚯蚓对土壤有机质动态的影响（引自 Lavelle et al.，1997）

（1）消化酶活性 土壤无脊椎动物的消化酶系统一般不完备，它们可以借助肠道内共生的微生物来降解难以分解的物质。

（2）对微生物环境条件的影响 无脊椎动物对微生物环境条件的影响主要包括对微生物利用底物的破碎作用和改善微生物生存的物理化学条件两个方面。经过无脊椎动物的破碎，残落物的表面积增大，加速了微生物的降解。

（3）对微生物群体的作用 土壤无脊椎动物特别是微型动物和中型动物如线虫、螨类，能通过捕食和牧食细菌、真菌等释放 NH_4^+，因为微生物的原生质体易被利用，其中的氮会很快被氨化。蚯蚓的挖掘、取食、排泄活动有助于真菌孢子在土壤中的传播。

总之，蚯蚓等无脊椎动物虽然对有机质降解的直接贡献不大，但它们可以通过改善微生物生存的环境条件等来提高微生物的活性，最终达到加速土壤养分循环的目的。

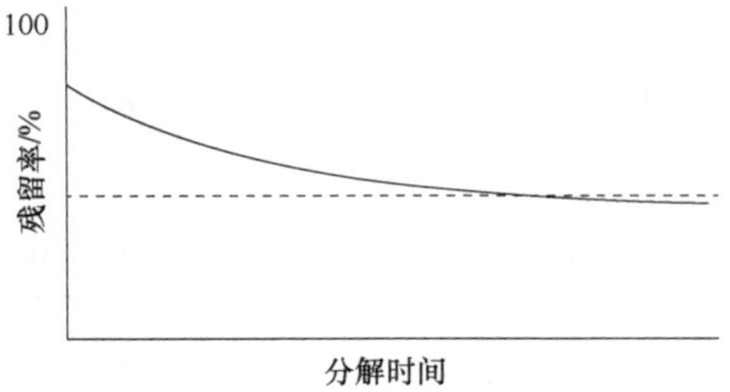

图 6-5　有机质分解过程示意
（引自杨林章和徐琪，2005）

（三）植物残体分解与微生物代谢特征

1. 植物残体的分解　常常将植物残体分为两个组分：易分解组分和难分解组分。如果把图 6-5 中近似直线部分外推到分解时间为零时，其与纵坐标的交点可以作为难分解物质的含量，如麦秸的难分解物质占 46%～48%。

植物残体分解是涉及多个功能菌群分工与协作的复杂系统工程，植物残体初期分解以真菌和革兰氏阴性菌为主，而革兰氏阳性菌和放线菌主导了残体的后期分解过程。以纤维素分解为例，它主要存在于植物体细胞内，难溶于水，其分解需要纤维素分解酶扩散至底物位点，并需要将底物非溶解部位转移至酶活力中心。白腐菌对于木质素分解起关键作用，尤其对高木质素含量的植物残体分解能力更强，而在低木质素含量时，它会被其他菌群取代。漆酶是最重要的多酚氧化酶，是木质素高效分解所必需，主要由白腐菌分泌。

植物残体的分解速率受微生物群落结构的影响显著。真菌可有效作用于难分解碳组分，其数量和结构易于受到植物残体的影响。多数的植物残体分解酶由真菌产生，这些酶包括磷酸酶、纤维素酶、果胶酶、木聚糖酶、脂肪酶、淀粉酶、几丁质酶和氧化还原酶等。细菌通常会迅速参与小分子碳水化合物矿化分解，而其纤维素分解酶活力极低。

知识拓展 6-3

2. 植物残体转化的微生物过程　植物残体为微生物的活动提供了营养源，它的降解直接影响土壤微生物活性和养分循环，但是转化的速度、程度和限度取决于作物残体的碳供给能力。当以 ^{13}C 标记的外源植物残体为底物时，土壤中 ^{13}C 标记氨基葡萄糖的合成动力学可用一级反应动力学方程模拟，表明真菌对植物残体碳较强的初始利用能力。在分别以根、茎和叶为底物时，^{13}C 标记氨基葡萄糖的合成量大小顺序为叶＞茎＞根，表明植物残体的分解难易程度即碳可利用性决定着土壤真菌对底物的同化过程。在低有机质含量土壤中，土壤真菌对活性相对较高的叶片中碳的利用能力高于高有机质含量的土壤，即符合微生物底物同化的“饥饿”控制和“饥饿”微生物的快速启动能力。但是，添加茎和根为碳源后，低肥力土壤中 ^{13}C 标记氨基葡萄糖的合成低于高肥力土壤，表明难分解底物不利于低肥力土壤真菌的增殖，可能反映了土壤微生物在环境胁迫条件下的能量保持和减缓新陈代谢的适应策略。

（四）影响分解过程的因素

影响有机质分解和转化的因素较多，可以将这些因素分为三类：土壤生物、环境条件（主要是气候及其土壤中矿物的形式）和植物残体特性。由于它们在不同的空间和时间上发挥作用，微型动物和大型动物及其交互作用对分解过程的影响并不等价。因此，可以用一个等级模型（hierarchical model）来描述各种因素在土壤过程中的作用（图 6-6）。

在上述模型中，包括 4 个等级：①气候因子，主

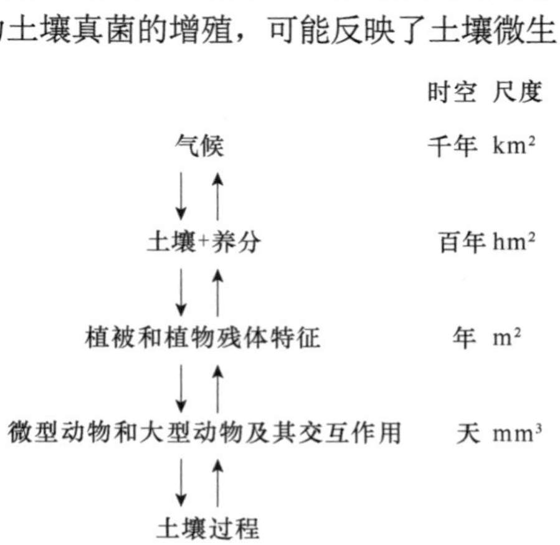

图 6-6　陆地生态系统中分解过程影响因子的等级模型（引自 Lavelle and Spain，2001）

要是温度和湿度；②土壤特性，如黏土矿物等；③植物凋落理化特征；④生物调节过程。所有等级水平之间都相互作用，各个因子的等级位置表示在各个不同的时空水平上该种因子对分解过程有绝对影响。

1．气候因子

（1）降水对凋落物分解的影响　降水对凋落物分解的影响比较大，降水对于植物不同组织形成的凋落物分解影响不同，降水减少主要是导致植物叶凋落物含水量降低，进一步引起凋落物的分解率降低。

（2）温度对凋落物分解的影响　土壤温度能够影响土壤养分矿化程度和微生物的活性。最适合土壤微生物生长的温度在25～35℃，当温度低于5℃或高于45℃时，土壤微生物的活动会受到一定的抑制。温度对凋落物分解也会有影响，凋落物中的有机质如纤维素，在降解过程中会保持一定的速率分解，而当温度升高，会加速纤维素分解的速率，加快凋落物的降解。

（3）光照对凋落物分解的影响　太阳光辐射对凋落物分解起着关键作用。在阳光照射下，木质素会被优先降解；而其在遮光下，由于其本身不易被分解，导致损失率低，一增一减下造成了这种明显的差异。故而，凋落物中木质素的含量决定了其受光照影响的大小。

（4）大气对凋落物分解的影响　大气氮沉降能通过直接影响凋落物中氮含量而影响凋落物的分解速率。随着大气中二氧化碳的急剧增加，植物和土壤能够固定更多的碳，用来抵消掉部分由于人类活动产生的二氧化碳，在未来二氧化碳浓度持续增加的环境下，森林固定二氧化碳的能力也对应增强，从而会产生更多的凋落物。

2．土壤特性

（1）土壤水分　水分影响土壤中氧气的供应、可溶性物质的运移和微生物的活性、分解凋落物的厌氧菌和好氧微生物的相对丰度和演替。土壤水分变化对土壤微生物活性影响极为显著，在适宜的水分范围内，凋落物腐解微生物活性较高，而水分过低或者过高都不利于微生物活动，从而不利于凋落物腐解。

（2）土壤矿物质　黏土矿物的存在能影响土壤微生物的数量与活性。微生物细胞及其分泌的胞外酶可以吸附在矿物表面，导致细胞代谢和胞外酶活性发生显著变化。

土壤黏土矿物的类型对土壤有机质的稳定和转化有着重要的作用。土壤中有机碳的矿化速率与土壤中黏土矿物类型之间存在显著的相关性，铁铝氧化物可以通过改变黏土矿物的表面电荷性质来影响有机碳的吸附和解析的过程。

（3）土壤碳氮比　凋落物进入土壤，被微生物分解过程受碳氮比（C/N）的影响。大量研究表明，在土壤中适量增加氮素，可以避免微生物在分解秸秆时和当季生长的作物竞争土壤中的氮素，促进凋落物的分解，提高营养元素的释放。这是因为秸秆本身的C/N较高且木质纤维结构复杂，秸秆单独在土壤中腐解缓慢，转化效率低。

（4）土壤物理和化学性质　土壤环境的物理和化学性质对于土壤分解凋落物速率有很大影响：①pH，土壤pH对凋落物的影响主要是间接影响，土壤pH影响土壤生物群落的生存。②土壤类型，土壤主要性质来源于其成土母质，母质不同其土壤类型也会有显著的区别，土壤的物理性质也会有显著的不同，进而影响土壤植物类型和凋落物类型。③根际环境，土壤的根际环境对于凋落物的影响主要是间接影响，根际环境影响根际微生物，根际微生物影响植物生长发育与凋落物的分解。

3．植物凋落物理化特征

（1）含水量　秸秆含水量即秸秆的结构水分含量，影响秸秆的成型质量，是秸秆在土壤中降解即腐解程度的决定性因素。

（2）粒度　粒度是指颗粒的大小，秸秆的粒度会影响秸秆内通气情况、内部摩擦力等，粒度大的秸秆支撑性能优良，孔隙度大，通风状况好，利于秸秆还田。

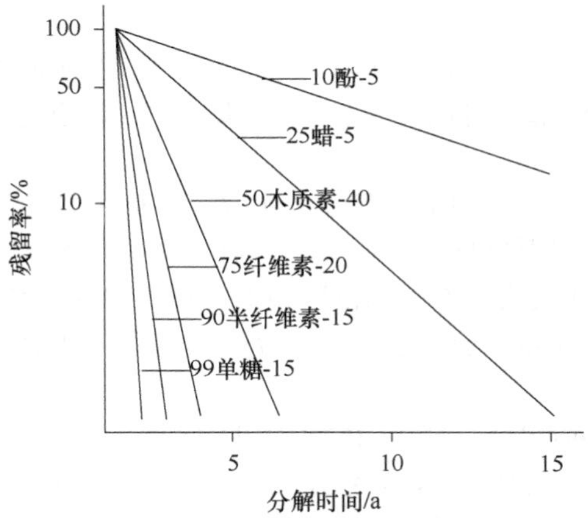

图 6-7　植物枯枝落叶中各种化学成分的分解曲线（引自 Anderson，1981）

各成分前面数字表示每年质量减少率（%），后面数字表示各成分占枯枝落叶原质量的质量百分数（%）

（3）化学组成　图 6-7 可大致地表示植物残体有机物质中各种化学成分的分解速率的相对关系：单糖分解很快，一年后质量减少达 99%，半纤维素其次，一年后质量减少达 90%，然后依次为纤维素、木质素、蜡、酚。大多数营腐养生活的微生物都能分解单糖、淀粉和半纤维素，但纤维素和木质素则较难分解。

（4）初始 C/N　凋落物 C/N 即秸秆中碳的总含量与氮的总含量的比值。一般情况下禾本科作物秸秆的碳氮比相比较豆科作物要大，碳氮比大的农作物秸秆中的有机物矿化分解速度慢。因为分解者微生物身体组织中含 N 量高，其 C∶N 约为 10∶1。但大多数待分解的植物组织，其含 N 量比此值低得多，C∶N 为（40～80）∶1。因此，N 的供应量就经常成为限制因素，分解速率在很大程度上取决于 N 的供应。

4．生物调节过程　除温度和湿度条件以外，各类分解生物的相对作用对分解率地带性变化也有重要影响。例如，热带土壤中，除微生物分解外，无脊椎动物也是分解者亚系统的重要成员，其对分解活动的贡献明显地高于温带和寒带土壤中同类动物对分解活动的贡献，并且起主要作用的是大型土壤动物。相反，在寒带和冻原土壤中多小型土壤动物，它们对分解过程的贡献甚小，土壤有机物的积累主要取决于低温等理化环境因素。

（1）真菌对凋落物降解的作用　在室温条件下，草酸青霉（*Penicillium oxalicum*）、尖孢镰刀菌（*Fusarium oxysporum*）、毛壳菌（*Chaetomium* spp.）及其与凋落物的组合降解率均高于其他菌株，草酸青霉对凋落物中的纤维素和半纤维素有较强的降解能力。在扫描电镜下，可看出菌株对秸秆的降解主要是先从破坏凋落物表面的蜡质层和紧密结构入手，再大规模地破坏细胞壁，最后进入凋落物并降解其内部的组织，使凋落物的结构变得疏松，草酸青霉与菌株混合处理后的凋落物紧密结构被彻底破坏。

（2）土壤动物对凋落物降解的影响　土壤动物对凋落物降解也有着其无法代替的作用。土壤动物的主要代表是蚯蚓。蚯蚓通过摄食、消化、排泄和挖洞等生理活动，促进土壤的物质循环和能量代谢，是土壤无脊椎动物中对土壤肥力决定过程中具有重要影响的一类，因此蚯蚓被誉为“生态系统工程师”。蚯蚓通过自身活动，能充分将有机物与土壤矿物混合，形成良好结构，同时移动产生的孔隙，帮助改善土壤通气状况；蚯蚓还能释放出一种特别的酶来降解蛋白质、脂肪和木质纤维素，这是蚯蚓可以降解秸秆的主要原因。

（3）植物根系对凋落物降解的影响　植物将光合作用的产物以根系分泌物和植物残体的方式释放到土壤中去，为土壤微生物提供碳源、能源，而微生物将植物产生的有机养分转化成有利于植物吸收的无机养分供利用。根际微生物则被认为是土壤微生物的一个分支体系，对植物的植株体的固定、生长发育及群落演替有重大影响。植物则以其根系释放的分泌物来影响根际微生物的群落结构。

三、土壤中的元素循环

（一）碳循环

碳是一切生物体中最基本的成分，有机体干重的45%以上是碳。据估计，全球碳储量约为26×10^{15}t，但绝大部分以碳酸盐的形式禁锢在土壤和岩石圈中，其次是贮存在化石燃料中。碳的主要循环形式是从大气的二氧化碳蓄库开始，经过生产者的光合作用，把碳固定，生成糖类，然后经过消费者和分解者，在呼吸和残体腐败分解后，再回到大气蓄库中。碳被固定后始终与能流密切结合在一起。土壤有机质、腐殖质、生物体及其碎屑物是土壤碳库的主要成分。

知识拓展 6-4

1. 碳循环路径　植物通过光合作用，将大气中的二氧化碳固定在有机物中，包括合成多糖、脂肪和蛋白质，而贮存于植物体内。植物残体和分泌物经消化合成进入土壤。在土壤内部，碳的流动是非常复杂的，碳随着食物网的链条、有机质矿化、腐殖质的形成和分解的复杂过程流动。碳在食物链上流动的每一个环节都遵循生态系统中金字塔规律，向外直接或间接地以二氧化碳的形式释放物质和能量，其中没有被呼吸直接释放的碳可以以有机碎屑物质的形式存储在土壤里面。

土壤中碳的循环具体有如下几条路径（图6-8）。

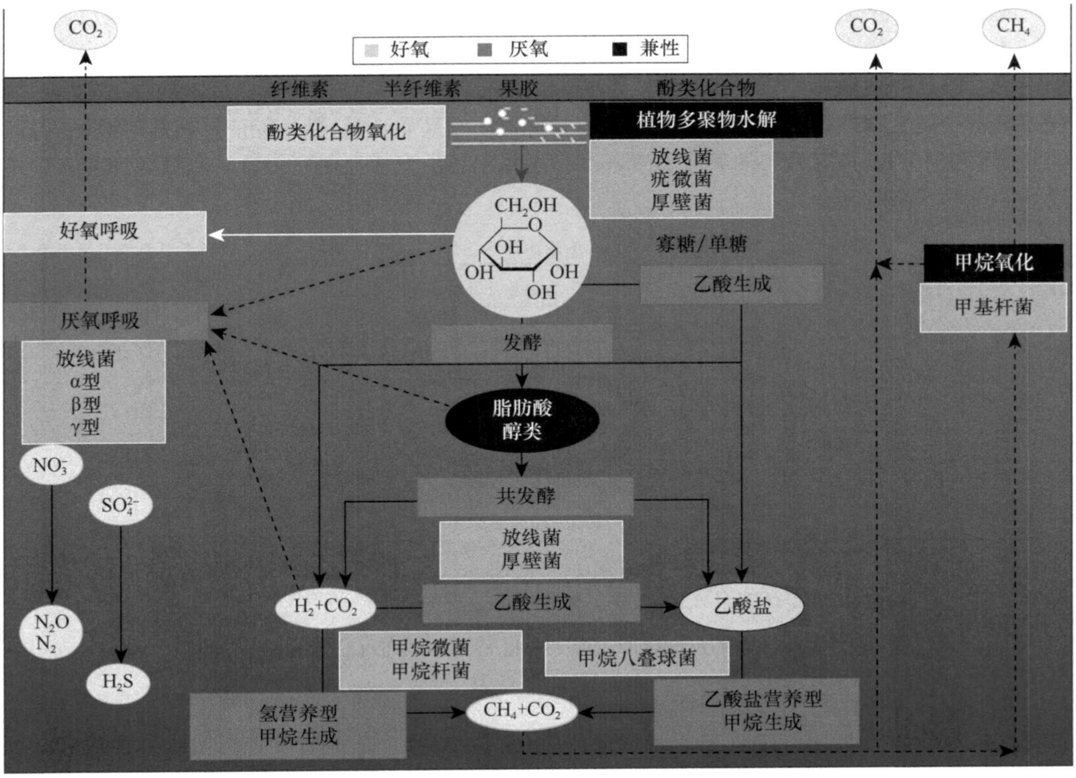

图6-8　植物残体有机碳微生物代谢过程示意图（引自Tveit et al.，2013）

虚线表示可能的代谢途径

1）易分解部分以较快速度进行矿化，包括水解、发酵、同型乙酸化、共生和产甲烷等过程。

2）经过生物代谢分解、排泄、生物机械粉碎及呼吸作用，部分有机质退出土壤碳循环进入大气成为光合作用的碳源。二氧化碳在土壤中通过扩散作用而相互交换。二氧化碳的移动方向，主要取决于在界面两侧的相对浓度，它总是从高浓度的一侧向低浓度的一侧扩散。

3）CO_2 的微生物固定。自养微生物的 CO_2 固定是土壤生态系统碳的生物化学循环的重要环节，该过程的重要性在于可将大气 CO_2 封闭在土壤有机碳库中而减缓温室效应。固定 CO_2 细菌以厚壁菌门（Firmicutes）最多，其次是变形菌门（Proteobacteria）、拟杆菌门（Bacteroidetes）。

4）部分变为腐殖质难以被微生物利用而进入低速降解的渠道。很小一部分生物残体存在于土壤黏粒间不容易被生物利用降解，暂时被排除在碳循环之外。

5）还有一部分易溶解有机质和 CO_2 进入水体做溶质迁移。在土壤和水域生态系统中，溶解的二氧化碳可以和水结合形成碳酸，这个反应是可逆的。

总之，碳在土壤生态系统中的含量过高或过低都能通过碳循环的自我调节机制而得到调整，并恢复到原有水平。而且，碳循环的速度是很快的，最快的在几分钟就能够返回大气。

2. 碳循环与土壤生物　土壤生物在碳循环过程中最为活跃，起着重要的调控作用，下面分别描述土壤微生物与土壤动物对其产生的影响。

（1）微生物与碳循环　微生物在土壤碳循环中的主要作用是分解有机质，包括植物残体、动物尸体、腐殖质、根系分泌物等。土壤有机质降解速度直接取决于微生物的活性，输入土壤的有机成分绝大部分是多环芳香族化合物，最终会被微生物降解以二氧化碳的形式回到大气。

在土壤碳库中有三个土壤微生物呼吸碳的来源：土壤腐殖质、土壤表面和土壤内部死亡植物残体、根系分泌物和根系脱落组织（图 6-9）。从根际微生物呼吸、植物残体微生物呼吸、新鲜有机质的微生物作用诱导的呼吸到土壤稳定有机质的基质呼吸，微生物的周转速率逐渐降低，根系分泌物中的碳具有最快的氧化速度，而土壤稳定态的有机质具有最慢的碳循环速度，但有最长的土壤滞留时间。

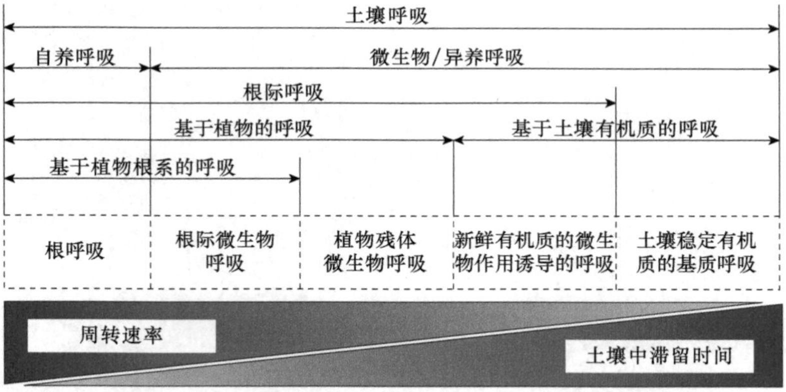

图 6-9　土壤呼吸的土壤碳库来源（引自 Kuzyakov and Larionova，2005）

不同的微生物在分解有机质的过程中所起的作用并不相同。在植物凋落物的早期分解中真菌起主导作用，真菌的菌丝生长迅速并且能在细胞间转移细胞质，它们相对于细菌来说可以适应枯枝落叶层中较大的环境温度、湿度变化。菌丝可以穿透植物细胞壁去摄取植物细胞内的碳水化合物，这些特点使真菌成为有效的早期分解者。在一系列不同真菌功能群的演替后，细菌会在后期分解中起主要作用。微生物分泌到细胞外的酶可以和催化底物形成复合体或者被吸附到土壤黏粒和腐殖质的表面，这些非自由存在的酶在特定环境条件下可以保持较长时间的活性，对有机物的降解进行着催化作用。然而也有学者认为，在植物残体和有机质层界面，细菌在空间分布比较均匀，真菌体积较大，移动性差，群落分布明显受到空间限制，因而真菌群落组成在有机质层与植物残体层之间差异极大，真菌活性常常与根系或/和大的营养斑块联系紧密。

（2）*小型土壤动物与碳循环* 土壤动物对土壤碳循环的贡献不是很直观地体现出来，而是通过和土壤微生物、植物生长的相互作用表现出来。植物根系向土壤释放的分泌物干重占植物总光合作用固定碳的 10%～40%，这些有机物作为底物在根际培养了大量的微生物，微生物又吸引了捕食性的土壤动物。营养元素可以在微生物体内得以保存，然后又通过土壤动物的取食释放出来供植物生长需要。微生物和捕食微生物的土壤动物控制着营养物质的循环，并促进植物生长，增加土壤碳流量。

（3）*大型土壤动物与碳循环* 大型土壤动物一般对土壤有机质降解的直接作用很小，但是土壤动物是除了土壤质地、气候、底物质量之外对土壤微生物最具有调节功能的生态因子。它们可以把微生物运输到新鲜底物，通过产生少量容易降解的水溶性有机物质对微生物活力产生激发作用，这在土壤碳循环中是非常重要的一个过程。这些小分子有机物很容易被大部分化能微生物利用，使微生物迅速扩增到比较高的种群密度，而后加速碳矿化。土壤动物一般都会促进碳矿化，但是很多时候它们也限制了矿化的速度，如白蚁的巢穴和蚯蚓的粪粒，它们从物理方面保护着有机物质的降解。

3. 微生物群落对碳的响应特征 碳源是土壤微生物活性的主要限制因子，但是即使在碳源受限时土壤微生物仍保持着强烈的获取可利用底物的能力，并且微生物活性受限程度越高，对可利用底物的输入就越敏感，对活性碳源的同化作用越强，表明微生物“饥饿”使微生物具有迅速启动参与底物代谢的能力。

低分子质量可溶性碳底物，如单糖、有机酸等活性有机碳，可迅速分解并在短期内为土壤微生物提供大量能源，被广泛应用于揭示土壤微生物在土壤有机碳转化过程中对活性组分的响应机制。一般来说，真菌更倾向于利用结构上较为复杂的含碳化合物（如香草醛），而甘氨酸等结构较简单的含碳化合物易被细菌迅速利用，革兰氏阴性菌对高活性碳底物的响应活力更强，而革兰氏阳性菌对复杂碳组分分解能力更为突出；因此，革兰氏阴性菌通常被视为 R 策略者，而革兰氏阳性菌则为 K 策略者。

虽然活性碳源的代谢驱动着土壤有机质的转化与更新，但是，由于土壤有机碳库组分十分复杂，并且和矿物质紧密结合，即使有机碳含量很高，其中可利用碳的数量所占比例也很低。同时，稳定性碳组分的分解不断产生可利用碳源，造成土壤溶液中的可利用底物的数量很难预知。所以，把外源底物有效性研究和土壤有机质中活性组分的代谢相联系时应慎重。

（二）氮循环

氮是蛋白质的基本成分，是一切生命结构的原料。虽然大气化学成分中氮的含量非常丰富，有 78%为氮，然而氮是一种惰性气体，植物不能够直接利用。环境中的氮素以各种固氮途径进入土壤，氮素被植物吸收利用，形成生物产品，被动物与人类利用一部分；另一部分则成为腐生者的食物，之后再从反硝化作用或淋溶作用返回大气或进入水域（图 6-10）。一般而言，土壤库中的氮素储量随土壤类型，特别是土壤中腐殖质的累积量而变化，如我国耕种土壤表层平均含氮量为（1.3±0.5）g/kg，变异系数达 38%，自然土壤平均含氮量为（2.9±1.5）g/kg，变异系数为 52%。

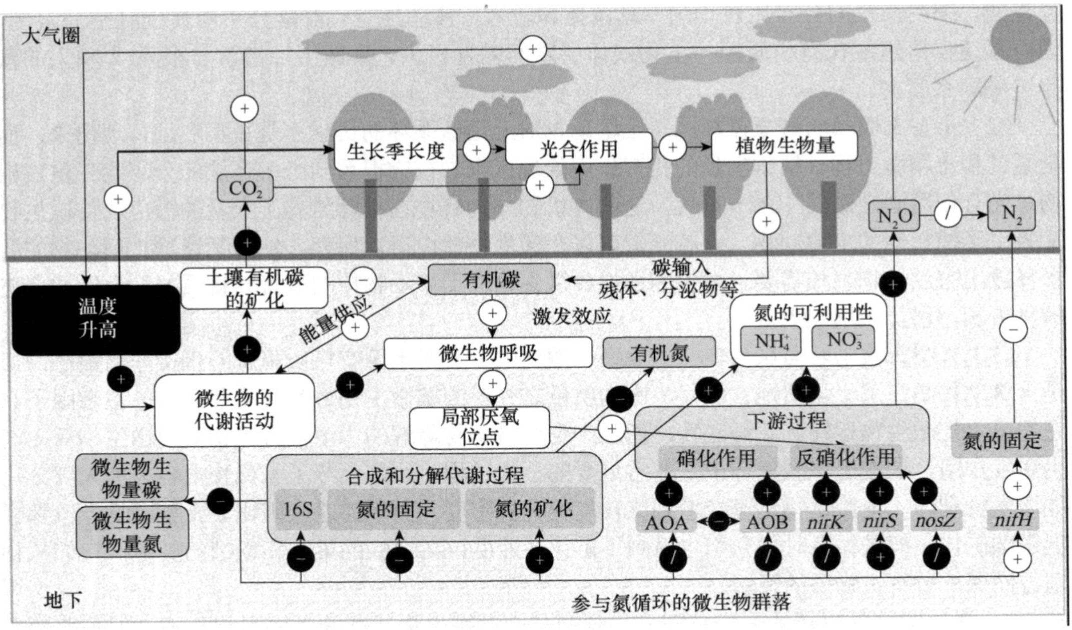

图 6-10　土壤生态系统内的氮循环

＋代表促进作用，－代表抑制作用，/代表可促进也可抑制，16S 代表 16S 核糖体 RNA，AOA 代表氨氧化古菌，AOB 代表氨氧化细菌，*nirK*、*nirS* 和 *nosZ*、*nifH* 代表参与氮循环的功能基因

1．氮转化路径

（1）固氮作用　生物固氮是自然生态系统中氮的主要来源，大约占地球固氮的 90%。根据固氮微生物与其他生物之间的关系，生物固氮分为自生固氮、联合固氮和共生固氮体系三种，其中以共生固氮的固氮能力最强。

（2）氨化作用　由氨化细菌和真菌的作用将有机氮（氨基酸和核酸）分解成为氨与氨化合物，氨溶水即成为 NH_4^+，可为植物所直接利用。

（3）硝化作用　在整个氮循环过程中，硝化作用使有机态氮转化为无机态氮，形成硝酸盐，是连接固氮作用与反硝化作用过程的中间环节，不仅决定着氮素对植物的有效性，还与过量氮肥投入导致的土壤酸化、硝酸盐淋溶和氮氧化物释放等环境问题直接相关，硝化作用因此成为氮循环的中心环节。

（4）反硝化作用　与硝化作用相对，反硝化作用在嫌气或低氧土壤系统中普遍存在和发生。在多种微生物的参与下，硝酸盐通过 4 步还原反应，在硝酸盐还原酶（Nar）、亚硝酸盐还原酶（Nir）、一氧化氮还原酶（Nor）及一氧化二氮还原酶（Nos）的作用下，最终被还原成氮气，并在中间过程释放强致热效应的温室气体 N_2O。

（5）厌氧氨氧化及硝酸盐异化还原成铵盐　厌氧氨氧化是细菌在厌氧条件下以亚硝酸盐为电子受体被氧化为氮气的过程，即 $NH_4^+ + NO_2^- = N_2 + 2H_2O$。主要由浮霉状菌目的细菌所催化完成。在厌氧条件下，硝酸盐也可在微生物作用下异化还原成铵。与硝化和反硝化作用导致的氮损失相反，NO_3^- 可异化还原为可供植物利用的 NH_4^+，有利于氮素在土壤中的蓄持。

2．氮转化生物

（1）土壤微生物　土壤微生物分解有机质，并将其转化为无机形式的过程对生态系统功能至关重要，因为在许多生态系统中，养分矿化直接决定了植物养分的可利用性。例如，在肥沃的生态系统中，如落叶林，地上植物氮吸收量与表层土壤净氮矿化之间存在很强的相关性（图 6-11）。

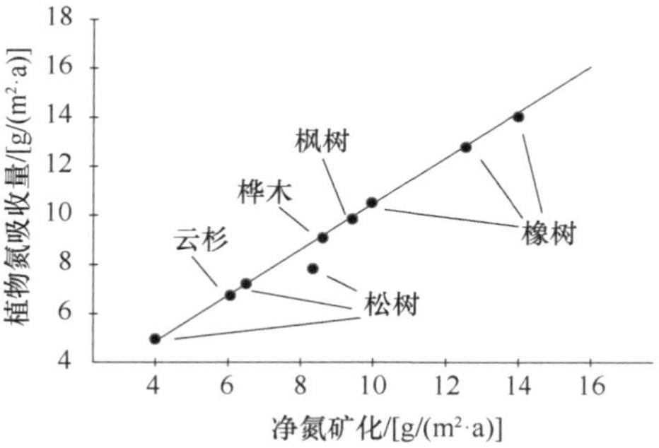

图 6-11　地上植物氮吸收量与表层土壤净氮矿化的关系（引自 Nadelhoffer et al.，1985）

土壤中的大部分氮（96%～98%）作为复杂的不溶性聚合物被包含在死亡有机体中，如蛋白质、核酸和几丁质等。这些聚合物太大，不能通过微生物膜，因此微生物会产生胞外酶（如蛋白酶、核糖核酸酶和几丁质酶）来将其分解为较小的可被微生物细胞吸收的水溶性亚基（如氨基酸）。这种物质称为可溶性有机氮，它构成了总可溶性氮库的大部分。即使是在经常施用无机氮肥的农业土壤中，可溶性有机氮的浓度也可能与无机氮的含量相同甚至更高（图 6-12）。

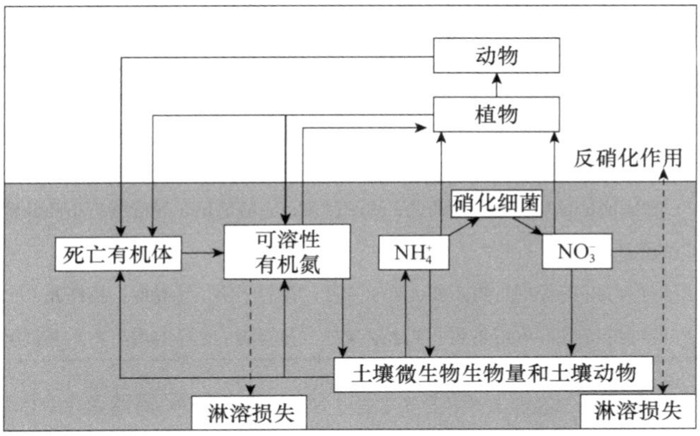

图 6-12　陆地生态系统氮循环示意图

虚线表示可能的循环途径

土壤溶液中的大部分可溶性有机氮都能被土壤中自由生活的微生物吸收，利用其中的碳和氮供自身生长。然而，微生物如何利用可溶性有机氮主要取决于它们是否受到碳或者氮限制。当生长受碳限制时，微生物使用来自可溶性有机氮中的碳获得生长所需的能量，并将植物可利用的 NH_4^+ 作为废弃产物排放到土壤中，这就是微生物生物量的氮矿化。然而，当可溶性有机氮不足以满足微生物氮的需求时，微生物将从土壤溶液中吸收额外的无机氮（NH_4^+ 和 NO_3^-），这就是微生物生物量的氮固定，从而降低了植物吸收的无机氮的可利用性。

微生物能够将 N_2 还原为 NH_3 并使其并入氨基酸以用于蛋白质合成，这一过程就是氮固定。这些微生物要么独自生存，要么与植物共生形成根瘤，并从植物中获取碳水化合物以满足自身的能量需求，反过来又为植物提供由氮还原形成的氨基酸。最广为人知的固氮者可能就是与根瘤菌属（*Rhizobium*）细菌共生的豆科植物（表 6-19），以及非豆科植物（如桤木），后者因以放线菌——弗兰克氏菌属（*Frankia*）作为内生菌而具有固氮能力（表 6-20）。这些共生关系可以向天然和农业生态系统的土壤提供大量的氮。

表 6-19　根瘤菌及其寄主植物（改自 Paul and Clark，1989）

属	种	寄主植物
根瘤菌属	苜蓿根瘤菌	苜蓿（苜蓿属、草木犀属）
	豌豆根瘤菌	豌豆（豌豆属）

续表

属	种	寄主植物
根瘤菌属	豌豆根瘤菌	大巢菜（野豌豆属）
		车轴草（车轴草属）
		豆（菜豆属）
	百脉根根瘤菌	三叶草（车轴草属）
	费氏中华根瘤菌	大豆（大豆属）
短根瘤菌属	大豆慢生根瘤菌	大豆（大豆属）
		热带豆科植物（花生属、银合欢属）
固氮根瘤菌属	某种茎瘤固氮根瘤菌	茎瘤（田菁属）
		非豆科植物（糙叶山豆麻属）

表 6-20　放线菌根瘤植物的分布（改自 Paul and Clark，1996）

洲	本地属
北美洲	桤木属、美洲茶属、蒿叶梅属、香蕨木属、马桑属、铁线梅属、野麻属、仙女木属、胡颓子属、杨梅属、羚梅属、野牛果属
南美洲	桤木属、锚刺棘属、马桑属、连叶棘属、落被棘属、杨梅属、小桃棘属、五脉棘属
非洲	杨梅属
亚欧大陆	桤木属、马桑属、野麻属、仙女木属、胡颓子属、沙棘属、杨梅属
大洋洲，包括澳大利亚	异木麻黄属、木麻黄属、北木麻黄属、马桑属、连叶棘属、方木麻黄属、杨梅属

氮固定另一种潜在的重要途径是自由生活的固氮细菌分解凋落物和土壤有机质。这些非共生的固氮微生物在陆地生态系统中无处不在，它们固定大气氮的量相对较少［<3kg N/（hm^2 a)］，但对生态系统功能的重要性不言而喻。DeLucns 等发现，一种蓝藻（*Nostoc* sp.）与另一种常见的赤茎藓（*Pleurozium schreberi*）共生，能固定数量可观的氮［1.5～2.0kg N/（hm^2·a)］，并成为北方森林氮积累和循环的主要贡献者。

（2）小型土壤动物　原生动物在土壤氮素转化中起非常重要的作用，其机制主要是原生动物的直接分泌作用，而不像细菌的间接生理作用。在土壤环境中原生动物捕食细菌时，有 1/3 细菌生物量氮转化为原生动物生物量氮，1/3 主要由细菌细胞壁和细胞器组成，不能被原生动物消化而被原生动物分泌成为土壤有机氮，另外 1/3 直接以氨的形式分泌到土壤中。

线虫在土壤有机质的降解、植物养分矿化和循环中扮演重要的角色。通常食微生物的线虫可以调节微生物的种群结构，而微生物是有机质主要的初级分解者，所以食微生物的线虫对有机质的分解具有调控作用。与只含有细菌的土壤相比，植物在既有细菌又有线虫的土壤中生长更为迅速，因为细菌促进氮的矿化，而线虫促进 NH_4^+-N（可利用氮）的释放，利于根系的吸收。线虫的代谢活动较强，所摄取的细菌碳源中仅有小部分用于构建生命体，大部分消耗于呼吸代谢，因此，与碳源相联系的那部分氮和磷，除满足线虫自身需要外，多余的被释放出来，增加有效氮、磷。

土壤螨通过自身的运动和摄食，促进土壤腐殖质和团粒结构形成，增强透水性与通气性，改变土壤理化性质，有利于农业生产。一些涉及土壤微节肢动物群落结构和生态过程的研究，如土壤呼吸和氮矿化之间关系，结果显示生境不同，土壤微节肢动物的作用差异很大。

（3）大型土壤动物　蚯蚓除对土壤氮的积累贡献很大外，对生态系统的氮平衡还发挥着重要作用，氮素过量时，它能提高土壤的反硝化能力，使氮以气态形式离开土壤系统，加快凋落物的分解。蚯蚓的活动能提高植物对氮素的吸收和生长。

白蚁也是在氮循环中地位极为重要的一类大型土壤动物。在热带和亚热带地区，白蚁的类群极为丰富，它们的活动大大加速了有机质的分解和矿化。

中、大型土壤动物对氮矿化的促进作用更加显著。例如，线蚓能明显提高凋落物氮释放量，大多数土壤动物类群对氮矿化都有正向促进作用，而大、中型类群由于具有较大的生物量及较强的活动性，作用更为明显。

（三）磷循环

磷是生物不可缺少的重要元素，生物的代谢过程都需要磷的参与，磷是核酸、细胞膜和骨骼的主要成分，高能磷酸键在腺苷二磷酸（ADP）和腺苷三磷酸（ATP）之间可逆地转移，它是细胞内一切生化作用的能量。磷不存在任何气体形式的化合物，所以磷是典型的沉积型循环物质。沉积型循环物质主要有两种存在相：岩石相和溶解盐相。磷循环的起点源于岩石的风化，终于水中的沉积。由于风化侵蚀作用和人类的开采，磷被释放出来，由于降水成为可溶性磷酸盐，在生物之间流动，待生物死亡后含磷有机物被细菌分解为磷酸盐，又回到环境中。溶解性磷酸盐，也可随着土壤溶液，进入水体并沉积，在风化后再次进入循环。图 6-13 说明了磷在土壤生态系统中的循环状况。众所周知，植物由土壤吸收磷构成有机体，生物物质被人类或动物利用后的废弃物（尤其海鸟粪便）与枯枝落叶进入土壤，经腐解后一部分形成难被植物利用的 Fe、Al 磷酸盐，部分储存在腐殖质中或被黏粒所吸附固定，还有一部分则随水土流失而进入水域。当然土壤风化程度不同，土壤库磷的储存量也不同，因此随着作物产量的提高，我国土壤缺磷面积不断增多，从 20 世纪 60 年代起磷肥的施用已经普遍推广，这对补充土壤磷库起了很好作用。

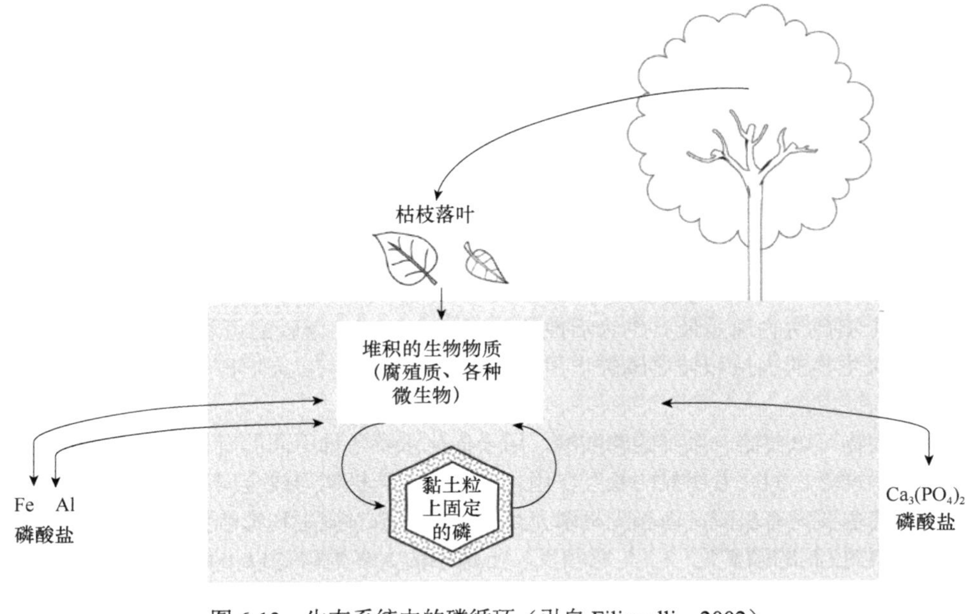

图 6-13　生态系统中的磷循环（引自 Filippelli，2002）

磷是植物生长的大量必需元素，但在通常条件下较难被植物所利用。磷的生物有效性低有三个主要原因：①与土壤中的钙等元素结合，形成溶解性差的磷酸盐；②被铁、铝氧化物等土壤矿物吸附固定；③微生物吸收利用其中部分生物有效磷，降低植物可利用磷。基于以上原因，磷肥的当季利用率普遍较低，一般在10%～20%。土壤磷的低利用率不仅制约了作物产量和品质，而且导致磷肥的大量使用，进而进入地表和地下水体后，造成农业面源污染等严重的环境问题。

在土壤植物系统中，土壤微生物通过溶解、矿化、固定、与植物共生等方式直接驱动土壤磷的转化和循环。

1. 植物根际磷素的形态转化　为满足对磷元素的高需求，植物通过根毛生长、菌根侵染和分泌有机酸、磷酸酶和铁载体等方式提高根际有效磷浓度。植物根际是植物吸收利用磷最重要的区域。图6-14显示了在土壤微生物和植物根系作用下，土壤磷素在植物根际的转化方式。根毛生长是植物吸收磷的直接手段。根毛可有效增加根系表面积，显著提高植物对磷的吸收。

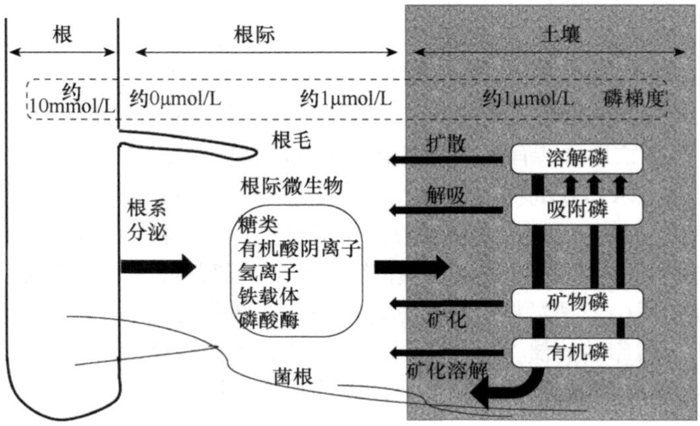

图6-14　影响植物根际磷素吸收利用的化学与生理过程（引自Richardson et al.，2009）

在自然界中近90%的植物种类和几乎所有的农作物能够形成丛枝菌根。丛枝菌根属于土壤真菌，可以和高等植物形成共生体系，有效地促进植物对磷的吸收。菌根和植物之间通过碳磷交换维持共生体系，植物给菌根提供有机碳供菌根生长，菌根给植物提供磷。对于大部分植物来说，菌根菌共生可以超越植物根际的磷耗竭区，增加磷吸收范围，从而显著提高植物对磷的吸收。

2. 非根际土壤微生物储磷解磷机制　生物对土壤磷转化和供应的影响主要体现在吸收和转化两个方面。土壤微生物磷除了来自土壤，还来自土壤中生物残体降解过程中（碳同化）的磷同化。土壤微生物磷是最具生物活性的磷库，在调节土壤磷的可利用性方面，具有重要作用。通过微生物的固持和转化磷的作用，土壤中大量的磷在以“年”为时间单位尺度下进行周转。

土壤微生物可以分泌一系列的磷酸酶，用于催化水解各种不同的有机磷形态。无机磷、有机磷与微生物群落之间有着明显的相互作用。当土壤中无机磷形成金属磷酸盐而固定时，微生物可利用的磷主要为有机磷：而当无机磷充足时，无机磷对微生物影响更大。

3. 微生物控制的磷矿化　与氮相反，土壤中的大多数磷是以不可溶的无机物形式存在的，不能被植物吸收，如闭蓄态磷（图6-15）。因此，调节植物磷可利用性的许多反应都属于地球化学过程，而不属于生物过程。土壤磷的可利用性还受到土地管理历史的强烈影响。例如，施磷肥对土壤磷的可利用性具有很大且难以置信的长期影响，因为它大大提高了土壤中植物可利用的PO_4^{3-}浓度，特别是在表层土壤中。

和氮一样，有机磷的矿化在一定程度上受到底物 C∶P 值的调控。一般来说，当 C∶P 值高于 100 时，磷被微生物固定，主要是因为此时微生物的磷需求相对较高（微生物的磷需求为干重的 1.5%～2.5%，而植物只需 0.05%～0.5%）。因此，微生物与植物激烈地竞争土壤中的可利用磷。微生物固定的磷在生态系统磷循环中占有重要作用，一般而言，微生物生物量磷占总土壤有机磷库的 20%～30%，这比微生物生物量碳（1%～2%）或氮（2%～10%）含量占生态系统总碳或总氮的比例要高得多。

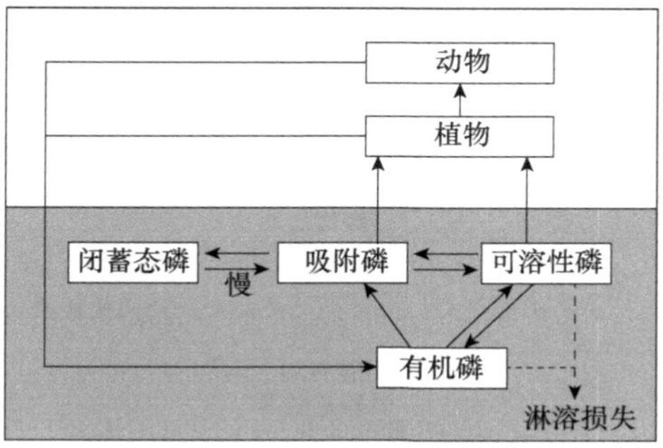

图 6-15　陆地生态系统磷循环示意图

（四）硫循环

硫同样是沉积型循环元素，也是生命重要元素之一，主要储存于岩石中，以各种硫化物或硫酸盐形式存在，大部分沉积于土壤与沉积物中，如 Na_2SO_4、$CaSO_4$、$FeSO_4$ 与 FeS 等形式。自然界中当火山喷发时有大量 H_2S 气体逸出，高硫煤燃烧也产生 H_2S，在强烈还原条件下土壤也有 H_2S 逸出。从图 6-16 中可以看出，硫的输出有两个途径：燃烧与火山喷发，而输入多通过雨水与降尘。植物吸收土壤中的硫酸盐或硫化物中的硫建造机体，植物机体经分解或地面水将硫酸盐带入土壤，而在土壤或水域沉积物中进行氧化或还原作用，既可以 H_2S 形式逸出，也可以各种硫化物或硫酸盐储存在土壤或风化壳中。

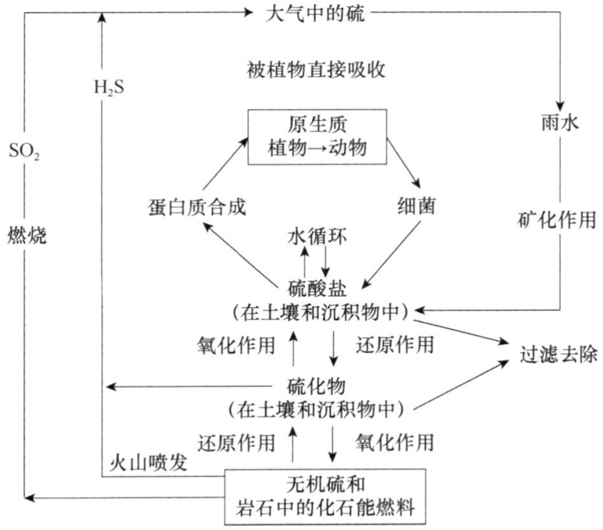

图 6-16　生态系统中的硫循环（引自柯达夫，1983）

植物所需要的大部分硫主要来自土壤中的硫酸盐，同时可以从大气中的二氧化硫获得。植物中的硫通过食物链被动物所利用，或动植物死亡后，微生物对蛋白质分解后将硫释放到土壤中。硫元素会随着环境条件的改变在微生物作用下转化为不同价态的硫化合物，这些价态的转化构成了硫的生物地球化学循环（图 6-17）。硫酸盐是环境中最稳定且最丰富的硫化合物，在硫元素的生物地球化学循环中具有特别重要的作用。例如，SO_4^{2-}在缺氧环境中被还原成 H_2S，

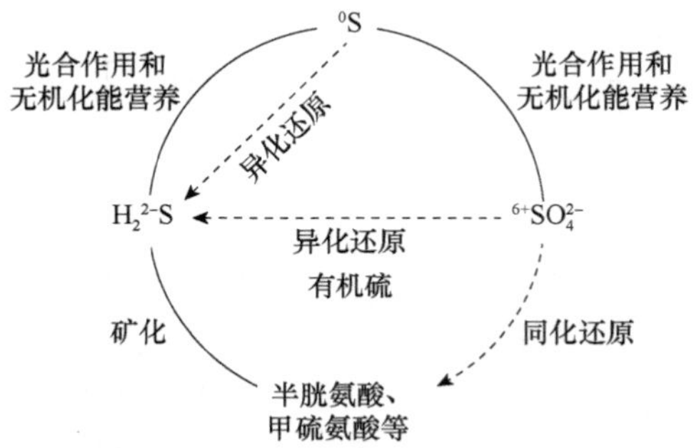

图 6-17　硫的生物地球化学循环
（引自刘新展等，2009）
实线代表氧化过程，虚线代表还原过程

这些 H_2S，一部分将释放到大气中去，另一部分在厌氧条件下，通过化能自养硫细菌的作用，被氧化成元素硫。元素硫和 H_2S 经好氧微生物作用又再形成 SO_4^{2-}。

1. 土壤中硫的微生物氧化　土壤中硫的氧化主要发生于旱地土壤中，在湿润、半干旱、温带和亚热带地区排水良好的农业土壤表层中，硫大多为有机硫。有机硫化物经微生物矿化转化成 SO_4^{2-}，在一定条件下还可产生微量的烷基硫化物等挥发性有机硫，排放到空气中去，由于土壤中硫元素存在多种形态，许多微生物可以通过不同生化途径将还原态硫氧化成各种含硫化合物。目前发现的硫氧化微生物主要有 3 类，它们是无机化能自养细菌（如硫杆菌属）、厌氧光合自养细菌（如绿硫细菌、紫硫细菌）和极端嗜酸嗜热的古生菌类（如硫化叶菌）。

2. 土壤硫的微生物还原　土壤硫的还原主要是在淹水的水稻土中发生。硫酸盐是硫的稳定形态，在土壤硫酸盐还原过程中作为代谢终端电子受体发挥重要作用。在厌氧条件下，SO_4^{2-} 参与由硫酸盐还原微生物介导的硫酸盐异化还原过程（形成 H_2S）或同化还原过程（形成有机硫化物）。硫酸盐还原微生物形态各异、营养类型多样，在厌氧或微氧环境中以 SO_4^{2-} 或者其他氧化态硫化物作为电子受体来氧化有机质，并产生高浓度 H_2S 的微生物。

水稻根际是硫酸盐还原过程发生最活跃的区域，该区域不仅因为其丰富的含氧量能够为硫酸盐还原过程提供大量的电子受体 SO_4^{2-}，而且由于根际可以释放大量的有机物，如乙酸、丙酸、乳酸等，直接为硫酸盐还原菌提供电子供体和底物，因此根际区域的硫酸盐还原微生物群落也最为丰富。

3. 土壤硫酸盐还原菌的生态学意义

1）硫酸盐还原微生物在长链烷烃类和短链烷烃类的厌氧降解过程中发挥着重要的作用。这些有机污染物的降解，会产生大量的低分子质量有机酸，如乙酸、丙酸和丁酸，可作为硫酸盐还原微生物的碳源。

2）土壤中硫酸盐的积累影响碳的循环。硫酸盐还原菌通过氧化有机质或 H 并同时将硫酸盐还原成硫化物而获得能量，该异化还原过程直接与碳氮循环过程耦合在一起。土壤硫的微生物循环与全球碳循环密切相关，SO_4^{2-} 浓度会影响厌氧碳矿化的速率和途径，它可通过对乙酸、醇类和氧气的底物竞争，减少甲烷的产生。研究发现在泥炭土中硫酸盐还原速率大于甲烷产生速率。

3）养分活化。土壤中 SO_4^{2-} 的增加会通过一些还原机制提高 N 和 P 的移动性，也叫内部富营养化。土壤还原势通常由微生物介导的化学反应和有机质的降解所决定。高度还原性土壤系统有大量有效的有机质和提供微生物还原条件的电子终端受体，这时外源 SO_4^{2-} 进入土壤中可以极大提高生态系统的电子接收能力，降低还原条件。

4）其他影响。土壤中过多的 SO_4^{2-} 会增加硫化物含量，从而对土壤生物产生毒害作用。特别是还原条件下形成难溶的金属硫化物沉淀，从而改变土壤金属形态，对金属的生物地球化学循环产生重要的影响，此外，由于 SO_4^{2-} 的还原过程会改变土壤氧化还原条件，从而直接影响土壤的化学性质和物质循环。

（五）铁转化

铁是地壳中含量第四高的元素，第二高的金属元素，也是土壤特别是红壤中最为重要的氧化还原活性元素，而且是生物圈最常利用的变价金属。其地球化学丰度为 5.1%，全铁量在 4%～15%，在中性环境中（pH 约为 7）主要以不溶态的铁氧化物矿物存在，具有高地球化学活性。铁是许多细胞物质的组成成分，而且参与各种生理过程。因此，铁是所有真核和大部分原核生物所必需的微量营养元素。微生物铁氧化还原显著影响土壤地球化学过程（图 6-18），特别是在水成土和底泥中，包括有机物分解、矿质元素的溶解与侵蚀、地质矿物的形成、各种重金属离子的移动或固定、养分高效利用、温室气体排放等。

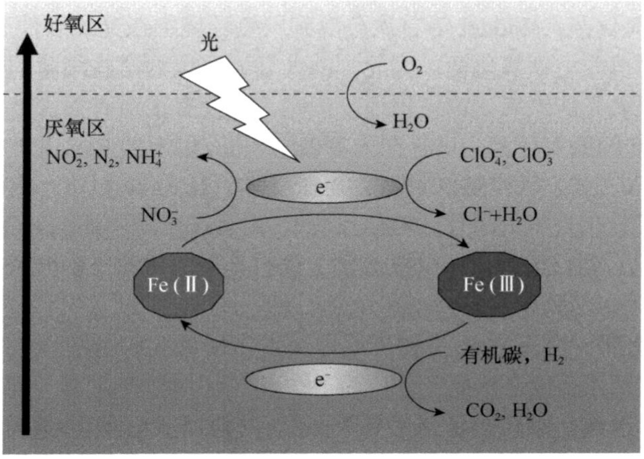

图 6-18　微生物驱动的铁氧化还原过程（引自 Weber et al.，2001）

1．铁的生物循环　铁氧化菌和铁还原菌在土壤等生境中是普遍存在的，而且在铁的氧化还原循环中扮演着重要的角色，此生物过程中的代谢产物对其他元素的转化过程有着重要的意义。在厌氧环境中，已证实微生物对 Fe（Ⅱ）的氧化作用，往往和 NO_3^-、ClO_3^-、ClO_7^-的还原过程耦合。这些铁氧化细菌可以氧化固态 Fe（Ⅱ）及矿物中的 Fe（Ⅱ）（如硅酸铝铁和十字石）。在阳光充足的区域，Fe（Ⅱ）还可以被光营养型铁氧化细菌氧化。厌氧环境中，由生物作用形成的 Fe（Ⅲ）氧化物可以通过这些过程产生，又可以作为铁还原菌的最终电子受体，因此形成了动态微生物介导铁氧化还原循环。

2．铁的微生物氧化　铁氧化菌可明显加速环境中二价铁的氧化，这些过程在湖泊沉积物、地下水、植物根际、湿地、海洋等自然环境中相继被揭示。研究表明，在中性 pH 的地下水中，铁氧化菌存在条件下的铁氧化速率是化学氧化速率的 6 倍。

（1）微生物铁氧化形成机制　在酸性环境中，Fe（Ⅱ）氧化发生在细胞外膜，电子经一个含铜的蛋白（rusticyanin）传递到外胞周质的细胞色素 c，电子经细胞色素氧化酶最终传递给 O_2 而形成水分子。在中性条件下，铁的氧化是发生在胞内还是胞外、微生物如何作用于难溶的矿物，尤其是铁氧化菌如何避免被铁矿物包裹还不清楚，因此，厌氧铁氧化作用的生物化学或调控机制尚未揭示。

（2）参与铁氧化过程的微生物　参与铁氧化过程的微生物主要涉及古菌和细菌。环境中主要存在 4 种营养型铁氧化菌：好氧嗜酸性铁氧化菌、好氧嗜中性铁氧化菌、厌氧光能铁氧化菌和依赖于硝酸盐的铁氧化菌。

1）好氧嗜酸性铁氧化菌。好氧嗜酸性铁氧化微生物可以在酸性环境中与快速的化学氧化过程有力竞争，当然有些微生物通常在低氧生态位中生长活跃，因为在这种低氧（微氧）环境中化学氧化比较缓慢。在酸性环境中 Fe（Ⅱ）更易生物氧化［如氧化亚铁硫杆菌（*Thiobacillus ferrooxidans*)］而不易被氧气氧化。已有研究发现一些好氧嗜酸铁氧化菌通常在酸性环境中参与铁氧化，如在矿山开发的酸性排水环境中负责铁的氧化。

2）好氧嗜中性铁氧化菌。好氧嗜中性铁氧化菌与化学氧化竞争，以分子氧作为电子受体，通过酶催化氧化 Fe（Ⅱ）而获得能量。在很多环境中都会发生好氧的近中性的 Fe（Ⅱ）氧化作用，如溪流底泥、湿地底泥表层、根际的底泥等。虽然发现有很多微生物都能进行近中性好氧的 Fe（Ⅱ）氧化，但都源自 3 属：嘉利翁氏菌属（*Gallionella*）、纤发菌属（*Leptothrix*）、海杆菌属（*Marinobacterium*）。

3）厌氧光能铁氧化菌。Widdel 等首次分离到厌氧环境中在光照条件下以 Fe（Ⅱ）为唯一的电子供体而生长的自养型铁氧化菌。因此，Fe（Ⅱ）可以为这些细菌的光系统提供电子。迄今为止，已有 7 株厌氧光能铁氧化菌被报道，但是，尚没有报道有关古菌的此代谢机制。

4）依赖于硝酸盐的铁氧化菌。只有在土壤表层 3mm 以上的 Fe（Ⅱ）氧化是通过氧气实现的，在 3mm 以下，Fe（Ⅱ）氧化则以 NO_3^-为电子受体。在 3mm 以下，土壤溶液中仍然有较高浓度的 NO_3^-，NO_2^-可能来自氨的氧化（硝化反应），而且在土壤中添加 NO_3^-（200μmol/L）可以促进 Fe（Ⅱ）的氧化。到目前为止，只报道了 2 株自养型的依赖于硝酸根的铁氧化菌：嗜热古菌和嗜中温 β-变形菌。

3．铁的微生物还原　　铁的微生物还原是发生在厌氧沉积物及淹水土壤中重要的微生物学过程。多种古菌和细菌都能在厌氧条件下将 Fe（Ⅲ）还原成 Fe（Ⅱ）而获得能量，通常把这些细菌叫作异化铁还原菌。这些细菌在厌氧条件下，利用 Fe（Ⅲ）作为呼吸链末端电子受体，实现电子在呼吸链上的传递，形成跨膜的质子浓度电势梯度，进而转化为其代谢所需的能量，所以 Fe（Ⅲ）还原通常也叫 Fe 呼吸。随着异化型铁还原菌从土壤、河流底泥、入海口沉积物、石油流层、地下水和温泉等自然环境中的分离，人们对 Fe（Ⅲ）还原过程的研究产生浓厚兴趣，对 Fe（Ⅲ）还原过程也有了较深入的认识。

目前，有关微生物 Fe（Ⅲ）还原主要存在三种理论。

1）微生物细胞与 Fe（Ⅲ）矿物的直接接触，即所谓的细胞氧化物黏附作用。例如，硫还原地杆菌（*Gobacter metalreducens*）直接与 Fe（Ⅲ）氧化物表面接触，或者通过鞭毛和纤毛的趋化运动附着在金属氧化物表面，形成种附属物结构。同时 *Geobacter metalreducens* 对 Fe（Ⅲ）和 Mn（Ⅱ）有化学趋向性，这一过程与细胞壁上的鞭毛、纤毛等附属物有密切关系。最新研究结果指出 Fe（Ⅲ）诱导地杆菌产生的纤毛不是一种附着器官而是一种可传递电子的生物纳米导线。

2）微生物可以通过自身分泌的或其他途径形成的有机物实现电子传递过程，这些有机物通常被称为“电子直通车”。微生物首先将电子传递给有机物，形成还原态的“电子直通车”，然后“电子直通车”扩散到含铁矿物表面，将从微生物中获取的电子传递给固相中的 Fe（Ⅲ）。同时还原态的“电子直通车”得到氧化。土壤和沉积物中大量存在着氧化还原活性的有机物（如腐殖酸、根系分泌物、抗生素等）都可以作为“电子直通车”。

3）膜结合铁还原酶和细胞色素可以在细胞膜上将 Fe（Ⅲ）氧化物和电子传递系统联系起来。例如，*Shvanella putrefaciens* MR-1 可以通过将细胞色素定位在外膜上而还原不可溶的 Fe(Ⅲ）氧化物。一般认为电子由脱氢酶转移至醌类（MQ），然后从醌类中间体传给细胞质膜（CM）上的四血红素周质细胞色素（CymA），CymA 向周质细胞色素传递，在功能蛋白（MtrA）的作用下把电子由周质转向外膜，最后由细胞外膜的末端还原酶把电子交给 Fe（Ⅲ）氧化物，完成对 Fe（Ⅲ）氧化物的异化还原。

第三节　土壤生态系统的能量流动

土壤生态系统中的能量来源于绿色植物通过光合作用对太阳能的固定。植物所固定的太阳能或所制造的有机物质称为初级生产量。在初级生产过程中，植物固定的能量有一部分被植物自己的呼吸消耗掉，剩下的可用于植物生长和生殖，这部分生产量称为净初级生产量，是生产者以上各营养级所需能量的唯一来源。从理论上讲，净初级生产量可以全部被异养生物所利用，转化为次级生产量；但实际上，任何一个生态系统中的净初级生产量都可能流失到这个生态系统以外的地方去。对土壤动物来说，初级生产量或得不到，或不可食，或动物种群密度低等原因，总有相当一部分未被利用。

能量是生态系统的动力，是一切生命活动的基础。一切生命活动都伴随能量的变化，没有能量的转化，也就没有生命和生态系统。土壤生态系统的重要功能之一就是能量流动。土壤中的能量流动以食物网作为主线，将土壤植物与动物之间进行能量代谢的过程有机地联系在一起。

一、土壤能量流动的主要特点

（一）能量流动的特征

1．能量的流动是变化的　在生态系统中，能量流动是变化的，既取决于被食者单位能量的含量和捕食者单位的产出能量，又取决于输入端的消化率和输出端捕食者的新生物量产生的速度。因此能量流动无论是短期行为，还是长期进化都是变动的。

2．能量是单向流　生态系统能量的流动是单一方向的，能量以光能状态进入生态系统后，就不能再以光的形式存在，而是以热的形式不断地逸散于环境之中。

能流的单一方向性主要表现在 3 个方面：①太阳的辐射能以光能的形式输入生态系统后，通过光合作用被植物固定，以后不能再以光能的形式返回；②自养生物被异养生物摄食后，能量就由自养生物流到异养生物体内，也不能再返回给自养生物；③从总的能流途径而言，能量只是一次性流经生态系统，是不可逆的。

（二）能量流动的途径和速率

1．两类食物链是能流的主要途径　能量流动以食物链作为主线，将绿色植物与消费者之间进行能量代谢的过程有机地联系在一起。生态系统中食物链是多种多样的，如由小型寄生物吸取寄主体液而获得营养的寄生食物链。捕食者通过吞食活的猎物而获得营养的捕食食物链等。根据食物链的性质可概括为两种主要类型，即牧食食物链和腐食食物链（或称碎屑食物链）。牧食食物链是以活的生物为基础营养源，而腐食食物链是以动物尸体和植物残渣为基础营养源，这些生物残体被许多微生物利用，然后由原生动物、蚯蚓等摄食转化。在一个生态系统中这两种食物链几乎同时存在，在牧食食物链的每个环节都有一定的新陈代谢产物进到腐食食物链中，这样把两种主要食物链联系了起来。

2．能流的速率　生态系统中能量流动的速率与生态系统内生物群落的稳定性和抗干扰能力有关。更为直接的能流速率的计算可以通过放射性同位素的跟踪获得，能量本身并不能直接跟踪，但可用放射性元素标志含有能量的有机化合物，然后跟踪。Odum 用放射性磷（^{32}P）对一个荒弃地的生物群落进行了深入研究。结果表明：有些植食动物如蟋蟀和蚂蚁，在实验开始的头几天就积累了放射性磷，两周后达到高峰。另外一些昆虫在 2～3 周时，积累才达到高峰。地面活动的捕食者，如步行虫和蜘蛛直到实验后的第三周还没有出现同位素积累的高峰。

二、土壤食物网层次上的能流

（一）土壤食物网

土壤生物种类繁多，数量巨大，在完成生态功能的过程中，并非单独存在，而是相互联系，构成一个复杂的食物网。土壤食物网与其他食物网如淡水和海水生态系统食物网不同，其能量来源主要是植物根系和碎屑，因此是一种碎屑食物网。碎屑可以是任何非生命形式的有机质，包括不同形态的植物组织、动物组织（腐肉）、死亡的微生物、畜禽粪便、次生代谢物、有机体的排泄物或渗出物等。土壤碎屑食物网对有机质的降解、碳流动、污染物降解、土壤结构调节、病虫害控制、矿物质养分循环和时空上的再分配起着重要作用，土壤生态系统以碎屑食物网为中心，可以进行有效的自我调控。

在食物网研究中，基本研究单位是由假设具有等价功能的种组成的功能群。将生态系统中的各物种分成不同的功能群可以简化复杂的生态系统，淡化各个物种的个别作用，强调不同物种之间的整体功能作用，把结构单位从物种水平提高到群落水平。在各个功能群中还完全可以根据需要分成几个种功能群。在物种丰富度较大的生境如土壤中，以功能群为研究单位而不是以种作为研究单位是不可避免的，各功能群组合成营养级，营养级之间的关系组成食物链/网。

（二）营养级与食物网

美国科学家Hunt在科罗拉多州中部建立了矮草草原土壤食物网，并用土壤食物网模型计算N矿化，随后荷兰在土壤生态学项目中，开发的碎屑食物网模型应用广泛，是面向有机体模型中较经典的实例（图 6-19）。图中实线表示各功能群的营养关系，虚线表示食性不是很明确。在图示食物网中分为5个营养位（trophic position）：①碎屑和根系；②初级分解者和植食性者（细菌、腐生真菌、植食性线虫）；③食细菌者和食真菌者，如弹尾目、食真菌线虫和螨类、

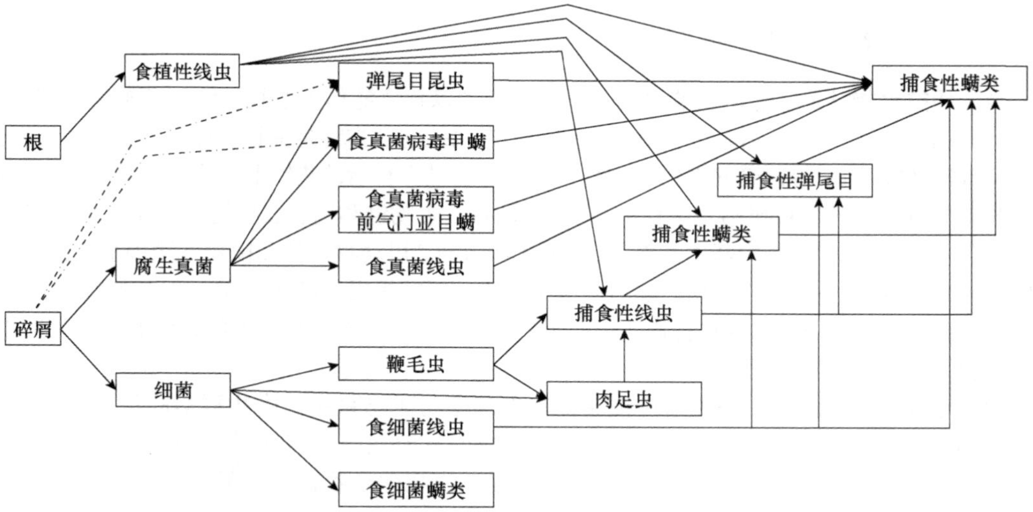

图 6-19　荷兰 Lovinkboeve 试验地综合农业管理模式下冬小麦土壤碎屑食物网模型（引自 Moore，1990）

虚线表示可能的取食途径

鞭毛虫、肉足虫、食细菌螨类和线虫；④中间捕食者，如食线虫螨；⑤顶级捕食者，包括捕食性弹尾目和捕食性螨类。但在这个食物网图中，一些潜在的重要功能群如藻类、环节动物、食真菌病毒原生动物和食线虫真菌并没有包括在内。

1．营养级联效应　种间关系是生态学研究的核心问题之一，其与生态系统过程和功能密切相关。与同一营养级两物种之间直接的相互关系相比，不同营养级物种间间接的相互关系更为复杂，次级消费者（捕食者）通过捕食初级消费者（猎物），改变了初级消费者的种群结构、大小及行为特征，进而影响了猎物对生产者的消耗，这种捕食者-猎物-生产者之间的关系就是生态学中著名的级联效应（cascade effect）。级联效应可以通过营养和非营养两条路径实现。更为重要的是，植物的生长依赖于碎屑（土壤）的理化状况，而碎屑系统中的分解者及捕食者的级联效应在一定程度上决定了土壤的理化性质，因此，明确碎屑食物网的级联效应对于理解地上-地下相互关系具有非常重要的理论和现实意义。

2．营养级联效应的研究历史　营养级联最早发现于水体生态系统，主要原因：首先水体生态系统的生物多样性相对较低，捕食者和猎物之间的相互作用较强；其次水体具有流动性和均一性等优点。随着研究的深入开展，人们发现陆地生态系统中也存在较强的营养级联。

营养级联在陆地生态系统中通常都是比较弱的，意味着捕食者生物量的变化对植物生物量的变化的间接影响很小。但最近的研究也表明，高度变异的物种多样性很大程度上受顶级捕食者丧失的影响。关于陆地系统营养级联效应的最直接的证据来自黄石国家公园。这里的灰狼在 20 世纪 20 年代起消失了 70 年，直到 1995 年又被重新引入。狼、麋鹿，以及木本植物物种山杨、叶杨和柳的三个营养级的营养级联关系又重新建立起来。其中的机制可能包括狼对麋鹿的实际捕食减少了麋鹿的数量，同时也改变了麋鹿的觅食行为，导致植物的存活和补充率显著增加。

营养级联效应不仅存在于活体的动植物之间，在碎屑系统中，分解者食物网中也存在着营养级联效应。分解者群落中的捕食者通过下行作用影响植物生长，表现出“灰色世界”作用。例如，捕食性甲虫通过对牛粪中粪食性甲虫的捕食者-猎物关系减少了粪食性甲虫的数量，从而降低了牛粪的分解速率和牛粪周围植物生产力，影响了牛粪分解，养分循环，并最终影响了植物的生长。在土壤食物网中，根密度的增加引起了食草动物密度的增加，而食草动物的增加又促进了捕食者密度的增加。消费者和它们的资源之间的数量和生物量之间的相互关系给土壤食物网中的营养级联效应提供了证据。

3．营养级联效应的本质　营养级联效应本质上是一种通过捕食者和猎物的密度、行为和特征等来改变生态系统功能的间接相互作用，即捕食者作用于中间消费者，最终反映于生产者的变化。

食物网作为组成和构建群落的高度变化的生态组成部分，被定义为捕食者和它们猎物之间的关系。几乎所有生态学理论都认为捕食者-猎物之间的相互作用是由捕食消耗构成的，即捕食者捕获并吃掉它们的猎物。这一相互作用减少了猎物密度而促进了捕食者繁殖。这样通过消耗引起的密度相互作用成为大量实验和理论研究的主题，构成了我们对种间作用和群落动态理解的基础。

4．营养级联效应的作用机制　营养级联效应是一种密度、行为和属性调节的间接的相互作用。在牧食食物网中，肉食类动物通过对食草动物的捕食，直接减少了食草动物的数量，降低了食草动物种群的密度，从而间接地增加了植物生产力，这就是所谓的密度介导的间接相互作用。另外，肉食类动物的捕食行为还可以对食草动物形成的恐吓作用，使得食草动物的行为发生改变，从而也能影响植物生产力，形成特征介导的间接相互作用。因此，营养级联效应的作用机制就是密度调控和特征调控。在三级食物链，即捕食者-草食者-植物中，捕食者通过直接捕食食草动物而降低其密度，从而减轻食草动物对植物的压力，这种效应就是捕食者的密度调控机制。相对地，捕食者不会直接对食草动物进行掠食，或是捕食者对食草动物所产生的捕食压力大小不足以使食草动物强烈地感受到，那么，食草动物此时就会产生在大小、活动、形态和行为上的改变以规避这种被捕食压力，仍减轻食草动物对植物的压力，这种现象被称为捕食者的特征调控机制。传统的群落生态学观点认为，在一个食物网中，两个物种之间最基础最直接的关系就是“消费者-食物资源”关系，但物种间又会通过食物链而产生间接作用，而这种间接作用就是由于涉及的物种密度变化产生，即密度调控的间接作用。那么，无论是关键捕食者效应，营养级联效应还是非对称竞争均可看作由于食物网内物种的密度变化衍生而来的。越来越多的理论或实验研究表明，密度介导和特征介导是营养级联效应的两个重要原因，且在多数情况下特征介导的作用要高于密度介导。任何猎物在其一生中无时无刻不面临着捕食者的压力，捕食者对猎物特征的影响涉及猎物整个种群的变化，是长期和具有遗传性的，因此，这种效果比起猎物仅仅在数量上的变化影响更深远。

5. 碎屑食物网中的营养级联效应及其重要性 分解者食物网在植物营养物质供应当中发挥着主要作用。虽然大部分营养物质的矿化作用是由土壤食物网基础的消费者营养级（细菌和真菌）直接控制的，但它们的活动很大程度上受高营养级土壤动物的影响，所以这些动物的摄食活动对于土壤营养物的供应有重要的间接作用。

Laakso 和 Setala 通过设置多种不同的分解者食物网结构的微宇宙生态系统实验，确定功能组之间和功能组内组分对生态系统属性的影响。结果发现，相对于没有土壤动物群的处理，加入了食碎屑者和捕食者等土壤动物的处理促进了植物的生长。食真菌者和微食碎屑者间接地促进了植物可利用营养物的释放，减少了幼苗的养分限制并且有利于地上组织的生产。这种间接的促进作用可能具有重要的反馈效应，因为土壤动物的活动增强了植物的光合能力，从长远来看，这很可能导致对土壤食物网更大的碳源输入。

三、土壤生态系统的能流模型

美国生态学家 E. P. Odum 曾把生态系统的能量流动概括为一个普适的模型。该能流模型是以一个个隔室表示各个营养级和贮存库，并用能流通道把这些隔室按能流的路线连接起来。自外向内有两个能量输入通道，即日光能输入通道和现成有机物质输入通道。这两个能量输入通道依具体的生态系统而有所不同，如果日光能的输入量大于有机物质的输入量则大体属于自养生态系统；反之，如果现成有机物质的输入构成该生态系统能量来源的主流，则被认为是异养生态系统。自内向外有三个能量输出通道，即在光合作用中没有被固定的日光能、生态系统中生物的呼吸以及现成有机物质的流失。

根据以上能流模型，生态学家在研究某一生态系统时就可以根据建模的需要着手收集资料，最后建立一个适于这个生态系统的具体能流模型。应当说，这件工作远不像说起来那么容易，有些工作是十分困难的，因为自然生态系统中的可变因素很多，所以至今被生态学家建立起能流模型的生态系统还是寥寥无几。

但是，有些生态学家却绕过了这种困难，他们在实验室内用电子计算机对各种生态系统进行模拟。在实验室内可局限于对某些重要变量进行分析，至少这些变量是可以控制和调节的。实践表明，两种研究方法都能得出几点重要的一般性结论。例如，英国生态学家 Slobodkin 认为能量从一个营养级传递到另一个营养级的转化效率大约是 10%。总结迄今为止所进行的各种研究表明：在生态系统能流过程中，能量从一个营养级到另一个营养级的转化效率大致是 5%～

30%。平均来说，从植物到植食土壤微生物的转化效率大约是 10%，从植食土壤微生物到捕食性土壤微生物的转化效率大约是 15%。

课 后 习 题

1．名词解释

土壤生态系统；土壤食物网；物质循环；矿化过程；硝化作用。

2．简答题

（1）土壤生态系统的性质有哪些？

（2）土壤生态系统的功能类型有哪些？

（3）土壤食物网的功能群有哪些？

（4）能量在食物网中流动的特点有哪些？

（5）土壤中物质循环的特点有哪些？

（6）影响分解过程的因素有哪些？

3．论述题

（1）试论述土壤生态系统的地位。

（2）简述土壤级联效应的本质、作用机制及重要性。

本章主要参考文献

陈灵芝，黄建辉，严昌荣．1997．中国森林生态系统养分循环．北京：气象出版社

崔车振．1992．长白山针阔混交林土壤原生动物群落生态研究 森林生态系统研究 第六卷．北京：科学出版社

胡宏祥，谷思玉．2020．土壤学．北京：科学出版社

胡宏祥，邹长明．2013．环境土壤学．合肥：合肥工业大学出版社

柯夫达．1983．土壤学原理．陆宝树，译．北京：科学出版社

李博．2000．生态学．北京：高等教育出版社

蔺海明．1986．西北地区旱农生态系统问题及其改善途径．生态学杂志，5（3）：37-40

刘新展，贺纪正，张丽梅．2009．水稻土中硫酸盐还原微生物研究进展．生态学报，29（8）：4455-4463

秦祖平．1989．太湖地区两熟制水稻中营养元素循环．生态学报，8（1）：21-27

沈善敏．1998．中国土壤与肥力．北京：中国农业出版社

孙颔等．1994．中国农业自然资源．南京：江苏科技出版社

田大伦．2008．高级生态学．北京：科学出版社

徐琪等．1998．中国稻田生态系统．北京：中国农业出版社

杨林章，徐琪．2005．土壤生态系统．北京：科学出版社

张小川．1990．草原土壤生态系统土壤植被组合中氮、磷、钾、钙和镁的循环．生态学报，27（2）：140-150

Duvigneaud P. 1987．生态学概论．北京：科学出版社

Bai Z, Bodé S, Huygens D, et al. 2013. Kinetics of amino sugar formation from organic residues of different quality. Soil Biology and Biochemistry, 57: 814-821

Bardgett R D, Griffiths B S. 1997. Ecology and biology of soil protozoa, nematodes and microarthropods//van Elsas J, Trevors J, Wellington EW. Modern Soil Microbiology. New York: Marcel Dekker

Killham K. 1994. Soil Ecology. Cambridge: Cambridge University Press

Kuzyakov Y, Larionova A A. 2005. Root and rhizomicrobial respiration: a review of approaches to estimate respiration by autotrophic and heterotrophic organisms in soil. Journal of Plant Nutrition and Soil Science, 168(4): 503-520

Lavelle S. 2001. Soil Ecology. New York: Kluwer Academic Publishers

Lavelle P, Bignell D, Lepage M, et al. 1997. Soil function in a changing world: the role of invertebrate ecosystem engineers. European Journal of Soil Biology, 33: 159-193

Nadelhoffer K J, Aber J D, Melillo J M. 1985. Fine roots, net primary production, and soil nitrogen availability: a new hypothesis. Ecology, 66(4): 1377-1390

Park C C. 1980. Ecology and Environmental Management: A Geographical Perspective. Boulder: Dawson Westview Press

Paul E A, Clark F E. 1989. Soil Microbiology and Biochemistry. New York: Academic Press Inc

Rao S. 1999. Soil Microbiology. Beijing: Science Publishers, Inc.

Richardson A E, Barea J M, McNeill A M, et al. 2009. Acquisition of phosphorus and nitrogen in the rhizosphere and plant growth promotion by microorganisms. Plant and Soil, 321(1): 305-339.

Tveit A, Schwacke R, Svenning M M, et al. 2013. Organic carbon transformations in high-Arctic peat soils: key functions and microorganisms. The ISME Journal, 7(2): 299-311

Weber K A, Picardal F W, Roden E E. 2001. Microbially catalyzed nitrate-dependent oxidation of biogenic solid-phase Fe (Ⅱ) compounds. Environmental Science & Technology, 35(8): 1644-1650

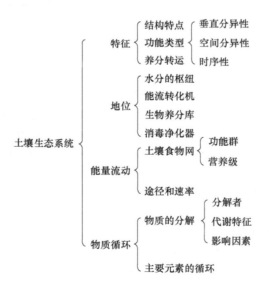

本章思维导图

- 土壤生态系统
  - 特征
    - 结构特点
    - 功能类型
      - 垂直分异性
      - 空间分异性
      - 时序性
    - 养分转运
  - 地位
    - 水分的枢纽
    - 能流转化机
    - 生物养分库
    - 消毒净化器
  - 能量流动
    - 土壤食物网
      - 功能群
      - 营养级
    - 途径和速率
  - 物质循环
    - 物质的分解
      - 分解者
      - 代谢特征
      - 影响因素
    - 主要元素的循环

第七章　土壤生态系统的退化、恢复与重建

本章提要

土壤生态系统功能受人类活动和自然因素的干扰，出现土壤生态系统退化，包括生物和非生物退化，其中非生物退化又包括物理性质恶化（土壤压实、密闭和结壳、淹育化与潜育化、地下水位降低和有机土沉降等）、化学性质恶化（营养元素与有机质损失、盐化、酸化、污染、酸性硫酸盐土壤和富营养化等），最终影响土壤生产力状态或健康状况。因此，了解土壤生态系统退化的类型、成因机理及现状，对分析土壤生态系统功能，保持和恢复破坏土壤生态系统功能都具有重要意义。本章将重点介绍土壤生态系统退化的概念、类型、成因及我国土壤生态系统退化的现状和土壤生态系统功能恢复与重建的措施。

第一节　土壤生态系统的退化

一、土壤生态系统退化的概念

（一）土壤退化

土壤退化实质上是生态系统内土壤系统的退化过程。在各种自然和人为因素影响下，所发生的导致土壤生产能力或土地利用和环境调控潜力，即土壤质量及其可持续性下降（包括暂时性的和永久性的）甚至完全丧失其物理的、化学的和生物学特征的过程，包括过去、现在和将来的退化过程，是土壤退化的核心部分。土壤退化的中心问题是土壤质量下降。实际上，土壤退化是一个动态的过程，是由“优”变“劣”的过程，是一个相对的概念，是指定区域内相对于未受人类不良活动干扰或未受恶劣的自然环境胁迫的土壤系统，其结构破坏，调节功能下降，土壤生产力降低，土壤物理结构、化学组成和生物特性的退化过程。土壤退化不仅导致土壤质量下降和生产力下降等农林生产问题，还造成如河流与湖泊淤积、土壤有机碳储量降低、特殊生境消失及生物多样性减少等其他环境与生态问题，对人类的生存与可持续发展形成极大威胁。土壤退化并不是简单的土壤物理、化学和生物学特性的退化问题，而是与植被、气候、地质等因素密切相关的生态学问题。

土地退化是指人类的不合理开发利用而导致土地质量下降乃至荒芜的过程。例如，森林破坏、草地退化、水资源恶化及土壤退化等。土壤退化是土地退化的集中表现，是最基础、最重要且具有生态环境连锁效应的退化现象。

（二）土壤生态系统退化

土壤生态系统退化是指由于人类活动干扰及恶劣的自然环境条件作用或二者共同作用下造成的土壤生态系统结构破坏，调节功能衰退，土壤生物多样性减少，土壤生产力下降及土壤荒漠化、干旱化、板结化、酸化、盐碱化、养分亏缺与失衡等一系列土壤生态环境恶化的过程和现象。土壤生态系统退化实质上是土壤生态系统遭受破坏或各亚系统之间不协调发展的产物。任一亚系统的破坏均可能导致土壤生态系统的退化，只有当土壤、生物、环境三者协调发展时，

才可能建立良性循环的土壤生态系统。无疑，土壤退化和植被破坏若超过土壤生态系统的生态阈限，必然导致土壤生态系统退化。例如，严重的土壤污染及干旱区的植被破坏必然引起土壤生态系统的崩溃。同样，土壤生态系统退化也必然伴随着土壤退化和生物系统退化。但是，轻度的土壤退化若在生物系统的调节范围内，则不一定导致土壤生态系统退化。土壤生态系统退化与土壤退化是两个密切相关但又不同的概念，土壤生态系统退化概念是将生物、土壤和环境退化紧密联系在一起的土壤生态学术语。从生态学角度来看，生态系统的退化现象特别严重，成为生态领域的焦点问题。生态系统退化的最为重要的原因是土壤系统及其相关过程的退化。

二、土壤生态系统退化的类型、成因和现状

（一）土壤退化及土壤生态系统退化分类

1．土壤退化分类　由于缺乏严格的分类标准，不同地区间土壤退化也呈现较大的差异，土壤退化出现了不同的分类体系。

1971 年，联合国粮食及农业组织《土壤退化》一书提到土壤退化分为 10 类：侵蚀、土壤盐碱、有机废料、传染性生物、工业无机废料、农药、放射性、重金属、肥料和洗涤剂。后来又补充了旱涝障碍、土壤养分亏缺和耕地非农业占用三类。

中国科学院南京土壤研究所借鉴了国外的分类，结合中国的实际，采用了二级分类。我国将土壤退化分为土壤侵蚀、土壤沙化、土壤盐化、土壤污染、土壤性质恶化、耕地的非农业占用等 6 类一级分类。在这 6 级基础上进一步进行了二级分类（表 7-1）。

表 7-1　我国土壤（地）退化一、二级分类

等级	类型	等级	类型
A	土壤侵蚀	D3	有机废物（工业及生物废弃物中生物易降解有机毒物）污染
A1	风蚀	D4	化学肥料污染
A2	冻融侵蚀	D5	污泥、矿渣和粉煤灰污染
A3	重力侵蚀	D6	放射性物质污染
B	土壤沙化	D7	寄生虫、病原菌和病毒污染
B1	悬移风蚀	E	土壤性质恶化
B2	推移风蚀	E1	土壤板结
C	土壤盐化	E2	土壤潜育化和次生潜育化
C1	盐渍化和次生盐渍化	E3	土壤酸化
C2	碱化	E4	土壤养分亏缺
D	土壤污染	F	耕地的非农业占用
D1	无机物（包括重金属和盐碱类）污染		
D2	农药污染		

1991 年，国际土壤信息参比中心（ISRIC）在联合国粮食及农业组织和联合国环境规划署的支持下，对全球范围内人为因素诱导的土壤退化现状进行了评估。通过评估工作对全球的土壤退化进行了分类。在这个分类系统中，所有的土壤退化形式被分为 5 个大类型：土壤水蚀（包括表土剥蚀、地体变形/块体运动、非原位影响、水库淤积、洪水泛滥、珊瑚礁与藻类破坏）；风蚀（包括表土剥蚀、地体变形、沙尘）；化学性质恶化（包括营养元素与有机质损失、盐化、酸化、污染、酸性硫酸盐土壤、富营养化）；物理性质恶化（包括压实和密闭与

结壳、淹育化与潜育化、地下水位降低、有机土沉降、采矿和城市化及其他活动导致的土壤物理退化）；土壤生物活动退化。

2. 土壤生态系统退化分类　按照土壤退化的性质可分为土壤生物退化、土壤物理退化、土壤化学退化三种形式。土壤生物退化主要是指土壤微生物多样性减少、有害生物增加、生物过程紊乱等。不同于土壤生物污染是由于人为地引入外来物种或基因，土壤生物退化主要是由于不科学的农业耕作措施，如单一的耕作制度、过度依赖化学肥料、大量施用农药等，导致土壤生物数量减少，群落结构改变，有害生物数量增加，而有益生物数量减少。土壤物理退化主要有土层变薄、土壤沙化或砾石化、土壤板结紧实等，前三者主要是由于土壤侵蚀引起的，而土壤板结紧实主要是耕作栽培措施不当所致，或者是随着农业机械化的作业导致土壤压板也越来越严重。土壤化学退化主要包括土壤有效养分含量降低、养分不平衡、可溶性盐分含量过高、土壤酸化碱化等。如果实行长期单一的耕作种植制度，不仅仅过度消耗某些养分，造成土壤养分不平衡，而且造成有害、有毒的物质增加，直接影响作物的生长。

（1）土传病害　土传病害是指病原体如真菌、细菌、线虫和病毒随病残体生活在土壤中，条件适宜时从作物根部或茎部侵害作物而引起的病害。其中，侵染病原以真菌为主，分为非专性寄生与专性寄生两类。非专性寄生是外生的根侵染真菌，如腐霉菌（*Pythium* spp.）引起苗腐和猝倒病、丝核菌引起苗立枯病。专性寄生是植物维管束病原真菌，典型的如尖孢镰刀菌（*Fusarium oxysporum*）、黄萎轮枝孢（*Verticillium alboatrum*）等引起的萎蔫、枯死。根病的严重程度受根端分泌物成分和浓度的左右。因此，抑制根围系统病原物的活动就成为保护根系并进行土传病害防治的基础。但必须重视和考虑土壤理化因素对植物、土壤微生物和根部病原物三者之间相互关系的制约作用。

（2）土壤侵蚀　侵蚀是土壤及其母质在水力、风力、冻融、重力等外营力作用下，被破坏、剥蚀、搬运和沉积的过程。简单地说，侵蚀是土壤物质从一个地方移动至另外一个地方的过程。水力或风力所造成的土壤侵蚀也相应地简称为水蚀或风蚀。土壤侵蚀导致土层变薄、土壤退化、土地破碎，破坏生态平衡，并引起泥沙沉积、淹没农田、淤塞河湖水库，对农牧业生产、水利、电力和航运事业产生危害。土壤水蚀还会输出大量养分元素，污染下游水体。侵蚀对全球碳的生物地球化学循环也产生影响。土壤侵蚀退化是对人类赖以生存的土壤、土地和水资源的严重威胁。侵蚀是一个自然过程，所以实际上它几乎无所不在，但这里要论述的主要还是针对人为活动所导致的加速侵蚀现象及其影响。土壤水蚀是各种侵蚀类型中最具有代表性的一种。

（3）土壤板结　土壤板结是指土壤表层在降雨或灌溉等外因作用下结构破坏、土粒分散，而干燥后受内聚力作用的现象。土壤的团粒结构是土壤肥力的重要指标，土壤团粒结构的破坏致使土壤保水、保肥能力及通透性降低，造成土壤板结。有机质的含量是土壤肥力和团粒结构的一个重要指标，有机质含量的降低致使土壤板结。土壤有机质是土壤团粒结构的重要组成部分。土壤有机质的分解是由微生物的活动来实现的。例如，土壤中施入过量氮肥，微生物的氮素供应增加1份，相应消耗的碳素就增加25份，所消耗的碳素来源于土壤有机质，有机质含量低，影响微生物的活性，从而影响土壤团粒结构的形成，导致土壤板结。

（4）土壤盐渍化　土壤盐渍化包括盐化和碱化。土壤盐化是指可溶盐类在土壤中的积累，特别是在土壤表层积累的过程；碱化则是指土壤胶体被钠离子饱和的过程，也常称为钠质化过程。水溶性盐分在土壤中的积累是影响盐渍土形成过程和性质的一个决定性因子。不同组成盐分所形成的盐渍土在特性上也有区别。在土壤盐度达到一定阈值以后，土壤性质产生变化，这种变化对土壤的生产能力和环境功能都是有害的，它包含支持生物生长能力和生物多样性下降等。土壤的盐化和碱化是全球农业生产和土壤资源可持续利用中存在的严重问题。灌溉地区的土壤次生盐渍化和碱化引起的土壤退化则更加突出。据估计，世界上现有灌溉土壤中有一半遭受次生盐化和碱化的威胁。由于灌溉不当，每年有 $10\times10^6hm^2$ 灌溉土壤因为次生盐渍化和碱化而被抛弃。盐渍化是土壤化学退化的一种主要类型，其环境影响也如土壤化学污染那样非常重要。

（5）*土壤污染*　土壤污染是对人类及动植物有害的化学物质经人类活动进入土壤，其积累数量和速度超过土壤净化速度的现象。土壤污染所导致的土壤退化在近些年越来越严重，也日益受到人们关注。

（二）土壤生态系统退化的成因机理

土壤生态系统退化虽然是一个非常复杂的问题，但是其是自然因素和人类活动共同作用的结果。

1. 自然因素　包括破坏性自然灾害和异常的成土因素（如气候、母质、地形等），它是引起土壤自然退化过程（侵蚀、沙化、盐化、酸化等）的基础原因。

（1）*地形、地貌因素*　地表支离破碎、高低不平，加重水土流失和土壤生产力下降。地形是影响水土流失的重要因素，而坡度的大小、坡长、坡形等都对水土流失有影响，其中坡度的影响最大，因为坡度是决定径流冲刷能力的主要因素。坡耕地致使土壤暴露与流水冲刷是土壤流失的推动因子。一般情况下，坡度越大，地表径流流速越大，水土流失也越严重。我国山地多，地形起伏大，为土壤重力侵蚀、山体滑坡、泥石流等土壤灾害形成提供了条件。山地丘陵和黄土地区地形起伏，黄土或松散的风化壳在缺乏植被保护情况下极易发生侵蚀。

（2）*气候因素*　雨热同期或降雨集中，或风力强劲，则加重风化与侵蚀，也加重土壤物质的淋失和土壤质量、生产力下降。气候因素特别是季风气候与土壤侵蚀密切相关。季风气候的特点是降雨量大而集中，多暴雨，因此加剧了土壤侵蚀。受季风气候的影响，我国东部大部分地区降雨集中，且多暴雨，是影响土壤侵蚀的重要因素。

（3）*植被条件*　植被稀少，容易造成土地退化。植被是防治土壤侵蚀、沙化和污染最积极的因素。随着植被覆盖率的降低，森林的水土保持能力及防风固沙能力减弱，导致水土流失日益增加。

（4）*成土母质与地表物质组成*　不同的岩石具有不同的矿物组成和结构构造，不同矿物的溶解性差异很大。节理、层理和孔隙的分布及矿物的粒度，又决定了岩石的易碎性和表面积、风化速率的差异。此外，土壤或碎屑物疏松加重土壤剥蚀和土地退化。土壤是侵蚀作用的主要对象，因为土壤本身的透水性、抗蚀性和抗冲性等特性对土壤侵蚀也会产生很大的影响。土壤的透水性与质地、结构、孔隙有关，一般质地砂、结构疏松的土壤易产生侵蚀。第四纪沉积物在我国覆盖面积广，且其具有较大的移动性，风力作用活跃，土壤沙化严重，易遭受土壤侵蚀。

2. 人类活动　人类活动包括农业活动（过垦、过牧、过伐、乱垦、超载、污染等）和工业与城市化活动（占地、采矿和三废污染等）。

知识拓展 7-1

人与自然相互作用的不和谐，即人为因素是加速土壤生态系统退化的根本原因。人类不合理生产方式、污染、破坏、建设征用等，不仅加速了土壤生态系统退化的进程，也影响着土壤生态系统退化的深度和广度，使退化类型区域复杂化。

（三）土壤生态系统退化的现状及危害

1. 全球土壤生态系统退化概况　就地区分布来看，地处热带亚热带地区的亚洲、非洲土壤退化尤为突出；就土壤退化类型来看，土壤侵蚀退化占总退化面积的 84%，是造成土壤退化的最主要原因之一；就退化等级来看，土壤退化以中度、严重和极严重退化为主，轻度退化仅占总退化面积的38%。

土壤退化是一种普遍的系统现象，这一现象以多种形式发生在地球陆地的所有地区。减少土地退化和恢复退化土地是保护生物多样性和生态系统、服务及确保人类福祉的紧急优先事项。目前地球表面不到1/4的区域没有受到人类活动的重大影响。到2050年，估计这一比例将下降到不足10%，这些区域主要集中在不适合人类使用或居住的沙漠、山区、苔原和极地地区。湿地退化特别严重，过去300年来全球有87%的湿地损失，自1900年以来全球有54%的湿地损失。

2. 我国土壤生态系统退化状况　我国是受土壤退化影响最为严重的国家之一，我国土壤退化呈现面积广、强度大、类型多的特点。据国际应用系统分析研究所《南亚及东南亚地区人为诱导因素的土壤退化现状评估》的有关数据，估计我国的土壤退化总面积为4.65亿hm^2，其中大部分属于轻微退化和轻度退化，面积为3.07亿hm^2，占总退化面积的66%。这些退化表现为生物退化和非生物退化（物理和化学）。因此，认识土壤生态系统退化和发展规律，寻求在不同尺度、不同程度上防治土壤生态系统退化、修复与重建退化土壤，是保持农、林、牧业及国民经济可持续发展的重要土壤学理论和实践课题。

我国因水土流失、盐渍化、沼泽化、土壤肥力衰减和土壤污染及酸化等造成的土壤生态系统退化总面积约为4.6亿hm^2，占全国土地总面积的40%。

首先，我国水土流失状况相当严重，在部分地区有进一步加重的趋势。据统计资料，我国水土流失面积已达356万km^2，占国土总面积的37.08%。在过去的30年中，其土壤侵蚀面积以平均每年1.2%～2.5%的速率增加，水土流失形势不容乐观。

其次，从土壤肥力状况来看，我国耕地的有机质含量一般较低，水田土壤含量大多在1%～3%，而旱地土壤有机质含量较水田低，<1%的就占31.2%；我国大部分耕地土壤全氮都在0.2%以下，其中山东、河北、河南、山西、新疆等5省（自治区）严重缺氮面积占其耕地总面积的一半以上；缺磷土壤面积为67.3万km^2，其中有20多个省（自治区、直辖市）有一半以上耕地严重缺磷；缺钾土壤面积比例较小，约有18.5万km^2。但在南方缺钾较为普遍，其中海南、广东、广西、江西等省（自治区）有75%以上的耕地缺钾，而且近年来，全国各地农田养分平衡中，钾素均亏缺，因而，无论在南方还是北方，农田土壤速效钾含量均有普遍下降的趋势，缺乏中量元素的耕地占63.3%。对全国土壤综合肥力状况的评价尚未见报道，就东部红壤丘陵区而言，选择土壤有机质、全氮、全磷、速效磷、全钾、速效钾、pH、阳离子交换量（CEC）、物理性黏粒含量、粉/黏、表层土壤厚度11项土壤肥力指标进行土壤肥力综合评价的结果表明，其大部分土壤均有不同程度的肥力退化，处于中、下等水平，高、中、低肥力等级的土壤的面积分别占该区总面积的25.9%、40.8%和33.3%，在广东丘陵山区、广西百色地区、江西吉泰盆地及福建南部等地区肥力退化已十分严重。

此外，其他形式的土壤退化也十分严重。以南方红壤区为例，约20万km^2的土壤由于酸化问题而影响其生产潜力的发挥；全国受污染的耕地导致土壤生态系统退化的土地约有10万km^2，污水灌溉污染耕地面积约为2.2万km^2，固体废弃物堆存占地和毁田面积约为1300km^2，合计约占耕地总面积的1/10以上，其中多数集中在经济较发达的地区。

3. 土壤生态系统退化危害

（1）土壤生态系统退化对土壤质量和数量的影响　土壤生态系统退化的一个重要方面就是指土壤功能下降的生物、物理和化学过程。土壤生产力会随着土壤生态系统退化的发生、发展而不断降低。例如，在土壤侵蚀中，每损失1mm的表土，土壤有机质含量减少1/2，降低谷物产量约为10kg/hm^2，玉米产量减少1/4。侵蚀、盐渍化、污染及土壤板结等问题，可引起土壤生物、物理和化学过程的减弱，导致土壤生产力下降，甚至导致土壤生产力的完全丧失，人类可利用的土壤资源数量不断减少。

（2）土壤生态系统退化对生态环境的危害　土壤生态系统退化已经成为限制农业生产力发展，威胁人类生存的全球性重大生态环境问题。

1）对土壤生物的危害：土壤生物是生物圈的核心部分，是人类赖以生存的重要物质基础。土壤生物结构、多样性和活性在土壤生态系统中发挥着重要的作用。由于土壤污染、退化严重地破坏大自然原有的生物状态，最终也将威胁到人类自身的生存和发展。

2）对土壤-植物生态系统的危害：土壤是自然环境的重要组成之一，随着土壤侵蚀的发展，土壤生态也发生相应变化，如土壤层变薄、肥力降低、含水量减少、热量状况恶劣等，使土壤失去生长植物和保蓄水分的能力，从而影响调节气候、水分和物质循环等功能。

3）诱发或加剧自然灾害：自然灾害是指自然界中某些可以给人类社会造成危害和损失的具有破坏性的现象。自然灾害按发生机理可以分为气象灾害、地质地理灾害、生物灾害等。气象灾害主要包括：洪涝、干旱、台风、暴雨和冰雹等；地质地理灾害包括地震、滑坡、泥石流和崩塌等；生物灾害包括植物病虫害等。

（3）土壤生态系统退化对国民经济的危害　土壤生态系统退化会直接或间接地危害农业、水利、交通和城建等国民经济各部分，造成巨大的经济损失。

1）对农业的危害：第一，各种类型的土壤退化都会导致农业减产。其中由于土壤肥力退化而造成的产量下降在广大农牧区具有普遍性；土壤物理紧实与硬化、土壤动物区系的退化等也都会造成减产。第二，农业生产条件恶化，生产成本增加。水土流失造成农业灌溉系统的淤积，导致农业抵御洪涝、干旱灾害的能力降低。第三，土壤生态系统退化已经使得部分地区陷入贫困化。土壤生态系统退化导致农业生产能力下降，农民经济收入低下，陷入贫困化。

2）对水利、交通和城镇设施的危害：第一，水利设施极易受到侵蚀泥沙的破坏。在中国，侵蚀泥沙对水库的破坏程度是世界罕见的。第二，在中国，侵蚀泥沙对河道和航运的危害问题在世界上也是非常突出的。第三，交通运输、城镇设施会受到侵蚀的干扰和破坏。

三、土壤生态系统退化的评价指标

知识拓展 7-2

土壤生态系统退化评价理论包括土壤退化性质、退化程度、总体退化状态、危险度及相对应的指标体系等多方面，而理论的核心体现在退化程度和状态的评价上。从退化性质来看，土壤退化可分为三大类，即生物退化、物理退化和化学退化；从退化程度来看，土壤退化可分为轻度、中度、强度和极强度四类；从土壤退化的表现形式上来看，分为显型退化和隐型退化两大类型，前者是指退化过程可导致明显的退化效果，后者是指有些退化过程虽然已经开始或已经进行较长时间，但尚未导致明显的退化结果。在土壤生态系统退化评价指标体系上，可根据 4 个范畴划分退化指标，即土壤退化阶段的判断、土壤退化发生的判断、土壤退化程度的判断和土壤退化趋势的判断。

（一）土壤生态系统退化的评价标准

当前国内外都没有统一的土壤生态系统退化评价标准，其评价指标存在许多不确定性和复杂性。国内外对土壤退化评价指标的研究往往偏重单项指标及单个过程的研究，对土壤退化综合评价指标体系的研究基本处于空白。由于缺乏统一指标，因此就不能对土壤退化程度进行定量描述，这些问题严重影响了对土壤退化的认识及其防治的科学决策，因而也是国际土壤退化研究的热点和前沿。

1．生物作用下土壤生态系统退化的评价标准　目前对土壤退化的评价指标主要是土壤养分、土壤物理性质等方面，对生物学方面的评价指标研究较少。由于对土壤退化的评价是一个综合性很强的系统，不能“就土论土”，而必须从土壤生态学的角度进行探讨。

（1）植物群落生物量与生物多样性指标　植物群落生物量是植物系统与光、热、水、气、肥等环境和土壤因子相互作用的产物。光照强度越大，日照时数越长，水热条件越优越，土壤肥力越高，植物群落生物量越高。一定区域内的光热条件取决于自然地理条件，在一定范围内的变化较小，且不可控制，因而土壤肥力和水分条件就成为植物群落生物量的决定因素。同时，植物群落层片结构的破坏和群落组成的简单化也会导致生物量和生物多样性降低。有研究表明，植物群落的生物多样性与土壤有效氮、磷、钾含量和土壤酶活性之间存在显著或极显著正相关关系。从常绿阔叶林→针叶林→灌丛→裸地的退化过程中，随着地面覆盖度下降，水土流失加剧，土层变薄，土壤沙化，结构性变差，土壤有机质和全氮等养分迅速下降。可见，随着群落生物量降低，生物多样性下降，土壤生态系统退化加剧。目前，有研究人员以生物产量（Y）作为土壤生态位的表征变量，以综合肥力因子（ΣJ）作为指标方程的自变量，用 E 代表降雨功能，用 $Y=f(\Sigma J)+E$ 作为红壤退化的综合定量指标体系来评价土壤生态系统退化及其恢复重建程度，取得了良好的效果。实际上，这种评价方法与用植物群落生物量作为评价土壤退化及其恢复与重建的指标有相似之处，对于深入了解土壤生态系统退化及其恢复与重建具有重要意义。可见，植物群落生物量和生物多样性可作为衡量一定区域内生物系统与土壤系统和环境系统之间互相作用程度的指标，即土壤生态系统退化过程及其恢复与重建的生物学指标。

（2）土壤动物数量及生物多样性指标　土壤动物区系与许多土壤生态过程有关，影响着植物生长及土壤的环境质量。有研究表明土壤生物数量及其物种多样性与土壤有机质、土壤结构等理化性质和植被类型有密切相关。生物多样性与土壤生态系统功能有密切的关系，其生物活性与土壤的矿物质和颗粒组成相关。由于土壤生态系统退化，土壤动物的栖息生境遭受破坏，因而土壤生物区系的种类组成和数量发生改变。这种改变一般是随着土壤生态系统的退化而降低的。因此，Gupta 等（1997）认为，土壤动物的丰富性、多样性和活性可用作土壤质量评价的生物指标。

（3）土壤微生物数量及生物多样性指标　土壤微生物群落包括细菌、放线菌、真菌和藻类，其结构和功能的变化与土壤有机质含量密切相关。用微生物群落作为特殊土壤的特殊评价，尤其是用于扰动土壤的评价具有重要意义。科学家对金沙江干热河谷退化土壤生态系统的初步研究表明，随着土壤生态系统退化程度的加剧，燥红土和变性土上的微生物数量迅速减少。另外，土壤微生物生物量和活性也可作为土壤生态系统退化的重要生物学指标。

（4）土壤酶活性指标　土壤酶的专一性和综合性使其有可能成为有潜力的土壤生物指标。土壤酶活性与土壤黏粒含量、土壤水分特征、土壤有机质含量、土壤微生物数量及土壤养分含量等密切相关，因而可作为土壤质量的肥力评价指标，但有研究表明，并不是所有的土壤酶活性均可作为各类退化土壤生态系统的土壤生物指标。土壤过氧化氢酶、转化酶、脲酶和碱性磷酸酶活性能反映燥红土生态系统的退化程度，而土壤过氧化氢酶、转化酶、脲酶、多酚氧化酶及酸性、中性和碱性磷酸酶活性均能体现变性土生态系统的退化趋势。可见，用土壤酶活性作为土壤生态系统退化的指标是切实可行的，但对不同土壤类型，其评价指标有所不同。

此外，土壤物理结构、土壤有机质含量、土壤养分特征等是经常用到的土壤退化指标。但无论如何，对于不同土壤生态系统健康的评价指标体系的确定应根据特定气候带的生态承载力而定，在指标体系的选择和权重方面需要根据具体的立地条件来确定。

2．物理作用下土壤生态系统退化的评价标准　物理作用下的土壤生态系统退化，主要表现在土壤物理性质的变化，如使用沉重的农业机械、草场上牲畜的过度践踏造成土壤板结，以及内陆河流域水资源利用不当和地下水过度开采造成土壤水分减少而导致的干旱化等。物理退化土壤评价指标包括：退化后土壤容重增加、干旱化、土地和矿产资源开发造成的土地损毁、过度放牧和管理不当造成的草地退化，见表 7-2。

表 7-2　物理退化土壤评价标准（引自胡宏祥和谷思玉，2020）

评价因子		退化程度			
		轻度	中度	强度	极强度
退化后土壤容重增加/%	＜1.00g/cm^3	＜5.0	5.0～10.0	10.0～15.0	＞15.0
	1.00～1.25g/cm^3	＜2.5	2.5～5.0	5.0～7.5	＞7.5
	1.25～1.40g/cm^3	＜1.5	1.5～2.5	2.5～5.0	＞5.0
	1.40～1.60g/cm^3	＜1.0	1.0～2.0	2.0～3.0	＞3.0
干旱化	地下水位下降速率/（cm/a）	2～5	5～10	10～30	＞30
土地和矿产资源开发造成的土地损毁	土地生产力和生态系统功能下降	土地生产力稍有下降，生态系统未受较大影响，极易恢复	土地生产力有较大下降，生态系统受部分破坏，较难恢复	土地生产力和生态系统功能基本丧失，需采取强有力的生物和工程措施才能恢复	土地生产力和生态系统功能完全丧失，极难恢复
过度放牧和管理不当造成的草地退化	可食牧草生物量占总生物量/%	＞75	50～75	25～50	＜25
	有害杂草生物量占总生物量/%	＜20	20～40	40～60	＞60
	鼠害面积占比/%	5～15	15～25	25～40	＞40
	草地载畜量的下降/%	＜15	15～30	30～50	＞50
	地表景观综合特征	地面有少量裸露，有腐殖质层	草皮不完全，表土出现风蚀沟	土壤有大量裸露，表土有明显侵蚀	土壤完全裸露，极严重侵蚀

3．化学作用下土壤生态系统退化的评价标准　化学作用下的土壤生态系统退化，在我国主要表现为土壤次生盐渍化、土壤酸化和污染及土壤肥力下降等。在我国西北、华北和东北地区，灌溉不当引起的次生盐渍化很严重，这类退化土地主要散布在黄淮海平原、河套平原、银川平原、河西走廊的石羊河、黑河及疏勒河下游，在新疆塔里木盆地和准噶尔盆地的一些扇缘绿洲与内陆河下游垦区也有所见。

（二）土壤生态系统退化的评价方法

土壤生态系统退化评价方法在国内外尚无统一的认识。但采取不同的评价方法，土壤生态系统退化指标选取不同，会得出不同的评价结果。

1．土壤动态退化评价法　土壤退化处于动态变化之中，即随时间推移，其退化过程和速率不同。这种观点强调，在自然界，土壤受到外在因素影响发生退化的同时，其本身具有一定的抵抗恢复作用，二者之间的平衡关系决定着地区土壤生态系统退化的速率。人类活动可以改变土壤退化作用的抵抗力。因而，土壤生态系统退化速率取决于当前土地利用方式能否改变土壤的自然退化与自然恢复之间的平衡，从而将土壤退化看作现在进行着的一个动态过程。根据这种方法，可以评价某种土壤正在以严重的速率退化，但尚未达到严重的退化阶段；或者相反，某种土壤过去虽然严重退化，但现在的退化速率不大。

2. 土壤潜在退化评价法 土壤在天然植被保护而无人为干扰的条件下，仅存在退化的潜在可能性。在人为干扰或天然植被遭到破坏时发生的土壤退化，才构成现实的土壤退化。潜在退化有时被理解为对未来退化的预测。其方法是将危险评估建立在相对稳定因素的基础上，使评估不受时间因素的限制，据此用以估计在某种土地利用条件下发生退化的危险性，以及需要采取哪些措施，才能使这种土地利用方式长期持续下去，或根据潜在退化资料，预测天然植被破坏后可能出现的后果和确定防治退化的措施。因此，潜在退化评估可为确立合理的土地利用方式，或选择适合的改良措施提供决策依据。

3. 土壤属性退化评价法 目前国际上采用此法较多，即根据土壤特性的变化评价土壤退化的差异性。例如，以土层厚度的减少和土壤养分、土壤肥力的变化，客观反映土壤退化的现状、过程及其对生产力的影响。应用此方法便于各地区相互进行比较，也便于与国际接轨。当前土壤退化评价多采用此方法。

例如，在评价土壤污染退化方面，可以使用单因子指数法和内梅罗综合污染指数法。在评价土壤养分退化方面可以采用类比法，主要用当前土壤养分含量与前期某时刻养分含量的比值来评价等。当然在评价过程中也可以结合一定的技术手段：一是运用图像处理软件，通过监督与非监督分类，直接划分类型和程度；二是选择几个基于遥感（RS）、地理信息系统（GIS）的指标，给定不同的权重，通过综合来得出结果。

（三）土壤生态系统退化的评价步骤和实例

土壤健康评价对于明确现阶段土壤健康和退化状况，指导土壤管理具有重要的意义。国内外在土壤健康评价方面开展了大量的研究工作，评价方法也在不断发展和变化。常见的几种土壤健康评价方法，主要包括我国耕地质量（土壤健康）评价方法、康奈尔土壤健康评价方法、新西兰 SINDI 方法、基于土壤功能的土壤健康评价方法、基于土壤管理的土壤健康评价方法、土壤生态系统退化评价方法等。这部分以土壤生态系统退化评价为例，主要包括选取评价因子、确立评价单元、评价因素权重的确定、土壤生态系统退化综合评价等环节。

1. 选取评价因子 结合国家标准《全国耕地类型区、耕地地力等级划分》（NY/T 309—1996）和参考土壤退化指标选择相关文献，从物理、化学和养分指标三个方面选择了 14 个因子作为评价指标，分层给出各类因子的专家评分（表 7-3）。

表 7-3 土壤退化的标准参照剖面土壤退化指标评分（引自胡宏祥等，2021）

评价指标			无退化 80～100	轻度退化 60～80	中度退化 40～60	强度退化 0～40
物理指标	土壤厚度/cm	A 层厚度	＞20	15～20	10～15	＜10
		土体厚度	＞100	50～100	30～50	＜30
	土壤机械组成	黏粉比	0.8～1.2	0.6～0.8 1.2～1.5	0.4～0.6 1.5～2.5	＜0.4 ＞2.5
	土壤容重/（g/cm^3）		＜1.2	1.2～1.3	1.3～1.4	＞1.4
	土壤水分/%		＞25	20-25	18～20	＜18
化学指标	土壤 pH		6.0～7.0	5.0～6.0 7.0～7.5	4.0～5.0 7.5～8.0	＜4.0 ＞8.0
	CEC/［cmol（+）/kg］		＞20	15～20	10～15	＜10

续表

评价指标			无退化 80～100	轻度退化 60～80	中度退化 40～60	强度退化 0～40
养分指标	有机质/（g/kg）		＞20	15～20	10～15	＜10
	土壤 N	全 N/（g/kg）	＞1.5	1.0～1.5	0.8～1.0	＜0.8
		碱解 N/（mg/kg）	＞80	50～80	30～50	＜30
	土壤 P	全 P/（g/kg）	＞1	0.5～1	0.2～0.5	＜0.2
		速效 P/（mg/kg）	＞5	4～5	3～4	＜3
	土壤 K	全 K/（g/kg）	＞20	15～20	5～15	＜5
		速效 K/（mg/kg）	＞100	80～100	40～80	＜40

2. 确立评价单元 评价单元是土壤及其空间实体，包括地貌、地形等相对一致的区域，在制图中表现为同一上图单元。土壤和土地数字数据库（SOTER）是以地形、母质特性和土壤属性作为三类基础数据，划分为地形-母质-土壤单元，即 SOTER 单元，单元的空间关系由 GIS 管理。相应的每一个 SOTER 单元都包括全面的地形、母质特性和土壤属性信息，共 118 个属性。这些信息可以通过互相关联的地体单元数据库、地体组分数据库、土壤组分数据库、土壤剖面数据库和土层数据库来管理。由胡宏祥等建立的典型区 PXSOTER（1∶50 000）数据库，包括 53 个 SOTER 单元（共 1697 个图斑单元），每个单元都有配套的分析数据支持，包含了所选的 14 个评价要素的属性数据，分别对 53 个 SOTER 单元进行评价。

3. 评价因素权重的确定 根据每一评价因素的相对重要性，运用层次分析法（AHP）求出每一因素的权重。AHP 的基本思路是：按照各类因素之间的隶属关系把它们排成从高到低的若干层次，根据对一定客观现实的判断就每一层次的相对重要性给予定量表示，并利用数学方法确定每一层次的全部元素的相对重要性次序的权重。其主要步骤包括：①构建层次结构。②构造判别矩阵。由于各评价指标对土地适宜度的影响不同，因此要确定它们的权重，以避免均衡评判产生的误差，进行客观的评价，使之更加与实践经验的技术人员的意见相吻合，分别比较单个因素的相对重要性，并判断它们的权重，从而得到判别矩阵。③计算权向量并做一致性检验。根据层次分析的计算公式得到层次分析结果，如表 7-4 所示。

表 7-4 层次分析结果（引自胡宏祥等，2021）

指标	物理指标（0.4）	化学指标（0.4）	养分指标（0.2）	组合权重（$\lambda=3$，$C_i=0$，$C_{ii}=C_i/R_i=0<0.1$）
A 层厚度	0.09	—	—	0.0374
土体厚度	0.10	—	—	0.0412
黏粉比	0.19	—	—	0.0742
土壤容重	0.31	—	—	0.1236
土壤水分	0.31	—	—	0.1236
土壤 pH	—	0.5	—	0.2000
CEC	—	0.5	—	0.2000
有机质	—	—	0.428	0.0856
全 N	—	—	0.144	0.0288
碱解 N	—	—	0.247	0.0494

续表

指标	物理指标（0.4）	化学指标（0.4）	养分指标（0.2）	组合权重（λ=3，C_i=0，$C_{ii}=C_i/R_i$=0<0.1）
全 P	—	—	0.080	0.0160
速效 P	—	—	0.040	0.0080
全 K	—	—	0.040	0.0080
速效 K	—	—	0.021	0.0042
λ	5.26	2	7.402	—
C_i	0.06	0	0.067	—
$C_{ii}=C_i/R_i$	0.06	0	0.051	0.0006

注：λ表示最大特征根；C_i表示判别矩阵的一致性指标；R_i表示同阶平均随机一致性指标；C_{ii}表示随机一致性比率

4．土壤生态系统退化综合评价　构建土壤生态系统退化综合评价模型：

$$S=\sum W_i \times C_i \qquad i=1，2，3，\cdots，n \tag{7-1}$$

式中，S为其中一个图形单元的综合分数；W_i为该图形单元相对于第i个因素的单因子评价；C_i为第i个因子的权重；n为参评因子数。

运用 SOTER 的空间查询和地理分析的功能，对 14 个单因子评价层的土壤退化属性，利用所构建的综合评价模型进行复合计算如下：先计算各土壤剖面各属性指数和 $S=\sum W_i \times C_i$，然后在 SOTER 单元属性数据中建立土壤生态系统退化等级字段（Grade），记录各单元的土壤退化总得分S。将空间与属性数据库通过 SOTER 单元码连接，利用 Grade 字段在 Arc/View 3.0 下显示各评价单元的等级空间分布，生成一个新的数据表（表 7-5），此表经查询分析确定划分等级的阈值后，可转化为土壤生态系统退化综合评价成果。

表 7-5　土壤生态系统退化结果（引自胡宏祥等，2021）

土壤退化	面积/km^2	所占比例/%	图斑个数
无退化	365.92	25.74	447
轻度退化	174.93	12.30	202
中度退化	719.91	50.63	429
强度退化	130.51	9.18	609
未评价区	30.56	2.15	10

第二节　土壤生态系统的恢复与重建

一、土壤生态系统恢复与重建的概念

从土壤生态学角度来看，生态系统恢复与重建是指从生态系统退化的类型、过程、退化程度和特点出发，对症下药，消除或避开系统退化的障碍因子，根据生物的土壤生态适宜性原理、生物的环境适应性原理、生物群落共生原理、种群相克相生原理以及生物多样性原理，遵循生态系统功能的地域性原则，适时适地适树（草）地配置生物系统，使之与土壤系统和环境系统协调发展，从而逐步构建成结构合理、功能协调、良性循环的生态系统过程。最终目标是建成结构合理、功能协调的生态系统，而不一定要恢复到区域性的顶极群落阶段。退化土壤的生物修复则是根据生物自身的改土培肥作用原理来恢复与重建退化土壤生态系统，它是退化土壤生态系统恢复与重建的基础。

Lybchenko 等（1991）将恢复生态的研究作为当代生态学的十大课题之一。有关恢复与重建的术语和定义有很多。有人认为，生态恢复与重建（ecological restoration and reconstruction）是指根据生态学原理，通过一定的生物、生态及工程的技术和方法，人为改变和切断生态系统退化的主导因子或过程，调整、配置和优化系统内部及其与外界的物质、能量和信息流动过程及其时空秩序，使生态系统的结构、功能和生态学潜力尽快地恢复到一定的或原有的乃至更高的水平。生态恢复过程一般是在生态系统层次上进行的，但生态恢复与重建毕竟不是一个纯生态学问题，退化土壤的恢复与重建也不是纯土壤学问题，忽视土壤学、生态学、生物学、环境科学和地理学等学科知识的互相联系是难以想象的。从生态系统退化与土壤退化之间的相互联系来看，有必要从土壤生态学角度对生态恢复与重建给予重视。

二、土壤生态系统恢复与重建的评价指标

国内外对土壤生态系统退化恢复与重建评价指标的研究往往偏重单项指标及单个过程的研究，对土壤生态系统退化恢复与重建综合评价指标体系的研究基本处于起步阶段。由于缺乏统一指标，因此就不能对土壤生态系统退化恢复与重建程度进行定量描述，这些问题严重影响了对土壤生态恢复与重建的认识及其恢复与重建的科学决策，因而也是国际土壤退化研究的热点和前沿。土壤生态系统退化恢复与重建的评价指标可以被定义为土壤功能变化最敏感的土壤性质和过程，众多评价指标组成最小数据集，用来间接地评价土壤功能。普遍认为评价体系不能直接测定的指标，需要通过测定不同的土壤性状来反映恢复后的土壤质量，所以评价恢复与重建的土壤质量必须借助一定的评价指标体系。此外，各个生态系统的土壤生态系统退化恢复与重建指标体系也存在巨大差异，因此，我们通过对农田、林地和草地土壤生态系统退化及其恢复与重建的评价指标开展描述。

（一）农田土壤生态系统恢复与重建的评价指标

表征土壤生态系统退化修复与重建的评价指标众多，对所有指标进行评价则难以实现。研究目标不同，评价指标也会不同。以黄土高原为例，不同学者关于黄土高原区不同利用类型下土壤生态系统退化恢复与重建提出了不同的评价指标体系，如有学者等选取有机质、渗透系数、抗冲性等 8 个简化指标研究了不同土地利用类型的侵蚀土壤质量恢复；还有学者选取有机质、物理性黏粒、水稳性团聚体平均重量直径等 8 个指标作为土壤质量退化评价指标体系研究了黄土高原子午岭近 100 年土壤质量动态变化（李彬彬，2017）。有学者选取了与农田生产密切相关的土壤有机质、容重、pH、全氮、全磷、全钾、砂粒、粉粒、黏粒、碳氮比、有效磷、速效钾等 12 个关键土壤指标作为黄土高原农田土壤质量恢复评价指标，侧重于从土壤肥力的角度来反映黄土高原农田土壤质量的基本状况，尽管对土壤环境质量和健康质量方面的指标较少涉及，但所选指标可以反映该区农田土壤结构（容重、有机质）、耕性（容重）、缓冲性（pH、黏粒含量）、供肥容量和强度（黏粒含量）、养分平衡（碳氮比）、养分水分协调性（有机质）等特征。今后该区域农田土壤修复评价应加强土壤微生物指标等方面的研究，从养分循环的角度来研究黄土高原不同农业类型区农田土壤质量。

（二）林地土壤生态系统恢复与重建的评价指标

土壤是森林生态系统的重要组成部分，评价并掌握不同森林类型的林地土壤质量变化对于维持土壤生产力、促进森林发展和生态系统功能保持具有重要意义。

以湖南省宁远县为例，经过10年造林，宁远县森林覆盖面积已接近70%，但部分区域仍然呈现出石漠化现象，有必要进行森林保护工作，并开展不同森林土壤生态恢复评价（刘昊和杨董林，2021）。选取阔叶林（栎木纯林和常见阔叶树种混交林）、针叶林（杉木纯林和马尾松纯林）和针阔混交林（常见阔叶树种＋杉木混交林和常见阔叶树种＋马尾松混交林）共6种典型林分，测定31项土壤理化性质和生物指标，通过因子分析和判别分析筛选修订最小数据集，构建土壤质量恢复评价指标体系，包含容重、有机质、全钾、有效磷、微生物生物量磷和磷酸酶，对土壤恢复与重建质量进行综合评价。此评价体系全面涉及土壤生物性质、物理性质和化学性质。不同森林类型林地土壤质量恢复评价指标体系表明针叶林地的土壤质量显著低于阔叶林与针阔混交林，在针叶林中间种植当地常见阔叶树种能提高林地土壤质量，防止土壤退化。

（三）草地土壤生态系统恢复与重建的评价指标

植被退化引起的土壤生态系统退化现象普遍，一直是研究的热点之一。位于阴山北麓的希拉穆仁草原属典型荒漠草原区，该区土壤风蚀沙化作用强烈。目前，针对荒漠草原的植被-土壤关系的研究主要集中在土地退化程度、围封年限的土壤理化性质差异等分析方面，有关不同封育措施对土壤质量评价方面的研究还较为罕见。而且，荒漠草原区土壤空间差异性较强，反映其土壤质量恢复的指标种类繁多，因此如何选取少量且代表性较强的指标，是科学评价荒漠草原土壤生态恢复与重建的重要基础。为了探究封育措施对内蒙古希拉穆仁荒漠草原土壤质量恢复的影响，选取完全封育、季节封育和未封育三种草地，利用主成分分析法对其0～30cm土层的14个土壤理化性质指标进行分析，筛选出黏粒、粉粒、速效氮、速效钾、pH、土壤含水量、土壤容重作为土壤质量评价指标，运用土壤质量综合指数评价不同封育措施下土壤质量水平。综合指数评价法评价的土壤质量综合得分为完全封育草地＞季节封育草地＞未封育草地，表明封育措施有利于提高荒漠草原的土壤质量恢复。

三、土壤生态系统恢复与重建的措施

土壤生态系统恢复与重建包括物理方法、化学方法和生物方法。

物理方法是根据物理学原理，采用一定的工程技术，对退化土壤进行修复或重建的一种治理方法。其优点为修复彻底、稳定；缺点是耗费相对昂贵，容易引起土壤肥力减弱。例如，通过粉碎、压实、填充、松土、排灌等技术改进成土条件和改善土壤的性质；通过机械工程措施、高温热解、蒸汽抽提、固化、玻璃化、电动法等措施改善土壤的环境质量。

化学方法是利用加入土壤介质中的化学修复剂的化学反应，对退化土壤进行恢复或重建的一种治理方法。其优点为相对成熟，是一种快捷、积极的方法。例如，通过调节土壤酸性，改良土壤质地，改善土壤结构等方式改善土壤性质；通过化学改良剂法、化学淋洗法、化学栅法等，对于土壤污染来说，降低污染物的水溶性、扩散性和生物有效性改善土壤环境。

生物方法就是利用生物的生命代谢活动，对退化土壤进行恢复或重建的一种治理方法。例如，通过植物修复、微生物修复、植物-微生物及动物的协同修复等，实现对生态系统修复和改善土壤环境质量。

知识拓展
7-3

知识拓展 7-4

1. 植物技术 利用绿色植物来转移、容纳或转化污染物使其对环境无害。植物修复多用于重金属、有机物或放射性元素污染的土壤的生态恢复。研究表明，通过植物的吸收、挥发、根滤、降解、稳定等作用，可以净化土壤或水体中的污染物，达到净化环境的目的，因而植物修复是一种很有潜力、正在发展的清除环境污染的绿色技术。植物修复的优点表现为：①价格便宜；②对环境扰动小；③二次污染少；④不会破坏景观生态，能绿化环境，容易被大众所接受。其局限性主要表现在：①一种植物通常只忍耐或吸收一种或两种重金属元素；②植物修复过程通常比物理、化学过程缓慢；③植物修复受到土壤类型、温度、湿度、营养等条件的限制；④对于植物萃取技术而言，污染物必须是植物可利用态并且处于根系区域才能被植物吸收；⑤用于净化重金属的植物器官往往会通过腐烂、落叶等途径使重金属元素重返土壤；⑥用于修复的植物与当地植物可能会存在竞争，影响当地的生态平衡。

知识拓展 7-5

2. 微生物技术 微生物技术是一种利用土著微生物或人工驯化的具有特定功能的微生物，在适宜环境条件下，通过自身的代谢作用，降低土壤中有害污染物活性或降解成无害物质的修复技术。但是，在自然条件下，由于溶解氧不足、营养盐缺乏，以及具有高效降解能力的微生物生长缓慢等限制因素，微生物自然净化和恢复速度很慢，需要采用各种方法来强化这一过程。微生物修复的优点：①微生物降解较为安全，二次污染问题较少；②处理形式多样，操作相对简单，有时可进行原位处理；③对环境的扰动较小；④微生物修复的费用较低；⑤可处理多种不同种类的有机污染物。缺点：①当污染物溶解性较低或者与土壤腐殖质、黏粒矿物结合得较紧时，微生物难以发挥作用，污染物不能被微生物降解；②专一性较强；③有一定的浓度限值。

以上介绍了土壤生态系统退化恢复与重建的措施，以及各种措施的优缺点。不同的土壤生态系统退化需要的措施存在差异，可采取多种措施相结合以期达到良好的恢复效果，各种退化方式所使用的恢复方法见表 7-6。

表 7-6 几种土壤生态系统退化方式及恢复和重建方法

土壤生态系统退化方式	恢复和重建方法
土传病害	化学和生物方法
土壤侵蚀	物理和生物方法
土壤板结	物理和化学方法
土壤盐渍化	物理、化学和生物方法
土壤污染	物理、化学和生物方法

课 后 习 题

1. 名词解释

土壤生态系统退化；土壤生态恢复与重建。

2. 简答题

（1）土壤生态系统退化的类型和成因有哪些？

（2）列举几种典型的土壤生态系统退化案例，以及其成因。

（3）土壤生态系统退化的评价指标有哪些？

（4）土壤生态恢复与重建的措施包括什么？

3. 论述题

列举一个土壤生态系统退化的案例，并分析其修复措施。

本章主要参考文献

胡宏祥，谷思玉．土壤学．2020．北京：科学出版社

李彬彬．2017．黄土高原区域尺度农田土壤质量评价．杨凌：西北农林科技大学硕士学位论文

刘昊，杨董琳．2021．不同森林类型林地土壤质量评价．山东农业大学学报：自然科学版，52（4）：8

杨万勤．2001．土壤生态退化与生物修复的生态适应性研究——以金沙江干热河谷为例．重庆：西南大学；西南农业大学博士学位论文

张晓娜，蒙仲举，杨振奇．2018．不同封育措施下希拉穆仁荒漠草原土壤质量评价．土壤通报，49（4）：6

本章思维导图

- 土壤生态系统的退化、恢复与重建
  - 土壤生态系统的退化
    - 土壤生态系统退化的概念
    - 土壤生态系统退化的类型、成因和现状
    - 土壤生态系统退化的评价指标
  - 土壤生态系统的恢复与重建
    - 土壤生态系统恢复与重建的概念
    - 土壤生态系统恢复与重建的评价指标
    - 土壤生态系统恢复与重建的措施